高等职业教育课程改革系列教材

PLC 应用技术项目化教程
（S7-200）
第 2 版

主　编　李海波　徐瑾瑜
副主编　张宁宁　张本法　顾　简
参　编　付　琛　许卫洪　冯志芬　恽新星
主　审　杨国华

机械工业出版社

本书以项目为中心，以工业自动化控制系统中的典型任务为驱动，系统地介绍了西门子 S7-200 系列 PLC 的工作原理、具体编程方法以及在综合案例中的典型应用。本书在内容上做到了将理论与实践相结合，适合采用教学做一体化的授课模式，体现了高职院校高技能应用型人才培养的特色。

全书共 5 个项目、24 个任务，主要内容包括交流电动机基本控制电路的设计与调试、PLC 基本指令的应用、PLC 步进顺控指令的编程与应用、PLC 功能指令的编程与应用、PLC 通信指令的应用。

本书可作为中、高职学校电气自动化技术、生产过程自动化技术、机电一体化技术、数控技术、应用电子技术和电子信息工程技术等相关专业的教材，也可作为广大工程技术人员的短期培训教材和学习参考用书。

本书是高等职业教育"互联网+"创新型系列教材，书中配有微课视频资源，扫描书中二维码可以帮助读者学习。

为方便教学，本书有多媒体课件、思考与练习答案、模拟试卷及答案等教学资源，凡选用本书作为授课教材的老师，均可通过电话（010-88379564）或 QQ（2314073523）咨询，有任何技术问题也可通过以上方式联系。

图书在版编目（CIP）数据

PLC 应用技术项目化教程：S7-200/李海波，徐瑾瑜主编．—2 版．—北京：机械工业出版社，2020.7（2023.8 重印）
高等职业教育课程改革系列教材
ISBN 978-7-111-65873-3

Ⅰ．①P… Ⅱ．①李…②徐… Ⅲ．①PLC 技术-高等职业教育-教材 Ⅳ．①TM571.61

中国版本图书馆 CIP 数据核字（2020）第 108914 号

机械工业出版社（北京市百万庄大街 22 号 邮政编码 100037）
策划编辑：曲世海　　　　　责任编辑：曲世海
责任校对：张　薇　陈　越　封面设计：马精明
责任印制：郜　敏
河北鑫兆源印刷有限公司印刷
2023 年 8 月第 2 版第 7 次印刷
184mm×260mm · 15 印张 · 371 千字
标准书号：ISBN 978-7-111-65873-3
定价：49.00 元

电话服务　　　　　　　　　网络服务
客服电话：010-88361066　　机 工 官 网：www.cmpbook.com
　　　　　010-88379833　　机 工 官 博：weibo.com/cmp1952
　　　　　010-68326294　　金 书 网：www.golden-book.com
封底无防伪标均为盗版　机工教育服务网：www.cmpedu.com

前　言

　　会使用可编程序控制器（PLC）是从事电气自动化技术及机电一体化技术专业工作的技术人员不可缺少的重要技能。许多高职院校已将 PLC 作为一门主要的实用性专业课。西门子公司的可编程序控制器在我国的市场中占有一定的份额，特别是 S7－200 系列中的 CPU 21X、CPU 22X 系列在实际中有着广泛的应用，因其结构紧凑、功能强、易于扩展以及性价比高等多方面的因素，被许多高职院校作为教学用机。为此，在物联网技术学院 PLC 课程组全体人员和其他院校老师的共同努力下，在企业工程师的协助下，我们结合 PLC 实验实训装置，编写了这本教材。本书的编写人员均是多年从事电气控制及 PLC 应用技术的教学、科研人员，在该课程的教学改革、实验室建设方面积累了大量的经验。

　　在本书的编写过程中，我们以理论结合实际、突出学生工程应用能力的训练和培养为指导思想，以项目驱动式教学为主导，体现以技能训练为主线、相关知识为支撑的编写思路，较好地处理了理论教学与技能训练的关系，有利于帮助学生掌握知识、形成技能、提高能力。在本书内容的安排上，尽量做到从易到难、循序渐进地进行介绍，并以工控系统中常用的典型系统为案例进行设计分析，以提高学生的学习兴趣。

　　全书共分 5 个项目，每个项目又分成多个任务。每个任务之间既相互联系，又相互独立。其中，项目一主要介绍电气控制的基础知识，为 PLC 的编程设计做铺垫，由徐瑾瑜老师编写；项目二主要介绍 PLC 基本指令的应用，由恽新星老师编写；项目三主要介绍 PLC 顺序设计法在实际工程案例中的具体应用，由李海波老师编写；项目四主要介绍 PLC 的功能指令和相关模拟量模块、高速计数器等综合技术，由许卫洪老师和张本法老师编写；项目五主要介绍 PLC 与 PLC、变频器、触摸屏等之间的通信，由张宁宁和付琛老师编写。项目中的具体教学案例均得到了西门子（中国）有限公司顾简工程师的大力支持，主要知识点的信息化资源以及配套题库等由李海波、许卫洪以及冯志芬三位老师制作完成。全书的统稿以及最后的审核工作分别由李海波、张宁宁和杨国华老师完成。

　　在本书的编写过程中，得到了物联网技术学院领导及教务处领导的大力支持，在此一并表示衷心的感谢。

　　由于编者水平有限，书中不妥之处在所难免，恳请广大师生、读者批评指正，提出宝贵意见。

编　者

目 录

项目一　交流电动机基本控制电路的设计与调试

任务一　常用低压电器的识别与应用

> **知识点：**
> - 接触器的工作原理、电气符号及识别。
> - 继电器(中间继电器、时间继电器和热继电器)的工作原理、电气符号及识别。
> - 主令电器(按钮、行程开关和接近开关)的工作原理、电气符号及识别。
> - 电气控制电路的绘图方法。
>
> **技能点：**
> - 接触器线圈、主触点和辅助触点的识别。
> - 继电器(时间继电器、中间继电器和热继电器)线圈、触点的识别。
> - 主令电器(按钮、行程开关和接近开关)常开、常闭触点的识别。

任务提出

低压电器是电力拖动自动控制系统的基本组成元件，控制系统的优劣与所用低压电器的性能有直接关系。作为电气工程技术人员，必须熟悉常用低压电器的结构、原理，掌握其使用与维护等方面的知识与技能。本任务就是学会常用低压电器的工作原理与使用等方面的知识，为后续内容的学习奠定基础。

知识链接

一、接触器

接触器是用于远距离频繁地接通与断开交直流主电路及大容量控制电路的一种自动切换电器。其主要控制对象是电动机，也可以用于控制其他电力负载，如电热器、电照明、电焊机与电容器组等。接触器具有操作频率高、使用寿命长、工作可靠、性能稳定、维护方便等优点，同时还具有低电压释放保护功能，在电力拖动自动控制系统中得到了广泛应用。

1. 交流接触器

交流接触器常用于远距离、频繁地接通和分断额定电压至660V、电流至630A的交流电路。图1-1所示为交流接触器结构示意图，它分别由电磁系统、触点系统、灭弧装置和其他部件等组成。

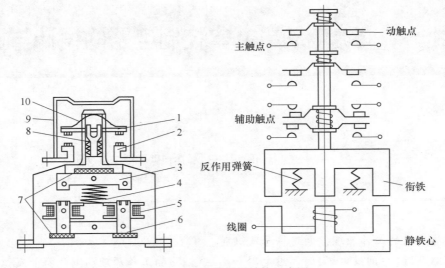

图1-1 交流接触器结构示意图

1—动触点 2—静触点 3—衔铁 4—缓冲弹簧 5—电磁线圈 6—铁心
7—垫毡 8—触点弹簧 9—灭弧罩 10—触点压力弹簧

（1）电磁系统 电磁系统由线圈、动铁心（衔铁）、静铁心组成，主要完成电能向机械能的转换。

电磁系统用来操纵触点的闭合与分断。当线圈通电后，由电磁感应原理可知，静铁心将吸引衔铁，当吸力大于反力弹簧的作用力时，衔铁移向静铁心，直至两者相接触为止。在接触器的衔铁上，通过机械连杆装有各种触点，当线圈得电时，常开触点闭合，而常闭触点则断开；当线圈断电后，动作过程与上述过程相反，各个触点恢复常态。

（2）触点系统 交流接触器的触点系统包括主触点和辅助触点。主触点用于通断主电路，辅助触点用于控制辅助电路。主触点容量大，有三对或四对常开触点；辅助触点容量小，通常有两对常开、常闭触点，且分布在主触点两侧。

（3）灭弧装置 容量在10A以上的接触器都有灭弧装置，对于小容量的接触器，常采用双断口桥形触点以利灭弧，其上有陶土灭弧罩。对于大容量的接触器常采用纵缝灭弧罩及栅片灭弧结构。

（4）其他部件 其他部件包括反作用弹簧、缓冲弹簧、触点压力弹簧、传动机构及接线端子、外壳等。

图1-2所示为交流接触器外形图。

2. 直流接触器

直流接触器主要用于远距离接通与分断额定电压至440V、额定电流至630A的直流电路或频繁地操作和控制直流电动机起动、停止、反转及反接制动。

直流接触器的结构和工作原理与交流接触器类似。在结

图1-2 交流接触器外形图

构上也是由电磁系统、触点系统、灭弧装置等部分组成。只不过铁心的结构、线圈形状、触点形状和数量、灭弧方式以及吸力特性、故障形式等方面有所不同而已。

3. 接触器的主要技术参数

接触器的主要技术参数有额定电压、额定电流、寿命和额定操作频率等。

（1）额定电压　额定电压是指接触器主触点的额定电压。一般情况下，接触器的交流额定电压主要有 AC 220V、AC 380V、AC 660V，在特殊场合额定电压可高达 AC 1140V；直流额定电压主要有 DC 110V、DC 220V、DC 440V 等。

（2）额定电流　额定电流是指接触器主触点的额定工作电流。它是在一定的条件（额定电压、使用类别和操作频率等）下规定的，目前常用的电流等级为 10 ~ 800A。

（3）吸引线圈的额定电压　交流有 AC 36V、AC 127V、AC 220V 和 AC 380V；直流有 DC 24V、DC 48V、DC 220V 和 DC 440V。

（4）机械寿命和电气寿命　接触器的机械寿命一般可达数百万次甚至 1000 万次；电气寿命一般是机械寿命的 5% ~ 20%。

（5）线圈消耗功率　线圈消耗功率可分为起动功率和吸持功率。对于直流接触器，两者相等；对于交流接触器，一般起动功率为吸持功率的 5 ~ 8 倍。

（6）额定操作频率　接触器的额定操作频率是指每小时允许的操作次数，例如，300 次/h、600 次/h、1200 次/h。

（7）动作值　动作值是指接触器的吸合电压和释放电压。规定接触器的吸合电压大于线圈额定电压的 85% 时应可靠吸合，释放电压不高于线圈额定电压的 70%。

4. 接触器的电气符号

接触器的电气符号如图 1-3 所示。

5. 接触器的选择

接触器是控制功能较强、应用广泛的自动切换电器，其额定工作电流或额定功率是随使用条件及控制对象的不同而变化的。为尽可能经济地、正确地使用接触器，必须对控制对象的工作情况及接触器的性能有较全面的了解，

图 1-3　接触器的电气符号

选用时应根据具体使用条件正确选择。主要考虑以下几方面：

1）根据负载性质选择接触器类型。

2）额定电压应不小于主电路工作电压。

3）额定电流应不小于被控电路额定电流。对于电动机负载还应根据其运行方式适当增减。

4）吸引线圈的额定电压、频率与所控制电路的选用电压、频率应该一致。

二、继电器

继电器是一种根据电量（电压、电流等）或非电量（温度、压力、转速、时间等）的变化接通或断开控制电路的自动切换电器。

继电器的种类繁多、应用广泛。按输入信号的不同可分为电压继电器、电流继电器、时间继电器、温度继电器、速度继电器、压力继电器等。按工作原理可分为电磁式继电器、感

应式继电器、电动式继电器、热继电器和电子式继电器等。按用途可分为控制继电器、保护继电器等。按动作时间可分为瞬时继电器、延时继电器等。本节以电磁式继电器为主介绍几种常用的继电器。

1. 电磁式继电器

电磁式继电器结构简单、价格低廉、使用维护方便，广泛地应用于控制系统中。常用的电磁式继电器有电压继电器、电流继电器、中间继电器等。

电磁式继电器的结构和工作原理与接触器相似，即感受机构是电磁系统，执行机构是触点系统。主要用于控制电路中，触点容量小（一般在10A以下），触点数量多且无主、辅之分，无灭弧装置，体积小，动作迅速、准确，控制灵敏，可靠性高。

2. 中间继电器

中间继电器实质是一种电压继电器，触点对数多，触点容量较大（额定电流为5～10A），其作用是将一个输入信号变成多个输出信号或将信号放大（即增大触点容量），起到信号中转的作用。

中间继电器体积小，动作灵敏度高，在10A以下电路中可代替接触器起控制作用。中间继电器的电气符号如图1-4所示。

KA
KA
KA
线圈
常开触点
常闭触点

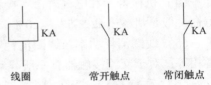

图1-4　中间继电器的电气符号

3. 时间继电器

在生产中经常需要按一定的时间间隔来对生产机械进行控制，例如电动机的减压起动需要一定的时间，然后才能加上额定电压；在一条自动化生产线中的多台电动机，常需要分批起动，在第一批电动机起动后，需经过一定时间，才能起动第二批等。这类自动控制称为时间控制，时间控制通常是利用时间继电器来实现的。

时间继电器是一种根据电磁原理或机械动作原理来实现触点系统延时接通或断开的自动切换电器。

时间继电器按动作原理可分为电磁式、空气阻尼式、电动式、电子式、可编程式和数字式；按延时方式可分为通电延时型与断电延时型两种。

时间继电器的电气符号如图1-5所示。

下面以空气阻尼式时间继电器为例，详细介绍时间继电器的结构以及工作原理。

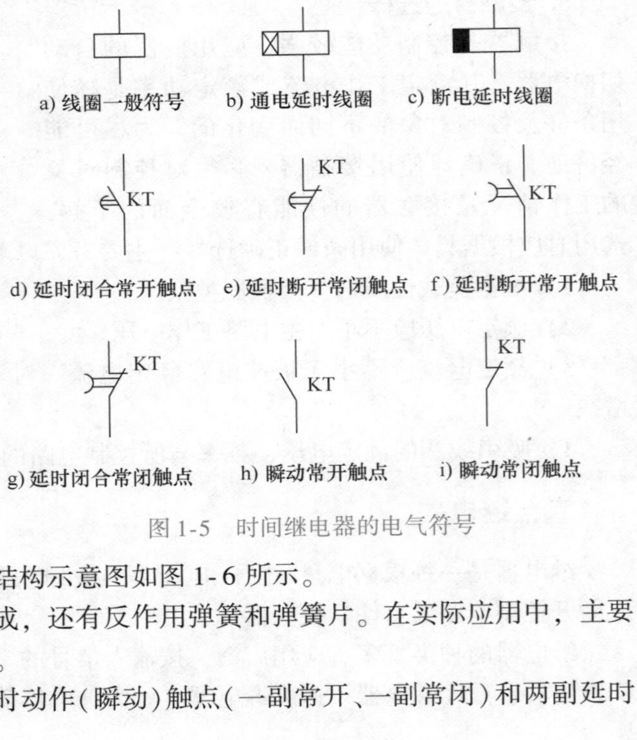
a) 线圈一般符号
b) 通电延时线圈
c) 断电延时线圈
KT
KT
KT
d) 延时闭合常开触点
e) 延时断开常闭触点
f) 延时断开常开触点
KT
KT
KT
g) 延时闭合常闭触点
h) 瞬动常开触点
i) 瞬动常闭触点

图1-5　时间继电器的电气符号

空气阻尼式时间继电器利用空气阻尼原理获得延时，它由电磁系统、工作触点、气室和传动机构四部分组成，其结构示意图如图1-6所示。

电磁系统：由线圈、铁心和衔铁组成，还有反作用弹簧和弹簧片。在实际应用中，主要依靠电磁系统来带动触点的闭合与断开。

工作触点：是执行机构，由两副瞬时动作（瞬动）触点（一副常开、一副常闭）和两副延时

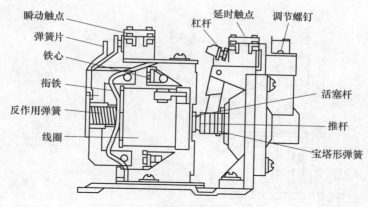

图 1-6　空气阻尼式时间继电器结构示意图

动作触点组成。

气室和传动机构：起延时和中间传递作用，气室内有一块橡皮薄膜，随空气的增减而移动。气室上面的调节螺钉可调节延时的长短。传动机构由推杆、活塞杆、杠杆及宝塔形弹簧组成。空气阻尼式时间继电器结构简单、价格低廉，但准确度低、延时误差大，因此在要求延时精度高的场合不宜采用。

空气阻尼式时间继电器有通电延时和断电延时两种类型。这里主要讲解通电延时型的时间继电器的工作原理。

通电延时型时间继电器的工作原理(见图 1-7)：当时间继电器线圈通电时，衔铁被吸合，活塞杆在宝塔形弹簧的作用下移动，移动的速度要根据进气孔的节流程度而定，各延时触点不立即动作，而要通过传动机构延长一段整定时间才动作，线圈断电时延时触点迅速复原。

时间继电器虽然种类很多，各具特点，但在选择时应从以下几方面考虑：

1）根据控制电路对延时触点的要求选择延时方式，即通电延时型或断电延时型。

2）根据延时范围和精度要求选择继电器类型。

3）根据使用场合、工作环境选择时间继电器的类型。如电源电压波动大的场合可选用空气阻尼式或电动式时间继电器，电源频率不稳定场合不宜选用电动式时间继电器；环境温度变化大的场合不宜选用空气阻尼式和电子式时间继电器。

4. 热继电器

热继电器是一种利用电流的热效应原理来切断电路的保护电器，其外形如图 1-8 所示。它主要由热元件、双金属片、触点和动作机构等组成，其结构示意图如图 1-9 所示。其中，双金属片是由两种不同膨胀系数的金属片焊合而成，受热后膨胀系数较高的主动片将向膨胀系数较小的被动片弯曲。

热继电器在电路中主要是利用电流的热效应原理工作的保护电器，即在出现电动机不能承受的过载时切断电动机电路，为电动机提供过载保护。所谓过载，即电动机定子绕组的电流超过其额定值。电动机在实际运行中，短时过载是允许的，但如果长期过载，绕组温升超过额定温升，这样将损坏绕组的绝缘，缩短电动机的使用寿命，严重时甚至会烧坏电动机绕组。因此，必须采取过载保护措施。

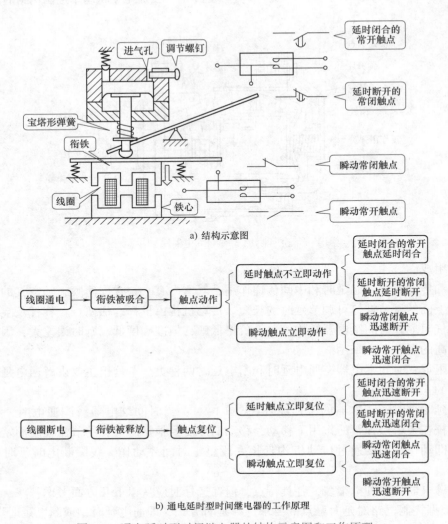

a) 结构示意图

b) 通电延时型时间继电器的工作原理

图1-7　通电延时型时间继电器的结构示意图和工作原理

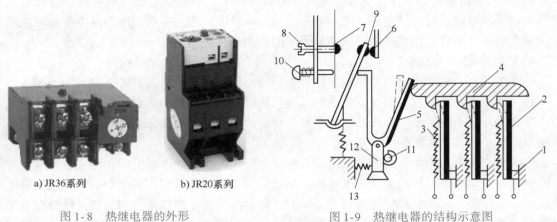

a) JR36系列　　　b) JR20系列

图1-8　热继电器的外形

图1-9　热继电器的结构示意图
1—接线端子　2—主双金属片　3—热元件　4—推动导板
5—补偿双金属片　6—常闭触点　7—常开触点　8—复位调节螺钉
9—动触点　10—复位按钮　11—偏心轮　12—支撑件　13—弹簧

（1）热继电器的工作原理　热继电器的热元件由电阻丝做成，它串接在电动机定子绕组中（电动机的主电路），电动机的绕组电流即为流过热元件的电流，常闭触点串接在控制电路中。当电动机正常工作时，热元件产生的热量虽能使双金属片弯曲，但不足以使其触点动作；当过载时，流过热元件的电流增大，其产生的热量增加，使双金属片产生的弯曲位移增大，从而推动导板，带动温度补偿双金属片和与之相连的动作机构使热继电器触点动作，切断电动机的控制电路。

热继电器动作后，经一段时间冷却自动复位或经手动复位，其动作电流的调节可通过旋转凸轮旋钮于不同位置来实现。

热继电器由于其热惯性，当电路短路时不能立即动作切断电路，因此，不能用作短路保护。

（2）热继电器的主要技术参数　热继电器的主要技术参数包括额定电压、额定电流、相数、热元件编号及整定电流调节范围等。

整定电流是指长期通过发热元件而不会引起热继电器动作的最大电流值，电流超过整定电流的20%时，热继电器应当在20min内动作，超过的数值越大，则发生动作的时间越短。整定电流的大小在一定范围内可以通过旋转凸轮来调节。选用热继电器时，应使其整定电流等于电动机的额定电流。

发热元件　　　　常闭触点

（3）热继电器的电气符号　热继电器的电气符号如图1-10所示。

三、主令电器

图1-10　热继电器的电气符号

主令电器是用来接通和分断控制电路以发号施令的电器。

1. 按钮

按钮是一种短时接通或断开控制小电流回路的手动电器，通常用于控制电路中发出起动或停止等指令，以控制接触器、继电器等的接通或断开，再由它们去接通或断开主电路。另外，按钮之间还可以实现电气联锁。

按钮一般由按钮帽、复位弹簧、动触点、静触点和外壳等组成。图1-11所示为按钮的外形图，图1-12所示为按钮的结构示意图。

图1-11　按钮的外形图

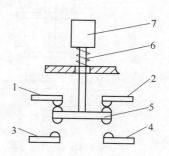

图1-12　按钮的结构示意图

1、2—常闭触点　3、4—常开触点

5—动触点　6—复位弹簧　7—按钮帽

（1）常开按钮　手指未按下时，触点是断开的。当手指按下按钮帽时，触点被接通；而手指松开后，触点在复位弹簧的作用下返回原位而断开。常开按钮在控制电路中常用作起动按钮，其触点称为常开触点或动合触点。

（2）常闭按钮　手指未按下时，触点是闭合的。当手指按下按钮帽时，触点断开；而手指松开后，触点在复位弹簧的作用下恢复闭合，常闭按钮在控制电路中常用作停止按钮，其触点称为常闭触点或动断触点。

（3）复合按钮　当手指未按下时，常闭触点是闭合的，常开触点是断开的；当手指按下时，先断开常闭触点，后接通常开触点；而手指松开后，触点在复位弹簧的作用下全部复位。复合按钮在控制电路中常用于电气联锁。

为了便于识别各个按钮的作用，避免误操作，通常在按钮帽上做出不同标记或涂上不同的颜色。更换按钮时应注意"停止"按钮必须是红色的，"急停"按钮必须用红色蘑菇形按钮，"起动"按钮必须是绿色的，"点动"按钮必须是黑色的，"复位"按钮必须是蓝色的（如保护继电器的复位按钮）。

（4）按钮的电气符号　按钮的电气符号如图1-13所示。

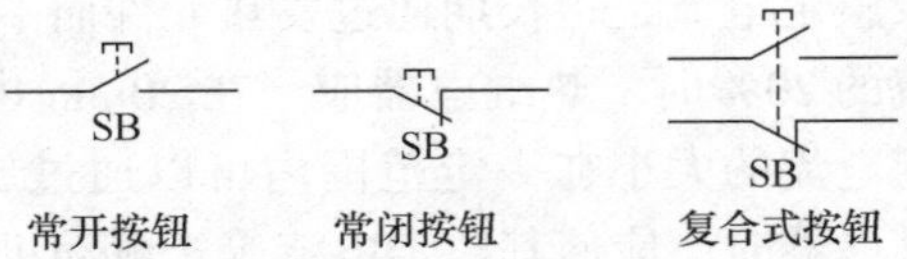

SB　　　SB　　　SB

常开按钮　　常闭按钮　　复合式按钮

2. 行程开关

行程开关又称限位开关，用于控制机械设备的行程及限位保护，在实际生产中，将

图1-13　按钮的电气符号

行程开关安装在预先安排的位置，当装在生产机械运动部件上的模块撞击行程开关时，行程开关的触点动作，实现电路的切换。因此，行程开关是一种根据运动部件的行程位置而切换电路的电器，它的作用原理与按钮类似。它的种类很多，有直动式、转动式、微动式等。图1-14所示为直动式行程开关结构示意图，图1-15为微动式行程开关结构示意图。

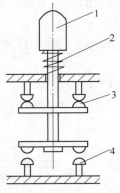

图1-14　直动式行程开关结构示意图

1—推杆　2—弹簧

3—常闭触点　4—常开触点

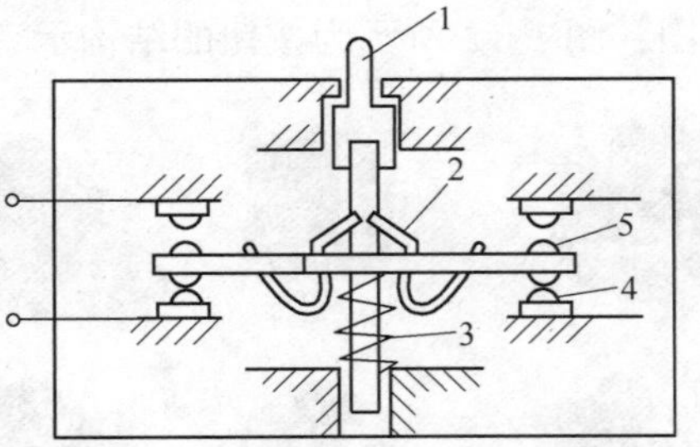

图1-15　微动式行程开关结构示意图

1—推杆　2—弹簧　3—压缩弹簧

4—常闭触点　5—常开触点

行程开关的电气符号如图1-16所示。

3. 接近开关

接近开关又称无触点行程开关。当运动的金属片与开关接近到一定距离时，它会发出接近信号，以不直接接触的方式进行控制。接近开关不仅用于行程控制、限位保护等，还可用于高速计数、测速、检测零件尺寸、液面控制、检测金属体的存在等。

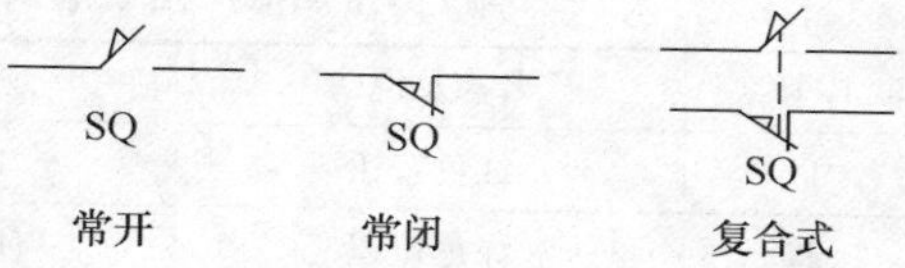

图 1-16　行程开关的电气符号

按工作原理分，接近开关有高频振荡型、电容型、电磁感应型、永磁型与磁敏元件型等。其中以高频振荡型最常用。图 1-17 所示是电子式接近开关原理图。

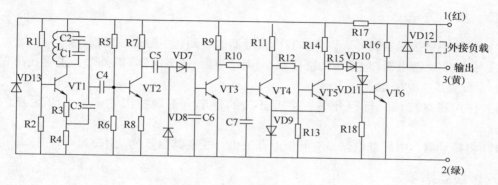

图 1-17　电子式接近开关原理图

电子式接近开关主要由振荡器、放大器和输出三部分组成，其基本原理是当有金属物体接近高频振荡器的线圈时，振荡回路的参数会发生变化，从而使振荡减弱直至终止而产生输出信号。

图 1-17 中晶体管 VT1、振荡线圈 L 及电容器 C1、C2、C3 组成电容三点式高频振荡器，其输出由晶体管 VT2 放大，经二极管 VD7、VD8 整流成直流信号，加至晶体管 VT3 基极，使 VT3 导通，晶体管 VT4 截止，从而使晶体管 VT5 导通，晶体管 VT6 截止，无输出信号。

当金属物体靠近开关感应头时，振荡器振荡减弱直至终止，此时 VD7、VD8 构成整流电路输出信号，则 VT3 截止，VT4 导通，VT5 截止，VT6 导通，有信号输出。

接近开关的特点是工作稳定可靠、寿命长、重复定位精度高等，其主要技术参数有：工作电压、输出电流、动作距离、重复精度及工作响应频率等。

接近开关的电气符号如图 1-18 所示。

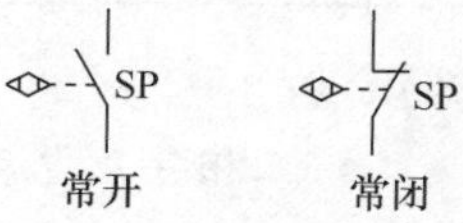

图 1-18　接近开关的电气符号

任务实施

一、工具、器材准备

常用低压电器的识别与应用技能训练使用的设备、工具和材料见表 1-1。

表1-1 常用低压电器的识别与应用技能训练使用的设备、工具和材料

序号	名称及说明	数量	序号	名称及说明	数量
1	红色按钮	1	6	中间继电器	1
2	绿色按钮	1	7	行程开关	1
3	交流接触器	1	8	接近开关	1
4	热继电器	1	9	万用表	1
5	时间继电器	1			

二、操作方法

1）仔细观察接触器的外形，正确找出接触器的线圈、主触点、辅助触点。

2）仔细观察继电器（包括中间继电器、时间继电器、热继电器）的外形，正确找出它们的线圈、常开触点、常闭触点。

3）仔细观察按钮、行程开关、接近开关的外形，正确找出它们的常开触点、常闭触点。

4）将接触器、中间继电器、时间继电器通电，观察其触点的动作。

三、注意事项

通电时应注意安全，手不要触到交流电。

思考与练习

1. 说明按钮、行程开关的异同点。
2. 中间继电器的作用是什么？中间继电器与接触器有何异同点？
3. 在电动机的控制电路中，热继电器与熔断器各起什么作用？两者能否互相替换？为什么？

任务二　电动机"正反转"控制电路的设计与调试

知识点：
- 三相异步电动机"正反转"控制电路的工作原理。
- 接触器联锁（互锁）和自锁的实现方法。

技能点：
- 三相异步电动机"正反转"控制电路的接线、安装、调试。
- 电气控制电路的读图方法。

任务提出

许多生产设备往往需要运动部件能向正、反两个方向运动，如机床工作台的前进与后退，电梯、起重机的上升与下降等，这就要求电动机能实现正、反两个方向的转动。由电动

机的工作原理可知，若将电动机三相电源中的任意两相对调，即可改变电动机的旋转方向。本项目就是学习如何对三相异步电动机进行正反转控制，并完成三相异步电动机"正反转"控制电路的安装和调试。

可逆运行控制电路实质上是两个方向相反的单向运行电路的组合。但为了避免误操作引起电源相间短路，必须在这两个相反方向的单向运行电路中加设联锁机构。按照电动机正反转操作顺序的不同，分"正—停—反"和"正—反—停"两种控制电路。下面重点介绍"正—停—反"控制电路。

一、电气控制电路图概述

电气传动系统的主要任务是对电动机实现各种控制和保护。在驱动系统中，除了电动机以外，控制对象还包括许多其他的电器，将这些电器按一定的要求连接起来，就构成了各种各样的控制电路。为了便于安装、调试、使用及维修，要将控制电路用图表示出来。这种反映自动控制系统中各种元器件连接关系的图，称为电气控制电路图。

电气控制电路图一般有三种：电气原理图（包括主电路图和辅助电路图）、电气元件布置图、电气安装接线图。

电气控制电路图有统一的绘图标准，图中的各种电器均采用国家规定的统一图形符号。常用元器件的电气符号见附录 A。

1. 电气原理图

电气原理图的绘制方法如下：

1）电气原理图一般分为电源电路、主电路、控制电路、信号电路、保护电路及照明电路。主电路是电气控制电路中大电流通过的部分。主电路中三相导线按相序从上到下或从左到右排列，中性线应排在相线的下方或右方，并用 L1、L2、L3 及 N 标记。辅助电路包括控制电路、照明电路、信号电路和保护电路，是小电流通过的部分。通常将主电路画在控制电路的上方或左方。

2）在电气原理图中，各电器触点位置都按电路未通电、未受外力作用时的常态位置画出，分析工作原理时，应从触点的常态位置出发。

3）各种元器件不画实际的外形图，而采用国家规定的统一图形符号画出，并标注相应的文字代号。

4）各种元器件不按它们的实际位置画在一起，而是按其在电路中所起作用的不同分画在不同的电路中，同一电器的各个部件（如接触器的线圈和触点）分别画在各自所属的电路中。为便于识别，同一电器的各个部件均以相同的文字代号表示。

5）在控制电路图中，对有直接电联系的十字交叉导线连接点，要用小黑圆点表示；而无直接电联系的十字交叉导线连接点，则不能画小黑圆点。

2. 电气元件布置图

电气元件布置图主要用来表明各种电气设备在机械设备上和电气控制柜中的实际安装位置，为机械电气控制设备的制造、安装、维护和维修提供必要的资料。各电气元件的安装位置是由实际工作要求决定的。例如，电动机要和被拖动的机械部件在一起，行程开关应放在要取信号的地方，操作元件要放在操纵箱等操作方便的地方，一般电气元件应放在控制柜内。

3. 电气安装接线图

为了进行装置、设备或成套装置的布线或布缆，必须提供其中各个部件（包括元件、器件、组件、设备等）之间电气连接的详细信息，包括连接关系、线缆种类和敷设路线等，用这种方式表示的图称为电气安装接线图。

二、如何读电气控制电路图

识读电气控制电路图时，首先要分清主电路和控制电路，然后按照先看主电路，再看控制电路的顺序进行读图。一般读主电路图从下向上看，即从电气设备开始，经控制元件顺次往电源看。看控制电路一般自上而下、从左向右看，即先看电源再顺次看各个回路，分析各条回路的元器件的工作情况，以及对主电路的控制关系。在读主电路时，要掌握电源供给情况，电源要经过哪些控制元件到达用电设备，这些控制元件各起什么作用，它们在控制用电设备时是如何动作的。在读控制电路时，应掌握该电路的基本组成，各元件之间的相互关系及各元件的动作情况，从而理解控制电路对主电路的控制情况，以便读懂整个电路的工作原理。在分析各种控制电路的工作原理时，常常用电气图形符号和箭头配以少量的文字加以说明，来表达电路的工作原理。

三、电动机直接起动电路

根据上述读图方法，分析图 1-19 所示电动机直接起动电路的工作原理如下：

起动控制：合上 QS 开关→按下起动按钮 SB2→接触器 KM 线圈得电→KM 主触点吸合→电动机 M 得电起动；同时，接触器 KM 常开辅助触点吸合，当松开 SB2 时，KM 线圈通过自身常开辅助触点继续保持通电，从而使电动机继续运转。这种靠接触器自身辅助触点保持线圈通电的电路，称为自保电路（或自锁电路）。与 SB2 并联的常开辅助触点称为自保触点（或自锁触点）。

停止控制：按下停止按钮 SB1→接触器 KM 线圈失电断开→KM 常开主触点及常开辅助触点均断开→电动机 M 失电停止转动。

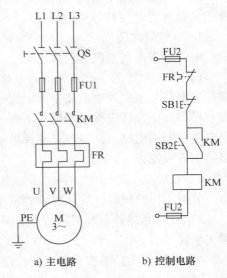

a) 主电路   b) 控制电路

图 1-19 电动机直接起动电路

四、电动机"正—停—反"控制电路

图 1-20 所示为三相异步电动机"正—停—反"控制电路。图 1-20a 为电动机"正—停—反"控制主电路图，图 1-20b 为电动机"正—停—反"控制电路图。主电路图中，KM1、KM2 分别为实现正、反转的接触器主触点。为防止两个接触器同时得电而导致电源短路，将两个接触器的常闭触点 KM1、KM2 分别串接在对方的工作线圈电路中，构成相互制约的关系，以保证电路安全可靠地工作，这种相互制约的关系称为"联锁"，也称为"互

锁"，实现联锁的常闭辅助触点称为联锁（或互锁）触点。

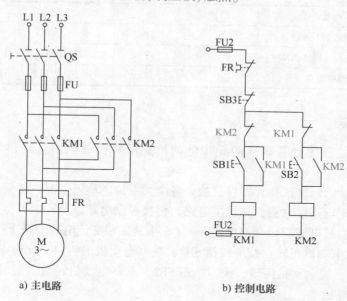

图 1-20　三相异步电动机"正—停—反"控制电路

根据上述读图方法，分析图 1-20 所示控制电路的工作原理如下：

合上电源开关 QS：

按下起动按钮 SB1→KM1 线圈得电
- →KM1 辅助常开触点闭合——自锁
- →KM1 主触点闭合——电动机正转
- →KM1 辅助常闭触点断开——保证 KM2 不会得电（互锁）

利用 KM1 的辅助常闭触点，保证了在 KM1 得电的时候 KM2 不会得电。

按下 SB3→KM1 线圈失电，KM1 主触点断开，电动机停转。

按下 SB2→KM2 线圈得电
- →KM2 辅助常开触点闭合——自锁
- →KM2 主触点闭合——电动机反转
- →KM2 辅助常闭触点断开——保证 KM1 不会得电（互锁）

利用 KM2 的辅助常闭触点，保证了在 KM2 得电的时候 KM1 不会得电。

按下 SB3→KM2 线圈失电，KM2 主触点断开，电动机停转。

任务实施

一、工具、器材准备

三相异步电动机正反转控制技能训练使用的设备、工具和材料见表 1-2。

表 1-2　三相异步电动机正反转控制技能训练使用的设备、工具和材料

序号	名称及说明	数量	序号	名称及说明	数量
1	断路器	2	3	红色按钮（SB3）	1
2	熔断器	5	4	绿色按钮（SB1）	1

（续）

序号	名称及说明	数量	序号	名称及说明	数量
5	黄色按钮（SB2）	1	8	导线	若干
6	交流接触器（KM1、KM2）	2	9	螺钉旋具（十字）	1
7	热继电器	1	10	万用表	1

二、操作方法

1）根据要求绘制接触器联锁的异步电动机正反转控制电路，其参考电路如图1-20所示。

2）根据所设计的电路选择元器件，检查各个元器件的质量情况，了解其使用方法。

3）按电路图正确连接电路，先接主电路，再接控制电路。

4）检查无误后通电试验。合上电源开关QS接通三相交流电源，按下按钮SB1，观察电动机的转向，此时电动机正转；按下按钮SB2，观察电动机的转向，此时电动机转向保持不变。按下按钮SB3，使电动机停转，按下按钮SB2，观察电动机转向，此时电动机反转。按下停止按钮SB3停机。

5）重复操作几遍，理解控制电路的工作原理及接触器联锁的作用。

三、注意事项

1）电动机为丫联结。

2）先调试控制电路，控制电路正确后再接电动机。

思考与练习

1. 电气系统图主要有哪几种？
2. 试用两个复合式按钮设计电动机"正—反—停"控制电路。

任务三 电动机"丫-△转换"控制电路的设计与调试

知识点：
- 三相异步电动机"丫-△转换"控制电路的工作原理。
- 时间继电器的使用方法。

技能点：
- 三相异步电动机"丫-△转换"控制电路的接线、安装、调试。
- 时间继电器的使用和接线方法。

任务提出

电动机从接通电源开始，转速由零上升到额定值的过程称为起动过程。小型电动机的起动过程经历的时间在几秒之内，大型电动机的起动时间为几秒到几十秒。在生产过程中，电动机要经常起动与停止，因此，电动机的起动性能对生产有直接的影响。小容量的电动机可以采用直接起动的方式，但当电动机容量较大时，起动时产生较大的起动电流，为额定电流的4~7倍，这么大的起动电流将带来下述不良后果。

1）起动电流过大使电压损失过大，起动转矩不够，导致电动机根本无法起动。

2）使电动机绕组发热，绝缘老化，从而缩短了电动机的使用寿命。

3）造成过电流保护装置误动作、跳闸。

4）使电网电压产生波动，进而影响连接在电网上的其他设备的正常运行。

因此，电动机起动时，在保证一定大小的起动转矩的前提下，还要求限制起动电流在允许的范围内。通常采用减压起动的方法来限制起动电流。

所谓减压起动就是指利用起动设备将电压适当降低后加到电动机的定子绕组上进行起动，待电动机起动运转后，再使其电压恢复到额定值正常运行。由于电流会随电压的降低而减小，从而可以达到限制起动电流的目的。

笼型异步电动机和绕线转子异步电动机的结构不同，限制起动电流的措施也不同。三相笼型异步电动机常用的减压起动方法有：定子绕组串电阻减压起动、丫-△减压起动、自耦变压器减压起动、延边三角形减压起动等。而绕线转子异步电动机有串电阻起动与串频敏变阻器起动。本任务重点学习用电气控制电路实现自动完成三相笼型异步电动机"丫-△"减压起动的过程。

知识链接

一、电动机定子绕组的接法

三相笼型异步电动机的定子绕组为三相对称绕组，通常有星形和三角形联结两种，如图1-21所示。

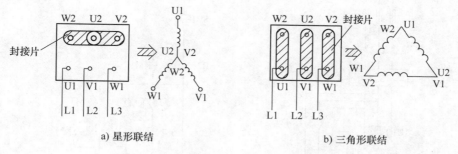

a) 星形联结　　　　　　　　　b) 三角形联结

图1-21　三相笼型异步电动机三相绕组的连接方式

电动机的接线端子盒中一般有6个接线端子，它们是三相绕组的三个首端U1、V1、W1和三个尾端U2、V2、W2。在端子盒中如果将尾端U2、V2、W2用封接片封接（短接）起来，首端U1、V1、W1与三相电源连接，则为星形联结，如图1-21a所示。如果将U1与W2、V1与U2、W1与V2用封接片封接，然后再与三相电源连接，则为三角形联结，如图1-21b所示。

二、丫-△减压起动控制

1. 丫-△减压起动控制电路

图 1-22 所示为三相异步电动机星-三角(丫-△)减压起动控制电路。由图 1-22a 可知：工作时，首先合上刀开关 QS，当接触器 KM1 及 KM3 接通时，电动机为丫联结起动。当接触器 KM1 及 KM2 接通时，电动机为△联结。该电路是由时间继电器按时间原则实现自动换接的。

图 1-22b 所示为丫-△减压起动的控制电路，其工作过程分析如下：

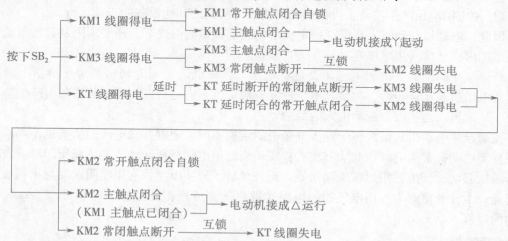

电路中 KM2 和 KM3 的常闭触点构成电气互锁，保证电动机绕组只能接成一种形式，即丫或△，以防止同时接通而造成电源短路。

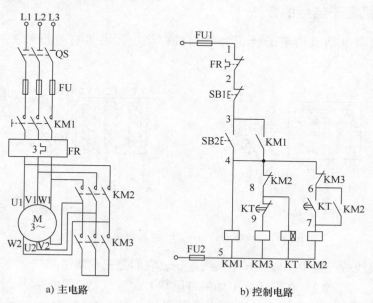

a) 主电路　　　　　　b) 控制电路

图 1-22　三相异步电动机丫-△减压起动控制电路

2. 电气元件布置图

三相异步电动机丫-△减压起动控制电路的电气元件布置图如图 1-23 所示。

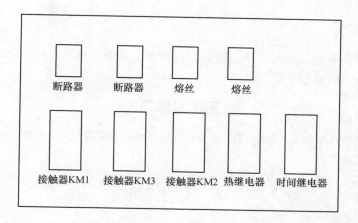

图 1-23　三相异步电动机Y-△减压起动控制电路的电气元件布置图

任务实施

一、工具、器材准备

三相异步电动机Y-△减压起动控制电路技能训练使用的设备、工具和材料见表 1-3。

表 1-3　三相异步电动机Y-△减压起动控制电路技能训练使用的设备、工具和材料

序号	名称及说明	数量	序号	名称及说明	数量
1	断路器	2	6	热继电器	1
2	熔断器	5	7	时间继电器	1
3	绿色按钮（SB2）	1	8	导线	若干
4	红色按钮（SB1）	1	9	螺钉旋具（十字）	1
5	交流接触器（KM1、KM2、KM3）	3	10	万用表	1

二、操作方法

1）首先要搞清楚三相异步电动机Y-△减压起动控制电路的工作原理、每一步实现的功能以及每一个元器件所起的作用。

2）根据电气原理图，将导线正确连接到每个元器件上，并注意导线一定要横平竖直，拐弯处要成直角。

3）每一根导线都要接牢，防止脱落。

4）用万用表对每一个触点进行测量，都必须连接正确，特别是控制电路部分，一定要确保准确无误。

5）按下起动按钮 SB2，电动机Y起动，观察时间继电器的工作情况及相电压的大小。

6）经过一段延时时间（10s）后，时间继电器动作，电动机按△正常运行，观察时间继电器的工作情况及相电压的大小。

7）按下停止按钮 SB1，电动机停止运转。

8）重复操作几遍，理解控制电路的工作原理及时间继电器的作用。

三、注意事项

1）先调试控制电路，控制电路正确后，再检查主电路。所有电路正常后再接电动机。

2）注意安全，防止触电！

思考与练习

对于一台大功率(10kW 以上)的电动机，若要正反转时都能够实现Y-△减压起动，则如何进行控制电路的设计?

项 目 小 结

1. 接触器的工作原理与电气符号。
2. 继电器(中间继电器、时间继电器、热继电器)的工作原理与电气符号。
3. 主令电器(按钮、行程开关、接近开关)的工作原理与电气符号。
4. 交流异步电动机"正反转"控制电路的分析方法。
5. 交流异步电动机"Y-△转换"控制电路的分析方法。

项目二　PLC基本指令的应用

任务一　S7-200 系列 PLC 系统概述

知识点：
- 了解 PLC 的产生、特点、内部结构、扫描工作方式。
- 掌握 PLC 控制系统的组成。
- 了解 S7-200 PLC 的结构、编程元件、寻址方式。
- 掌握输入/输出继电器。
- 掌握取、取反、输出指令和梯形图。

技能点：
- 会对 PLC 进行输入/输出接线。
- 会利用取、取反、输出指令与输入/输出继电器编写梯形图程序实现简单的 PLC 控制。

任务提出

PLC 系统是由继电器接触器控制系统发展而来的，怎样把一个简单的继电器接触器控制系统——异步电动机点动运行控制电路改造成 PLC 控制系统呢？

知识链接

一、PLC 的产生与应用

在可编程序控制器问世之前，继电器接触器控制在工业控制领域中占有主导地位。通过学习前面的章节可知，继电器接触器控制系统是采用固定接线的硬件实现控制逻辑。如果生产任务或工艺发生变化，就必须重新设计，改变硬件结构，这样会造成时间和资金的浪费。另外，大型控制系统用继电器接触器控制，使用的继电器数量多，控制系统的体积大，耗电多，且继电器触点为机械触点，工作频率较低，在频繁动作情况下寿命较短，容易造成系统故障，系统的可靠性差。为了解决这一问题，同时为了适应汽车型号的不断翻新，以求在竞争激烈的汽车工业中占有优势，早在 1968 年，美国最大的汽车制造商通用汽车公司(GM 公司)，进行了公开招标，提出要用一种新型的控制装置取代继电器接触器控制装置，要把计算机的完备功能以及灵活性强、通用性好等优点和继电器接触器控制的简单易懂、操作方便、价格便宜等优点融入于新的控制装置中，且要求新的控制装置编程简单，使得不熟悉计算机的人员也能很快掌握它的使用技术。

1969 年，美国数字设备公司（DEC）研制出了第一台可编程序控制器，也称 PLC（Programmable Logical Controller），型号为 PDP-14，用它取代传统的继电器接触器控制系统，在美国通用汽车公司的汽车自动装配线上使用，取得了巨大成功。这种新型的工业控制装置以其简单易懂、操作方便、可靠性高、通用灵活、体积小、使用寿命长等一系列优点，很快在美国其他工业领域得到推广应用。

随着 PLC 应用领域的不断拓宽，PLC 的定义也在不断完善。国际电工委员会（IEC）在1987 年 2 月颁布的可编程序控制器标准草案的第三稿中将 PLC 定义为"可编程序控制器是一种数字运算操作的电子系统，专为在工业环境下应用而设计。它采用可编程序的存储器，用来在其内部存储执行逻辑运算、顺序控制、定时、计数和算术运算等操作的指令，并通过数字式、模拟式的输入和输出，控制各种类型的机械或生产过程。可编程序控制器及其有关设备，都应按易于与工业控制器系统连成一个整体、易于扩充其功能的原则设计。"

实际上，现在 PLC 的功能早已超出了它的定义范围。目前，PLC 主要应用于开关量逻辑控制、运动控制、闭环过程控制、数据处理和通信联网等。

二、PLC 的特点

PLC 是综合继电器接触器控制的优点及计算机灵活、方便的优点而设计制造和发展而成的，这就使 PLC 具有许多其他控制器所无法相比的特点。

（一）可靠性高，抗干扰能力强

由 PLC 的定义可以知道，PLC 是专门为工业环境下的应用而设计的，因此人们在设计PLC 时，从硬件和软件上都采取了抗干扰的措施，提高了其可靠性。

1. 硬件措施

1）屏蔽：对 PLC 的电源变压器、内部 CPU、编程器等主要部件采用导电、导磁良好的材料进行屏蔽，以防外界的电磁干扰。

2）滤波：对 PLC 的输入/输出电路采用了多种形式的滤波，以消除或抑制高频干扰。

3）隔离：在 PLC 内部的微处理器和输入/输出电路之间，采用了光电隔离措施，有效地隔离了输入/输出间电的联系，减少了故障和误动作。

4）采用模块式结构：这种结构有助于在故障情况下短时修复。因为一旦查出某一模块出现故障，就能迅速更换，使系统恢复正常工作。

2. 软件措施

1）故障检测：设计了故障检测软件定期地检测外界环境，如掉电、欠电压、强干扰信号等，以便及时进行处理。

2）信息保护和恢复：当 PLC 偶发性故障条件出现时，信息保护和恢复软件会将 PLC 内部的信息进行保护，使其不会遭到破坏。一旦故障条件消失，又会恢复原来的信息，使之正常工作。

3）设置了警戒时钟 WDT：如果 PLC 程序每次循环执行的时间超过了 WDT 规定的时

间，则预示系统陷入死循环，系统会立即报警。

4）对程序进行检查和检验，一旦程序有错，立即报警，并停止执行。

由于采取了以上抗干扰的措施，一般 PLC 的平均无故障时间可达几万小时以上。

（二）通用性强，使用方便

PLC 产品已系列化和模块化，PLC 的开发制造商为用户提供了品种齐全的 I/O 模块和配套部件。用户在进行控制系统的设计时，不需要自己设计和制作硬件装置，只需根据控制要求进行模块的配置并设计满足控制要求的应用程序。对于一个控制系统，当控制要求改变时，只需修改程序，就能变更控制功能。

（三）采用模块化结构，使系统组合灵活方便

PLC 的各个部件均采用模块化设计，各模块之间可由机架和电缆连接。系统的功能和规模可根据用户的实际需求自行组合，使系统的性能价格更容易趋于合理。

（四）编程语言简单、易学，便于掌握

PLC 是由继电器接触器控制系统发展而来的一种新型的工业自动化控制装置，其主要的使用对象是广大的电气技术人员。PLC 的开发制造商为了便于工程技术人员方便学习和掌握PLC 的编程，采取了与继电器接触器控制原理相似的梯形图语言，易学、易懂。

（五）系统设计周期短

由于系统硬件的设计任务仅仅是根据对象的控制要求配置适当的模块，而不需要去设计具体的接口电路，这样就大大缩短了整个设计所花费的时间，加快了整个工程的进度。

（六）安装简单、调试方便、维护工作量小

PLC 控制系统的安装接线工作量比继电器接触器控制系统少得多，只需将现场的各种设备与 PLC 相应的 I/O 端相连。PLC 软件设计和调试大多可在实验室里进行，用模拟实验开关代替输入信号，其输出状态可以观察 PLC 上的相应发光二极管，也可以另接输出模拟实验板。模拟调试好后，再将 PLC 控制系统安装到现场，进行联机调试。由于 PLC 本身的可靠性高，又有完善的自诊断能力，一旦发生故障，可以根据报警信息迅速查明原因。如果是PLC 本身，则可用更换模块的方法排除故障。这样不仅提高了维护的工作效率，而且保证了生产的正常进行。

三、PLC 的控制系统

可编程控制系统就是存储程序控制系统，如图2-1所示。它由输入设备、PLC、输出设备三部分组成。图2-2 所示为 PLC 控制系统的示意图。

1. 输入设备

输入设备连接到可编程序控制器的输入端，它们直接接收来自操作台上的操作命令或来自被控对象的各种状态信息，并将产生的输入信号送到 PLC。常用的输入器件和设备包括各种控制开关和传感器，如控制按钮、限位开关、光电开关、继电器和接触器的触点、热电阻、热

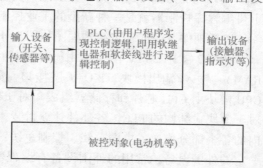

图 2-1　PLC 构成的控制系统

电偶、光栅位移式传感器等。

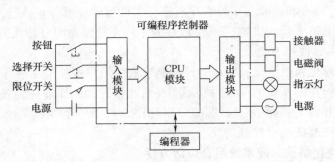

图 2-2　PLC 控制系统的示意图

2. PLC 内部控制电路

PLC 内部控制电路由 CPU 模块、输入/输出模块、电源模块等组成。CPU 模块通过输入模块将外部控制现场的控制信号读入 CPU 模块的存储器中，经过用户程序处理后，再将控制信号通过输出模块来控制外部控制现场的执行机构。

对用户来说，不必考虑 PLC 内部由 CPU、RAM、ROM 等组成的复杂电路，只要将 PLC 看成内部由许多软继电器组成的控制器即可，以便用梯形图（类似于继电器控制电路的形式）编程。软继电器的线圈和触点符号如图 2-3 所示。所谓软继电器，实质上是存储器中的每一位触发器（统称为映像寄存器），该位触发器为"1"状态，相当于继电器接通；该位触发器为"0"状态，相当于继电器断开。

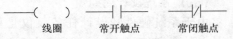

图 2-3　软继电器的线圈和触点符号

3. 输出设备

输出设备与可编程序控制器的输出端连接，将 PLC 的输出控制信号转换为驱动负载的信号。常用的输出设备有接触器、电磁开关、电磁阀、电磁继电器、电磁离合器、指示灯和信号灯等。

四、PLC 的基本组成

目前，可编程序控制器的产品很多，不同厂家生产的 PLC 以及同一厂家生产的不同型号的 PLC，其结构各不相同，但就其基本组成和基本工作原理而言，是大致相同的。它们都是以微处理器为核心的结构，其功能的实现不仅基于硬件的作用，更要靠软件的支持。实际上可编程序控制器就是一种新型的工业控制计算机。

PLC 硬件系统的基本结构框图如图 2-4 所示。

在图 2-4 中，PLC 的主机由微处理器（CPU）、存储器（ROM、PROM、EPROM、EEPROM、RAM）、输入/输出模块、I/O 扩展接口、外部设备接口（通信接口）及电源组成。PLC 的 CPU 模块由 CPU 芯片和存储器组成。对于整体式的 PLC，这些部件都在同一个机壳内；而对于模块式结构的 PLC，各部件独立封装，称为模块，各模块通过机架和电缆连接。在主机内的各个部分均通过电源总线、控制总线、地址总线和数据总线连接。根据需要，可以配备一定的外围设备，常用的外围设备有编程器、打印机、EPROM 写入器等。PLC 也可以配置通信模块与上位机及其他的 PLC 进行通信，构成 PLC 的分布式控制系统。

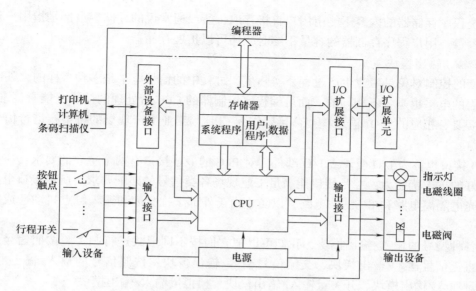

图2-4　PLC硬件系统的基本结构框图

下面分别介绍 PLC 的各组成部分及其作用，以便进一步了解 PLC 的控制原理和工作过程。

1. 中央处理单元(CPU)

CPU 是 PLC 的核心部件，整个 PLC 的工作过程都是在 CPU 的统一指挥和协调下进行的，CPU 的主要任务有：

1) 接收从编程软件或编程器输入的用户程序和数据，并存储在存储器中。

2) 用扫描方式接收现场输入设备的状态和数据，并存入相应的数据寄存器或输入映像寄存器中。

3) 监测电源、PLC 内部电路的工作状态，检测用户程序编制过程中的语法错误。

4) 在 PLC 的运行状态下，执行用户程序，完成用户程序规定的各种算术逻辑运算、数据的传输和存储等。

5) 按照程序运行结果，更新相应的标志位和输出映像寄存器，通过输出部件实现输出控制、制表打印和数据通信等功能。

2. 存储器

PLC 的存储器有两种，一种是存放系统程序的存储器，另一种是存放用户程序的存储器。

系统程序存储器为只读存储器(ROM、PROM、EPROM、EEPROM)，用来存放系统管理程序，用户不能访问和修改这部分存储器的内容。

用户程序存储器一般采用随机存储器(RAM)，用来存放编制的应用程序和工作数据状态。存放工作数据状态的用户存储器部分也称为数据存储区。它包括输入/输出数据映像区、定时器/计数器预置数和当前值的数据区、存放中间结果的缓冲区。为方便电气工程技术人员使用，把 PLC 的数据单元称为继电器，不同用途的继电器在存储区中占有不同的区域，有不同的地址编号。为了使 RAM 中的信息不丢失，RAM 都有后备电池。固定不变的用户程序和数据也可固化在只读存储器中。

系统程序存储器的内容不能由用户直接存取，所以通常说的存储容量都是指用户程序存储器的容量。用户程序存储器的容量不够时，还可以扩展存储器。

3. 输入/输出模块

PLC 的控制对象是工业生产过程，实际生产过程中的信号电平是多种多样的，外部执行机构所需的电平也是各不相同的，而可编程序控制器的 CPU 所处理的信号只能是标准电平，这样就需要有相应的 I/O（输入/输出）接口作为 CPU 与工业生产现场的桥梁，进行信号电平的转换。

I/O 接口也称为 I/O 模块或 I/O 部件。对 PLC 的 I/O 接口有两个主要的要求：一是接口应有良好的抗干扰能力；二是接口能满足工业现场各类信号的匹配要求。所以接口电路一般都包含光电隔离电路和 RC 滤波电路，以防止由于外部干扰脉冲和输入触点抖动造成错误的 I/O 信号。

对各种型号的输入/输出模块，我们可以把它们按不同形式进行归类。按照信号的种类分，有直流信号输入/输出模块、交流信号输入/输出模块；按照信号的输入/输出形式分，有数字量输入/输出模块、开关量输入/输出模块、模拟量输入/输出模块。

下面通过开关量输入/输出模块来说明 I/O 模块与 CPU 的连接方式。

（1）开关量输入接口 开关量输入接口的作用是将现场的开关量信号变成 PLC 内部处理的标准信号。按现场信号可接纳的电源类型不同，开关量输入接口可分为三类：直流输入接口、交直流输入接口、交流输入接口。

1）直流输入接口。直流输入接口原理图如图 2-5 所示，图中只画出了一个输入接点（图中输入端子）的输入电路，其他输入接点的输入电路与它相同，COM 是接点的公共端。

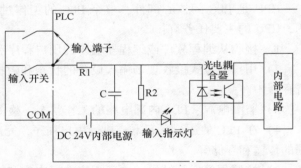

图 2-5　直流输入接口原理图

当输入端的现场开关（见图 2-5 中的输入开关）接通时，光电耦合器导通，输入信号送入 PLC 内部电路，CPU 在输入阶段读入数字"1"供用户程序处理，同时 LED 输入指示灯点亮，指示输入端现场开关接通。反之，当输入开关断开时，光电耦合器截止，CPU 在输入阶段读入数字"0"供用户程序处理，同时 LED 输入指示灯熄灭，指示输入端现场开关断开。

直流输入接口所用的电源可以由 PLC 内部自身的电源供给，也可以由外部电源供给。

2）交直流输入接口。交直流输入接口原理图如图 2-6 所示。电路结构与直流输入接口基本相同，只是电源除了可以用直流供电外，还可以用交流供电。交直流输入接口所用的电源一般用

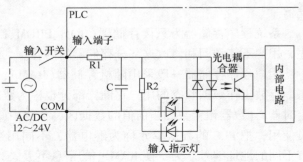

图 2-6　交直流输入接口原理图

外部电源供给。

　　3）交流输入接口。交流输入接口原理图如图2-7所示。RC电路起高频滤波的作用，以防止高频信号的串入。交流输入接口所用的电源一般用外部电源供给。

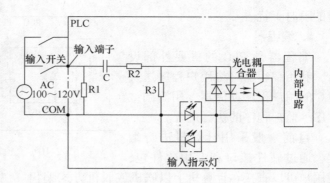

图 2-7　交流输入接口原理图

　　（2）开关量输出接口　用户程序决定PLC的信号输出。开关量输出接口的作用是将PLC的输出信号传送到用户输出设备（负载）。按负载所用的电源类型不同，开关量输出接口可分为三类：直流输出接口、交直流输出接口和交流输出接口。按输出开关器件的种类不同，开关量输出接口也可分为三类：晶体管型、继电器型和双向晶闸管型。其中晶体管型的接口只能接直流负载，为直流输出接口；继电器型的接口可接直流负载和交流负载，为交直流输出接口；双向晶闸管型的接口只能接交流负载，为交流输出接口。负载所需电源都由用户提供。

　　1）直流输出接口。直流输出接口（晶体管型）原理图如图2-8所示，

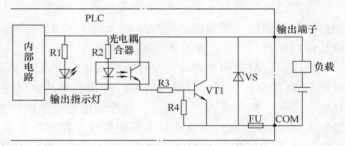

图 2-8　直流输出接口（晶体管型）原理图

图中只画出了一个输出接点。输出信号由CPU送给内部电路中的输出锁存器，再经光电耦合器送给输出晶体管VT1。当VT1饱和导通时，LED输出指示灯点亮，指示该输出端有输出信号；当VT1截止时，LED输出指示灯熄灭，指示该输出端没有输出信号。图中的稳压管VS用来抑制关断过电压和外部的浪涌电压，保护晶体管，晶体管输出电路的延迟时间小于1ms。

　　2）交直流输出接口。交直流输出接口（继电器型）原理图如图2-9所示。当需要某一输出端产生输出信号时，由CPU控制，将用户程序区相应端点的运算结果输出，接通输出继电器线圈，使输出继电器的触点闭合，相应的负载接通，同时LED输出指示灯点亮，指示该输出端有输出信号。

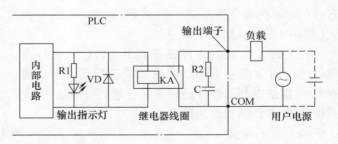

图 2-9　交直流输出接口（继电器型）原理图

　　3）交流输出接口。交流输出接口（双向晶闸管型）原理图如图2-10所示。当需要某一输出端点产生输出信号时，由CPU控制，将用户程序区相应端点的运算结果经该端点的光电耦合器输出，使光电耦合器中的双向晶闸管导通，相应的负载接通，同时LED输出指示灯点亮，指示该输出端有输出信号。电路中设有阻容过电压保护和浪涌吸收器，起限幅作用，以承受严

重的瞬时干扰。

4. 编程器

编程器是 PLC 的重要外部设备,利用编程器可将用户程序送入 PLC 的用户程序存储器,用于调试程序、监控程序的执行过程。

目前一般采用计算机进行编程,通过硬件接口和专用软件包,

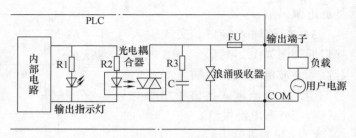

图 2-10 交流输出接口(双向晶闸管型)原理图

使用户可以直接在计算机上以联机或脱机方式编程。在 PLC 的实际使用中,可以运用梯形图编程,也可以利用助记符指令编程。

五、PLC 的基本工作原理

我们已经知道 PLC 是一种存储程序的控制器。用户根据某一对象的具体控制要求,编制好控制程序后,用编程器将程序输入到 PLC 的用户程序存储器中寄存。PLC 的控制功能就是通过运行用户程序来实现的。

PLC 运行程序的方式与微型计算机相比有较大的不同,微型计算机运行程序时,一旦执行到 END 指令,程序运行就会结束;而 PLC 是从 0000 号存储地址所存放的第一条用户程序开始,在无中断或跳转的情况下,按存储地址号递增的方向顺序逐条执行用户程序,直到执行到 END 指令结束,然后再从头开始执行,并周而复始地重复,直到停机或从运行(RUN)切换到停止(STOP)工作状态。通常把 PLC 这种执行程序的方式称为扫描工作方式。每扫描完一次程序就构成一个扫描周期。另外,PLC 对输入/输出信号的处理与微型计算机不同。微型计算机对输入/输出信号实时处理,而 PLC 对输入/输出信号是集中批处理。

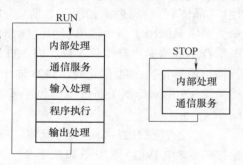

1. 循环扫描工作方式

PLC 用户程序的执行采用循环扫描工作方式。它有两种基本的工作模式,即运行(RUN)模式和停止(STOP)模式,如图 2-11 所示。

(1)停止模式 在停止模式下,PLC 只进行内部处理和通信服务工作。在内部处理阶段,PLC 检

图 2-11 PLC 基本的工作模式

查 CPU 模块内部的硬件是否正常,进行监控定时器复位等工作。在通信服务阶段,PLC 与其他的带 CPU 的智能装置通信。

(2)运行模式 在运行模式下,PLC 还要完成输入采样、程序执行和输出刷新三个阶段的工作,如图 2-12 所示。

1)输入采样。PLC 在开始执行程序之前,首先扫描输入端子,按顺序将所有输入信号读入到寄存输入状态的输入映像寄存器中,这个过程称为输入采样,也称输入刷新。PLC 在运行程序时,所需的输入信号不是实时取输入端子上的信息,而是取输入映像寄存器中的信息。在本工作周期内这个采样结果的内容不会改变,只有到下一个扫描周期输入采样阶段才被刷新。

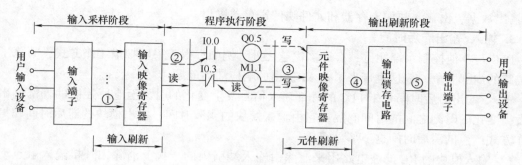

图 2-12　程序执行过程

2）程序执行。PLC 完成了输入采样工作后，按顺序从 0000 号地址开始的程序进行逐条扫描执行，并分别从输入映像寄存器、输出映像寄存器以及辅助继电器中获得所需的数据进行运算处理，再将程序执行的结果写入输出映像寄存器中保存。但这个结果在全部程序未执行完之前不会送到输出端子上。

3）输出刷新。在执行到 END 指令，即执行完用户所有程序后，PLC 将输出映像寄存器中的内容送到输出锁存器中进行输出，驱动用户设备。

PLC 重复地执行上述三个阶段，每重复一次的时间就是一个扫描周期（也称一个工作周期）。在每次扫描中，可编程序控制器只对输入采样一次，同时输出刷新一次，这可以确保在程序执行阶段，在同一个扫描周期的输入映像寄存器和输出锁存电路中的内容保持不变。

2. PLC 对输入/输出的处理规则

将图 2-12 所示的执行过程画成流程图的形式，如图 2-13 所示，可以更形象地说明输入/输出的处理规则。

1）输入映像寄存器区中的数据，取决于本次扫描周期输入采样阶段所刷新的状态。程序执行阶段和输出刷新阶段不会改变输入映像寄存器区中的数据。

2）元件映像寄存器区中的数据，由程序中的输出指令的执行结果决定。输入采样阶段和输出刷新阶段不会改变元件映像寄存器区中的数据。

3）输出锁存电路中的数据，取决于上一次扫描周期输出刷新阶段所刷新的状态。输入采样阶段和程序执行阶段不会改变输出锁存电路中的数据。

4）输出端子上的输出状态，由输出锁存电路中的数据确定。

5）程序执行过程中所需的输

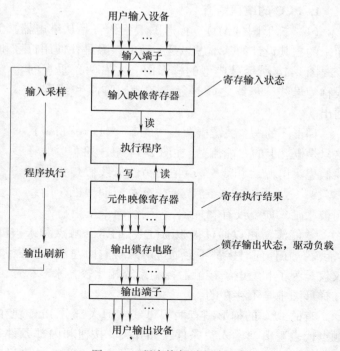

图 2-13　程序执行过程流程图

入/输出数据，由输入映像寄存器和元件映像寄存器读出。

3. 输入/输出滞后时间

PLC与其他控制系统相比，有许多优越之处，例如，由于采用扫描工作方式，消除了复杂电路的内部竞争，但这也带来了输入/输出的响应滞后问题。

输入/输出滞后时间是指PLC的外部输入信号发生变化的时刻至它所控制的外部输出信号发生变化的时刻之间的时间间隔，它由输入模块的滤波时间、输出模块的滞后时间和扫描工作方式产生的滞后时间这三部分组成。

1）输入模块的RC滤波电路用来滤除由输入端引入的干扰，消除因外接输入触点动作时产生的抖动所造成的影响，滤波电路的时间常数决定了输入滤波时间的长短，典型值约为10ms。

2）输出模块的滞后时间与模块类型有关，继电器型模块的滞后时间约为10ms，晶体管型一般小于1ms。双向晶闸管型在负载通电时的滞后时间约为1ms，负载由通电到断电时的最大滞后时间约为10ms。

3）由扫描工作方式产生的滞后时间最大可达两个多扫描周期。扫描周期与用户程序的长短、指令的种类和CPU执行指令的速度有关，典型值为1~100ms。

滞后现象对于一般的工业设备是完全允许的，但对某些需要输出对输入做出快速响应的实时控制设备，滞后现象又是必须克服的。一般在硬件上可采用快速响应模块、高速计数模块等，在软件上可采用改变信息刷新方式、运用中断处理、调整输入滤波器参数等措施加以克服。

六、PLC的编程语言和程序结构

1. PLC的编程语言

（1）梯形图（LAD） 梯形图编程语言是从继电器接触器控制系统原理图的基础上演变而来的，其设计的基本思想是一致的，只是在使用符号和表达方式上有一定区别。

图2-14所示是典型的梯形图。左右两条垂直的线称为母线。母线之间是触点的逻辑连接和线圈的输出。

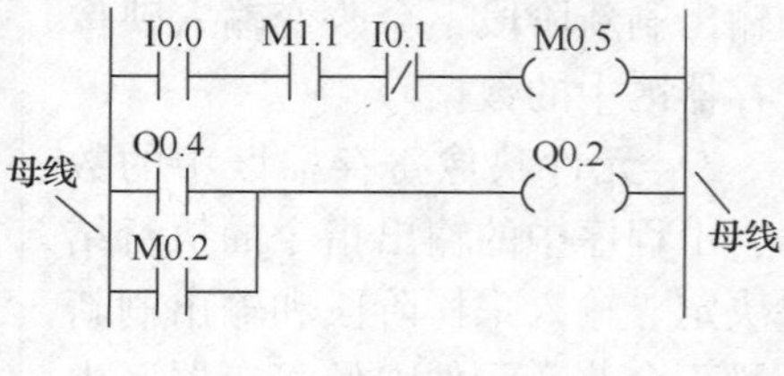

图2-14 典型的梯形图

梯形图的一个关键概念是"能流"（Power Flow），这只是概念上的"能流"。在图2-14中，把左边的母线假想为电源"相线"，而把右边的母线假想为电源"零线"。如果有"能流"从左至右流向线圈，则线圈被激励。如果没有"能流"，则线圈未被激励。

"能流"可以通过被激励（ON）的常开触点和未被激励（OFF）的常闭触点自左向右流。"能流"在任何时候都不会通过触点自右向左流。要强调指出的是，引入"能流"的概念，仅仅是为了和继电器接触器控制系统相比较，来对梯形图有一个深入的认识，其实"能流"在梯形图中是不存在的。

有的PLC的梯形图有两根母线，但大部分PLC现在只保留左边的母线。在梯形图中，触点代表逻辑"输入"条件，如开关、按钮和内部条件等；线圈通常代表逻辑"输出"结果，如灯、接触器、中间继电器等。对S7-200 PLC来说，还有一种输出——"盒"，它代表附加的指令，如定时器、计数器和功能指令等，以后学习到指令时会有详细介绍。

梯形图语言简单明了、易于理解，是所有编程语言中的首选。

（2）语句表(STL)　语句表是一种与汇编语言类似的助记符编程表达方式，用一系列PLC操作命令组成的语句表可以将梯形图描述出来。

图2-15所示是简单的PLC程序，图2-15a是梯形图程序，图2-15b是相应的语句表。一般来说，语句表编程适合于熟悉PLC和有经验的程序员使用。

（3）顺序功能图　顺序功能图常用来编制顺序控制类程序。它包括步（状态）、动作、转移、转移条件、有向线段五个元素，如图2-16所示。顺序功能图编程法可将一个复杂的控制过程分解为一些具体的工作状态，把这些具体的功能分别处理后，再把这具体的状态按照一定的顺序控制要求，组合成整体的控制程序。顺序功能图体现了一种编程思想，在程序的编制中有很重要的意义。本书项目三将详细介绍顺序功能图的编程思想和方法。

a) 梯形图

```
LD    I0.0
O     Q0.0
AN    I0.1
=     Q0.0
LD    I0.5
=     Q0.1
A     I0.3
=     M0.1
LDN   I0.4
AN    M0.1
=     Q0.2
```

b) 语句表

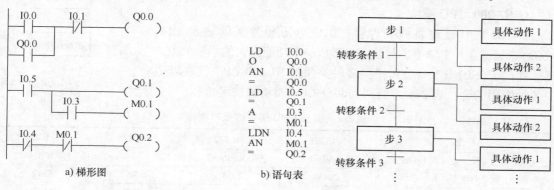

图2-15　LAD和STL应用举例

图2-16　顺序功能图

（4）功能块图(FBD)　S7-200的PLC专门提供了功能块图(Function Block Diagram)编程语言，利用FBD可以查看到像普通逻辑门的逻辑盒指令。它没有梯形图编程器中的触点和线圈，但有与之等价的指令，这些指令是作为盒指令出现的，程序逻辑由这些盒指令之间的连接决定。FBD编程语言有利于程序流的跟踪，但在目前使用较少。图2-17所示为FBD的一个简单使用例子。

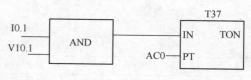

图2-17　FBD简单举例

2. PLC的程序结构

控制一个任务或过程，是通过在RUN方式下，使主机循环扫描并连续执行用户程序来实现的。用户程序决定了一个控制系统的功能。

广义上的PLC程序由三部分构成：用户程序、数据块和参数块。

（1）用户程序　用户程序是必选项，其在存储器空间中也称为组织块，它处于最高层次，可以管理其他块，是用各种语言(如STL、LAD或FBD等)编写的。不同机型的CPU，其程序空间容量也不同。用户程序的结构较为简单，一个完整的用户程序应当包含一个主程序、若干子程序和若干中断程序三大部分。不同编程设备，对各程序块的安排方法也不同。用户程序结构示意图如图2-18所示。

（2）数据块　数据块为可选部分，它主要存放用户程序运行所需的数据。

（3）参数块　参数块也是可选部分，它存放的是 CPU 组态数据，如果在编程软件或其他编程工具上未进行 CPU 的组态，则系统以默认值进行自动配置。

七、CPU 22X 系列 PLC 简介

S7-200 系列 PLC 是西门子公司 20 世纪 90 年代推出的整体式小型可编程序控制器，开始称为 CPU 21X，其后的改进型称为 CPU 22X。21X 和 22X 各有四五个型号。机器结构紧凑、功能强，具有很高的性价比，在中小规模控制系统中应用广泛。

1. S7-200 CPU 模块

S7-200 CPU 模块将微处理器、集成电源和数字量输入/输出(I/O)点集成在一个紧凑的封装中，形成一个功能强大的小型 PLC。

西门子(SIEMENS)公司提供多种类型的 S7-200 CPU 模块以适应各种应用场合，表 2-1 中所列为部分 CPU 模块的技术指标。

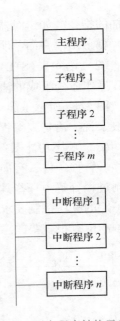

图 2-18　用户程序结构示意图

表 2-1　部分 CPU 模块的技术指标

特性	CPU 221	CPU 222	CPU 224	CPU 226
外形尺寸(长×宽×高)/mm	90×80×62	90×80×62	120.5×80×62	196×80×62
程序存储区/字	2048	2048	4096	8192
数据存储区/字	1024	1024	4096	5120
掉电保持时间/h	50	50	190	190
本机 I/O	6 入/4 出	8 入/6 出	14 入/10 出	24 入/16 出
扩展模块数量/个	0	2	7	7
高速计数器： 单相 双相	4 路 30kHz 2 路 20kHz	4 路 30kHz 2 路 20kHz	6 路 30kHz 4 路 20kHz	6 路 30kHz 4 路 20kHz
脉冲输出(DC)	2 路 20kHz	2 路 20kHz	2 路 20kHz	2 路 20kHz
模拟电位器/个	1	1	2	2
实时时钟	配时钟卡	配时钟卡	内置	内置
通信口	1 RS-485	1 RS-485	1 RS-485	2 RS-485
浮点数运算	有			
I/O 映像区	256 字节(128 字节入/128 字节出)			
布尔指令执行速度	0.37μs/指令			

2. S7-200 扩展模块

S7-200 扩展模块主要有数字量 I/O 模块、模拟量 I/O 模块和通信模块等，可以利用这些扩展模块完善 CPU 的功能。例如：数字量输入/输出模块 EM 221/EM 222、模拟量输入/输出模块 EM 231/EM 232、工业以太网通信模块 CP243-1 等。

3. 通信方式

有两种方式连接 S7-200 和编程设备：一种是直接使用 PC/PPI 电缆；另一种是用通信卡

（CP）和 MPI 电缆。

PC/PPI 电缆比较常用而且成本较低，它将 S7-200 的编程口与计算机的 RS-232 相连接。PC/PPI 电缆也可用于其他设备与 S7-200 的连接。

如果使用 MPI 电缆，必须先在计算机上安装通信卡。使用这种方式时，可以用较高的波特率进行通信。

4. 编程元件

PLC 是采用软件编制程序来实现控制要求的。编程时要使用到各种编程元件，它们可提供无数个常开和常闭触点。编程元件是指输入寄存器、输出寄存器、位存储器、定时器、计时器、通用寄存器、数据寄存器及特殊功能存储器等。

PLC 内部这些存储器的作用和继电器接触器控制系统中使用的继电器十分相似，也有"线圈"与"触点"，但它们不是"硬"继电器，而是 PLC 存储器的存储单元。当写入该单元的逻辑状态为"1"时，则表示相应继电器线圈得电，其常开触点闭合，常闭触点断开。所以，内部的这些继电器称之为"软"继电器。

S7-200 系列 CPU 224XP 部分编程元件的编号范围与功能说明见表 2-2。

表 2-2 CPU 224XP 部分编程元件的编号范围与功能说明

元件名称	符号	编号范围	功能说明
输入映像寄存器	I	I0.0 ~ I1.5，共 14 点	接收外部输入设备的信号
输出映像寄存器	Q	Q0.0 ~ Q1.1，共 10 点	输出程序执行结果并驱动外部设备
模拟量输入寄存器(只读)	AI	AIW0 ~ AIW62	接收模拟量输入模块转换后的 16 位数字量
模拟量输出寄存器(只写)	AQ	AQW0 ~ AQW62	暂存模拟量输出模块的输入值
内部位存储器	M	M0.0 ~ M31.7	在程序内部使用，不能提供外部输出
定时器	T	T0、T64	保持型通电延时(1ms)
		T1 ~ T4、T65 ~ T68	保持型通电延时(10ms)
		T5 ~ T31、T69 ~ T95	保持型通电延时(100ms)
		T32、T96	ON/OFF 延时(1ms)
		T33 ~ T36、T97 ~ T100	ON/OFF 延时(10ms)
		T37 ~ T63、T101 ~ T255	ON/OFF 延时(100ms)
计数器	C	C0 ~ C255	加法计数器，触点在程序内部使用
高速计数器	HC	HC0 ~ HC5	用来累计比 CPU 扫描速率更快的事件
顺序控制状态寄存器	S	S0.0 ~ S31.7	提供用户程序的逻辑分段
变量存储器	V	VB0.0 ~ VB5119.7	数据处理用的数值存储元件
局部变量存储器	L	LB0.0 ~ LB63.7	使用临时的寄存器，作为暂时存储器
特殊存储器	SM	SM0.0 ~ SM549.7	CPU 与用户之间交换信息
累加器	AC	AC0 ~ AC3	用来存放计算的中间值

S7-200 系列 PLC 的数据存储区按存储器存储数据的长短可划分为字节存储器、字存储器和双字存储器 3 类。字节存储器有 7 个，它们分别是输入映像寄存器 I、输出映像寄存器 Q、变量存储器 V、内部位存储器 M、特殊存储器 SM、顺序控制状态寄存器 S 和局部变量存储器 L；字存储器有 4 个，它们是定时器 T、计数器 C、模拟量输入寄存器 AI 和模拟量输出寄存器 AQ；双字存储器有 2 个，它们是累加器 AC 和高速计数器 HC。

（1）输入映像寄存器 I（输入继电器）　输入映像寄存器 I 存放 CPU 在输入扫描阶段采样输入接线端子的结果。

（2）输出映像寄存器 Q（输出继电器）　输出映像寄存器 Q 存放 CPU 执行程序的结果，并在输出扫描阶段，将其复制到输出接线端子上。

（3）内部位存储器 M（中间继电器）　内部位存储器 M 作为控制继电器，用于存储中间操作状态或其他控制信息，其作用相当于继电器接触器控制系统中的中间继电器。

（4）特殊存储器 SM　特殊存储器 SM 用于 CPU 与用户之间交换信息，其特殊存储器位提供大量的状态和控制功能。CPU 224 的特殊存储器 SM 编址范围为 SMB0～SMB549，共550 个字节，其中 SMB0～SMB29 的 30 个字节为只读型区域。特殊存储器的地址编号范围随CPU 的不同而不同。

（5）定时器 T　定时器相当于继电器接触器控制系统中的时间继电器，用于延时控制。S7-200 有 3 种定时器，它们的时基增量分别为 1ms、10ms 和 100ms。

定时器的地址编号范围为 T0～T255，它们的分辨率和定时范围各不相同，用户应根据所用 CPU 型号及时基，正确选用定时器的编号。

（6）计数器 C　计数器用来累计输入端接收到的脉冲个数，S7-200 有 3 种计数器：加计数器、减计数器和加减计数器。

计数器的地址编号范围为 C0～C255。

（7）变量存储器 V　变量存储器 V 用于存放用户程序执行过程中控制逻辑操作的中间结果，也可以用来保存与工序或任务有关的其他数据。

（8）局部变量存储器 L　局部变量存储器 L 用来存放局部变量，它和变量存储器 V 很相似，主要区别在于全局变量是全局有效，即同一个变量可以被任何程序访问，而局部变量只在局部有效，即变量只和特定的程序相关联。

S7-200 有 64 个字节的局部变量存储器，其中 60 个字节可以作为暂时存储器，或给子程序传递参数，后 4 个字节作为系统的保留字节。

（9）高速计数器 HC　高速计数器用来累计比 CPU 的扫描速率更快的事件，计数过程与扫描周期无关。

高速计数器的地址编号范围根据 CPU 的型号有所不同，CPU 221/222 各有 4 个高速计数器，CPU 224/226 各有 6 个高速计数器，编号为 HC0～HC5。

（10）累加器 AC　累加器是用来暂存数据的寄存器，它可以用来存放运算数据、中间数据和结果，S7-200 提供了 4 个 32 位的累加器，其地址编号为 AC0～AC3。

（11）模拟量输入寄存器 AI　模拟量输入寄存器 AI 用于接收模拟量输入模块转换后的16 位数字量，其地址编号以偶数表示，如 AIW0、AIW2、…。模拟量输入寄存器 AI 为只读存储器。

（12）模拟量输出寄存器 AQ　模拟量输出寄存器 AQ 用于暂存模拟量输出模块的输入值，该值经过模拟量输出模块（D-A 转换器）转换为现场所需的标准电压或电流信号，其地址编号为 AQW0、AQW2、…。模拟量输出值是只写数据，用户不能读取模拟量输出值。

（13）顺序控制状态寄存器 S　顺序控制状态寄存器 S 又称状态元件，与顺序控制继电器指令配合使用，用于组织设备的顺序操作，顺序控制状态寄存器的地址编号范围为S0.0～S31.7。

5. 指令寻址方式

（1）编址方式　在计算机中使用的数据均为二进制数，二进制数的基本单位是 1 个二进制位，8 个二进制位组成 1 个字节，2 个字节组成一个字，2 个字组成一个双字。

存储器的单位可以是位(bit)、字节(Byte)、字(word)、双字(Double Word)，编址方式也可以是位、字节、字、双字。存储单元的地址由区域标识符、字节地址和位地址组成。

位编址：寄存器标识符 + 字节地址 + . + 位地址，如 I0.0、M0.1、Q0.2 等。

字节编址：寄存器标识符 + 字节长度 B + 字节号，如 IB1、VB20、QB2 等。

字编址：寄存器标识符 + 字长度 W + 起始字节号，如 VW20 表示 VB20 和 VB21 这 2 个字节组成的字。

双字编址：寄存器标识符 + 双字长度 D + 起始字节号，如 VD20 表示从 VB20 到 VB23 这 4 个字节组成的双字。

字节、字和双字编址如图 2-19 所示。

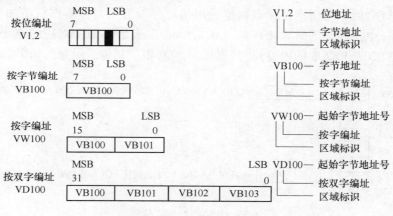

图 2-19　字节、字和双字编址

（2）寻址方式　S7-200 系列 PLC 指令系统的数据寻址方式有立即数寻址、直接寻址和间接寻址 3 大类。

1）立即数寻址。对立即数直接进行读写操作的寻址称为立即数寻址。立即数寻址的数据在指令中以常数形式出现。常数的大小由数据的长度(二进制数的位数)决定，其表示的相关整数的范围见表 2-3。

表 2-3　数据的大小范围

数据大小	无符号整数范围		有符号整数范围	
	十进制	十六进制	十进制	十六进制
字节 B(8 位)	0 ~ 255	0 ~ FF	− 128 ~ 127	80 ~ 7F
字 W(16 位)	0 ~ 65535	0 ~ FFFF	− 32768 ~ 32767	8000 ~ 7FFF
双字 D(32 位)	0 ~ 4294967295	0 ~ FFFFFFFF	− 2147483648 ~ 2147483647	800000000 ~ 7FFF FFFF

在 S7-200 系列 PLC 中，常数值可以为字节、字或双字。存储器以二进制方式存储所有常数。指令中可用二进制、十进制、十六进制或 ASCII 码形式来表示常数，其具体的格式是：

二进制格式：用二进制数前加 2# 表示，如 2#1010；

十进制格式：直接用十进制数表示，如 3842；

十六进制格式：用十六进制数前加 16# 表示，如 16#3A5E；

ASCII 码格式：用单引号 ASCII 码文本表示，如'good'。

2）直接寻址。直接寻址方式是指在指令中直接使用存储器或寄存器的地址编号，直接到指定的区域读取或写入数据，如 Q0.6、MB11、VW20 等。

3）间接寻址。间接寻址时操作数不提供直接数据位置，而是通过使用地址指针来存取存储器中的数据。在 S7-200 系列 PLC 中允许使用指针对 I、Q、M、V、S、T（仅当前值）、C（仅当前值）寄存器进行间接寻址。

使用间接寻址之前，要先创建一个指向该位置的指针，指针为双字值，用来存放一个存储器的地址，只能用 V、L 或 AC 作指针。建立指针时，必须用双字传送指令（MOVD）将需要间接寻址的存储器地址送到指针中，例如"MOVD &VB202，AC1"，其中"&VB202"表示 VB202 的地址，而不是 VB202 的值，指令的含义是将 VB202 的地址送入累加器 AC1 中。

指针建立好之后，利用指针存取数据。用指针存取数据时，操作数前加"*"号，表示该操作数为一个指针。例如"MOVW *AC1，AC0"表示将 AC1 对应的地址开始的一个字节的数据（即 VB202、VB203 的内容）送到累加器 AC0 中，其传送示意图如图 2-20 所示。

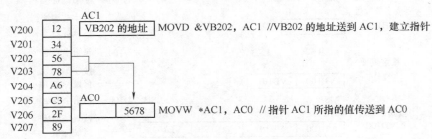

图 2-20　使用指针的间接寻址

八、CPU 224XP 输入/输出接线

CPU 224XP 继电器输出型的输入/输出接线如图 2-21 所示。CPU 224XP 自带模拟量 2

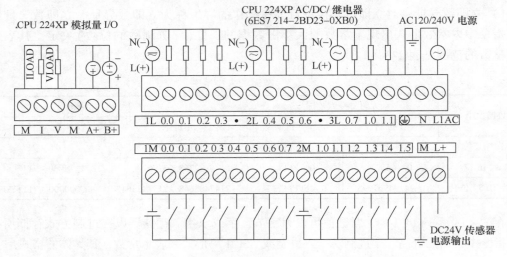

图 2-21　CPU 224XP 输入/输出接线图（继电器输出型）

输入/1 输出。CPU 224 比 CPU 224XP 少了模拟量输入/输出功能，其接线也在 CPU 224XP 输入/输出接线上去掉了模拟量输入/输出的接线。

1. 输入接线

CPU 224XP 的主机共有 14 个输入点（I0.0 ~ I0.7、I1.0 ~ I1.5）。系统设置 1M 为输入端子 I0.0 ~ I0.7 的公共端，2M 为输入端子 I1.0 ~ I1.5 的公共端。

2. 输出接线

CPU 224XP 的主机共有 10 个输出点（Q0.0 ~ Q0.7、Q1.0 ~ Q1.1）。CPU 224XP 的输出电路有晶体管输出电路和继电器输出两种供用户选用。在晶体管输出电路中，PLC 由 24V 直流供电，负载采用了 MOSFET 功率驱动器件，所以只能用直流电源为负载供电。输出端将数字量输出分为两组，每组有一个公共端，共有 1L、2L 两个公共端，Q0.0 ~ Q0.4 共用 1L，Q0.5 ~ Q1.1 共用 2L，可接入不同电压等级的负载电源。

在继电器输出电路中，PLC 由 220V 交流电源供电，负载采用了继电器驱动，所以既可以选用直流电源为负载供电，也可以采用交流电源为负载供电。在继电器输出电路中，数字量输出分为 3 组，每组的公共端为本组的电源供给端，Q0.0 ~ Q0.3 共用 1L，Q0.4 ~ Q0.6 共用 2L，Q0.7 ~ Q1.1 共用 3L，各组之间可接入不同电压等级、不同电压性质的负载电源。

3. 模拟量输入/输出接线

CPU 224XP 自带 2 路模拟量输入/1 路模拟输出。

九、取、取反指令和输出指令

LD（Load）：取指令，用于网络块逻辑运算开始的常开触点与母线的连接。

LDN（Load Not）：取反指令，用于网络块逻辑运算开始的常闭触点与母线的连接。

=（Out）：线圈驱动指令。

使用说明如下：

1）在指令中，"//" 表示注释。

2）LD/LDN 可取 I、Q、M、SM、T、C、V、S 的触点。

3）" = " 可驱动 Q、M、SM、T、C、V、S 的线圈，但不能驱动输入映像寄存器 I。

4）当 PLC 输出端不带负载时，尽量使用 M 或其他控制线圈。

5）" = " 可以并联使用任意次，但不能串联。

举例： 合上电源开关，没有按下点动按钮时，指示灯不亮；按下点动按钮时，指示灯点亮。试用 PLC 实现上述功能。

点动按钮 SB0 与 PLC 输入端子 I0.0 连接，指示灯与 PLC 输出端子 Q0.0 连接，则可以通过图 2-22 所示的梯形图来实现上述功能。

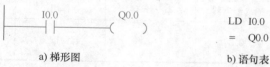

a）梯形图　　　　　　　b）语句表

```
LD  I0.0
=   Q0.0
```

图 2-22　程序

任务实施

一、工具、材料准备

控制柜一台和导线若干。

二、任务分析

图 2-23 所示是电动机点动运行电路，SB 为起动按钮，KM 为交流接触器，按下起动按钮 SB，KM 的线圈通电，主触点闭合，电动机开始运行，SB 被放开后，KM 的线圈断电释放，主触点断开，使电动机 M 停止运行。画出控制时序图，如图 2-23c 所示。用 PLC 控制电动机的点动运行电路的逻辑变量见表 2-4。

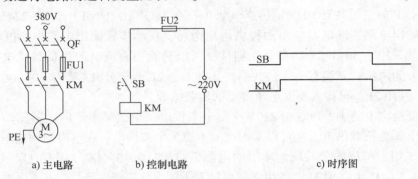

a) 主电路　　　　　b) 控制电路　　　　　c) 时序图

图 2-23　电动机点动运行电路

表 2-4　用 PLC 控制电动机的点动运行电路的逻辑变量

输入变量 SB	1	触点动作（常开触点接通，常闭触点断开）
	0	触点不动作（常开触点断开，常闭触点接通）
输出变量 KM	1	线圈通电吸合
	0	线圈断电释放

选用西门子公司 S7-200 系列 CPU 224XP 继电器输出型 PLC（本书均选用该系列 PLC，以后不再说明）。

为了实现电动机的点动运行控制，PLC 需要一个输入触点和一个输出触点，输入/输出点分配见表 2-5。

表 2-5　输入/输出点分配

输　　入			输　　出		
输入继电器	输入元件	作用	输出继电器	输出元件	作用
I0.0	SB	起动按钮	Q0.0	KM	控制电动机用交流接触器

根据图 2-23c 所示的控制时序图可以列出点动控制电路的逻辑表达式：

$$Q0.0 = I0.0$$

画出 PLC 控制电路接线图，如图 2-24a 所示。针对电动机点动运行电路的控制要求画出梯形图，如图 2-24b 所示。程序也可以写成指令表的形式，如图 2-24c 所示。

三、操作方法

按图 2-24a 连接 PLC 控制电路，并连接好电源，检查电路正确性，确保无误。

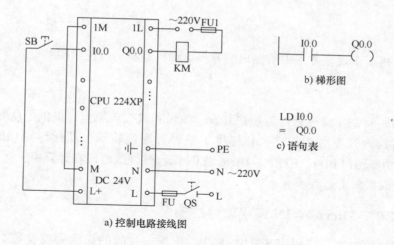

a) 控制电路接线图

b) 梯形图

```
LD  I0.0
=   Q0.0
```

c) 语句表

图 2-24　电动机点动运行 PLC 控制

四、注意事项

1）PLC 的输入/输出点务必分辨正确。

2）PLC 的电源输入和 24V 电源输出不能搞错。

思考与练习

1. PLC 有哪些特点？

2. PLC 内部结构由哪几部分构成？

3. CPU 芯片的作用是什么？CPU 模块由哪几部分组成？

4. 开关量输入接口有哪几种类型？各有哪些特点？

5. 开关量输出接口有哪几种类型？各有哪些特点？

6. 请举例说明 PLC 控制系统中常用的输入/输出设备。

7. 有哪些因素能影响 PLC 的输入/输出滞后时间？

8. 详细说明 PLC 的扫描工作原理。在扫描工作过程中，输入映像寄存器和输出映像寄存器各起什么作用？

任务二　STEP 7-Micro/WIN 编程软件的使用

> 知识点：
> - 掌握 STEP 7-Micro/WIN 编程软件的基本应用步骤。
>
> 技能点：
> - 了解 STEP 7-Micro/WIN 编程软件的安装。
> - 学会编程软件的操作，会录入、修改、调试程序。
> - 能正确连接 PLC 与计算机之间的通信连线，并正确进行系统设置。

任务提出

如何通过 PLC 实现任务一中所提出的异步电动机点动运行控制呢？

知识链接

STEP 7-Micro/WIN 编程软件为用户开发、编辑和监控应用程序提供了良好的编程环境。为了能快捷高效地开发应用程序，它提供了三种程序编辑器，即梯形图（LAD）、语句表（STL）和逻辑功能图（FBD）。STEP 7-Micro/WIN 编程软件既可以在计算机上运行，也可以在西门子公司的编程器上运行。

一、STEP 7-Micro/WIN 编程软件的安装

双击编程软件中的安装程序 SETUP. EXE，根据安装时的提示完成安装。单击 STEP 7-Micro/WIN 图标，打开一个新的项目，依次单击工具→选项→常规→语言→中文→确认，STEP 7-Micro/WIN 软件的编程窗口则显示中文，如图 2-25 所示。

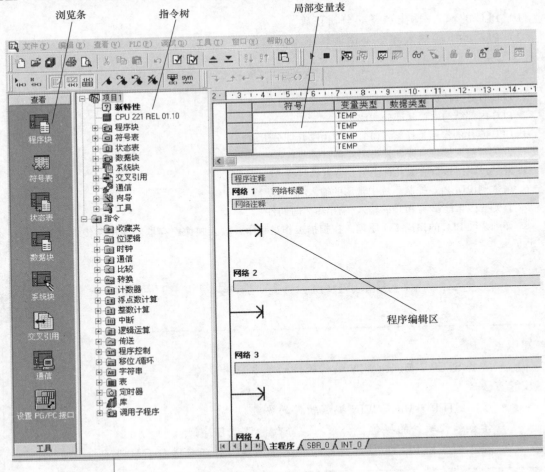

图 2-25　STEP 7-Micro/WIN 软件的编程窗口

二、STEP 7-Micro/WIN 软件的编程窗口

1. 浏览条

浏览条用于显示常用编程视图及工具。

View(视图)：显示程序块、符号表、数据块、系统块、交叉引用表及通信图标。

Tools(工具)：显示指令向导、TD200 向导等工具。

2. 指令树

指令树可以提供所有项目对象和当前程序编辑器(LAD、FBD 或 STL)需要的所有编程指令。

3. 程序块(Program Block)

程序块由可执行的代码和注释组成，可执行的代码由主程序、可选的子程序和中断程序组成。代码被编译并下载到可编程序控制器，程序注释被忽略。

S7-200 工程项目中规定的主程序只有一个，用 MAIN(OB1) 表示。子程序有 64 个，用 SBR0 ~ SBR63 表示。中断程序有 128 个，用 INT0 ~ INT127 表示。

4. 符号表(Symbol Table)

符号表允许程序员用符号来代替存储器的地址，符号地址便于记忆，使程序更容易理解。程序编译后下载到可编程序控制器时，所有的符号地址被转换为绝对地址，符号表中的信息不能下载到可编程序控制器。

5. 状态表(Status Chart)

状态表用来观察程序执行时指定的内部变量的状态，状态表并不下载到可编程序控制器，仅仅是监控用户程序运行情况的一种工具。

6. 数据块(Data Block)

数据块由数据(存储器的初始值和常数值)和注释组成。数据被编译并下载到可编程序控制器，注释被忽略。对于继电器接触器控制系统的数字量控制系统，一般只有主程序，不使用子程序、中断程序和数据块。

7. 交叉引用表(Cross Reference)

交叉引用表可以列举出程序中使用的各操作数在哪一个程序块的什么位置出现，以及使用它们的指令助记符；还可以查看哪些内存区域已经被使用，作为位使用还是作为字节使用等。在运行方式下编辑程序时，可以查看程序当前正在使用的跳变信号的地址。交叉引用表不能下载到可编程序控制器，程序编译成功后才能看到交叉引用表的内容。在交叉引用表中双击某操作数，可以显示包含该操作数的那一部分程序。

8. 程序编辑器

程序编辑器包含用于该项目的编辑器(LAD、FBD 或 STL)的局部变量表和程序视图。如果需要，可以拖动分割条以扩充程序视图，并覆盖局部变量表。单击程序编辑器窗口底部的标签，可以在主程序、子程序和中断服务程序之间切换。

9. 局部变量表

局部变量表包含对局部变量的定义赋值(即子程序和中断服务程序使用的变量)。

10. 输出窗口

输出窗口在编译程序或指令库时提供信息。当输出窗口列出程序错误时，双击错误信

息，会自动在程序编辑器窗口中显示相应的程序网络。

11. 状态栏

状态栏提供在 STEP 7-Micro/WIN 软件中操作时的操作状态信息。

12. 菜单栏

菜单栏允许使用鼠标或键盘执行操作各种命令和工具，可以定制"工具"菜单并在该菜单中增加命令和工具。

13. 工具栏

工具栏提供常用命令或工具的快捷按钮。

三、硬件连接

可以采用 PC/PPI 电缆建立个人计算机与 PLC 之间的通信。这是单主机与个人计算机的连接，不需要其他硬件，如调制解调器和编程设备。

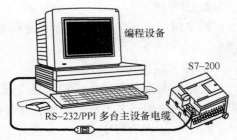

图 2-26　个人计算机与 PLC 之间的通信硬件接线

个人计算机与 PLC 之间的通信硬件接线如图 2-26 所示。把 PC/PPI 电缆的 PC 端连接到计算机的 RS-232 通信口（一般是 COM1），把 PC/PPI 电缆的 PPI 端连接到 PLC 的 RS-485 通信口即可。

四、西门子 STEP 7-Micro/WIN 软件编程

（一）编程前的设置
编写程序之前需要进行相应的设置。

1. 指令集和编辑器的设置

S7-200 系列 PLC 支持的助记符集有 SIMATIC 和国际两种，编程模式有 SIMATIC 和 IEC1131-3 两种。SIMATIC 是专为 S7-200 PLC 设计的，它可采用 LAD、STL 和 FBD 3 种方式进行编程。IEC1131-3 是国际电工委员会（IEC）PLC 编程标准提供的指令系统，作为不同 PLC 厂商的指令标准，可采用 LAD 和 FBD 两种编程方式。单击"工具"菜单栏，选择"选项"，在弹出的"选项"对话框中选择"常规"选项卡，如图 2-27 所示，在此选项卡的对话框中可设置默认编辑器，还可选择助记符集、编程模式、区域设置以及软件的使用语言环境。

2. 参数设置

安装完软件并且设置连接好硬件之后，可以按下面的步骤核实默认的参数。

1）在 STEP 7-Micro/WIN 运行时单击"设置 PG/PC 接口"图标，则会出现"设置 PG/PC 接口"对话框，如图 2-28 所示，选择 PC/PPI 电缆，单击"属性"按钮，将出现接口属性对话框。

2）单击"PPI"选项卡，将出现图 2-29 所示的对话框，检查各参数的属性是否正确，其中传输速率默认值为 9.6kbit/s（"bps"是 STEP 7-Micro/WIN 软件中的习惯用法，它表示传输速率的单位，其标准写法应是"bit/s"）。

3）单击"本地连接"选项卡，将出现图 2-30 所示的对话框，选择连接到计算机的 RS-232 通信口（一般是 COM1）。

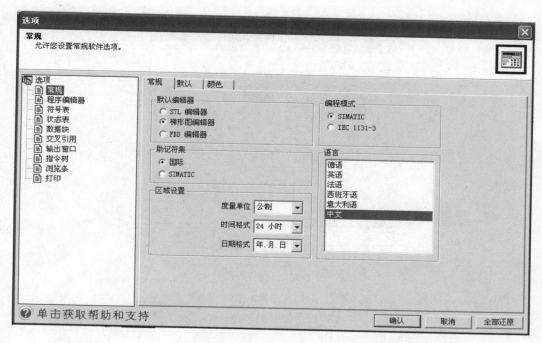

图 2-27　指令集和编辑器的设置

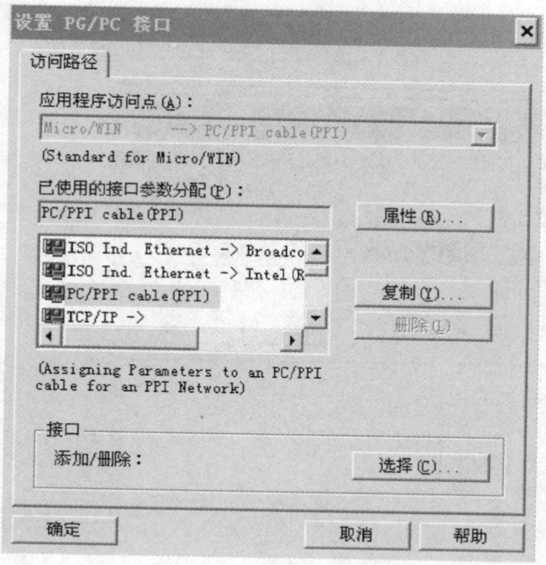

图 2-28　PG/PC 接口对话框

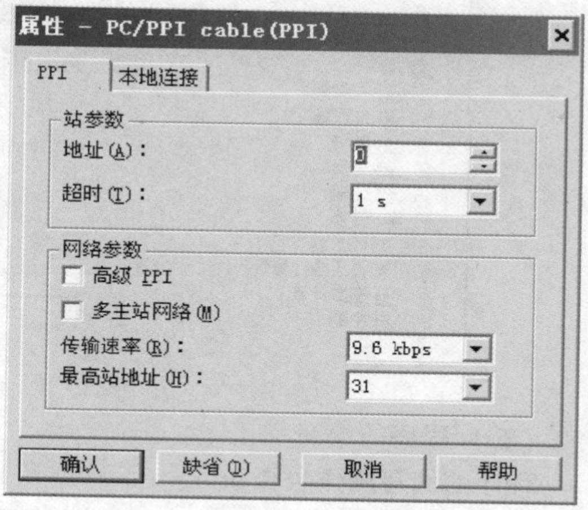

图 2-29　参数设置

3. PLC 类型设置

新建的程序文件以"Project1（CPU 224XP REL 02.01）"命名，括号内是系统默认的 PLC 型号。用户必须根据实际所用主机型号，选择 PLC 类型。单击图 2-31 所示"CPU 224XP REL 02.01"图标，在弹出的"PLC 类型"对话框中选择所用的 PLC 类型、CPU 版本。

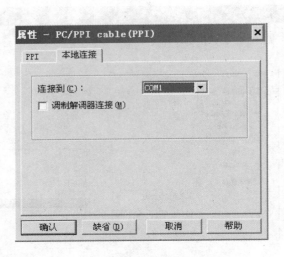

图 2-30　通信口设置

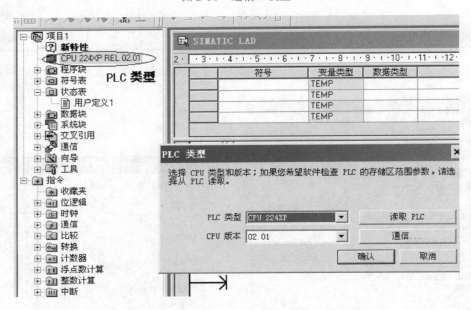

图 2-31　PLC 类型的选择

（二）程序的编写

程序的编写操作步骤如下：

1. 创建一个项目或打开一个已有的项目

执行"文件"→"新建"命令或按工具条最左边的 按钮，可以新建一个项目。执行
"文件"→"另存为"命令或按工具条上的 按钮，可以保存扩展名为".mwp"的新建项
目。执行"文件"→"打开"命令或按工具条上的 按钮，可以打开项目。

2. 编辑符号表

单击符号表图标，打开符号表编辑器，编辑符号表如图 2-32 所示。在符号列输入符号地址，对应地址列输入物理地址，也可以利用注释对输入/输出量进行简单的描述。

			符号	地址	注释
1			qidong	I0.0	
2			tingzhi	I0.1	
3			KM	Q0.0	
4					

图 2-32 编辑符号表

3. 梯形图的录入

（1）打开程序编辑器 单击程序块图标，打开程序编辑器。可以双击指令的图标或用拖拽的方式将梯形图指令插入到程序编辑器中。在工具栏中有一些指令的快捷方式可以使编程变得更加轻松自如。

（2）输入程序段 首先输入常开触点 I0.0，其输入步骤如图 2-33 所示。

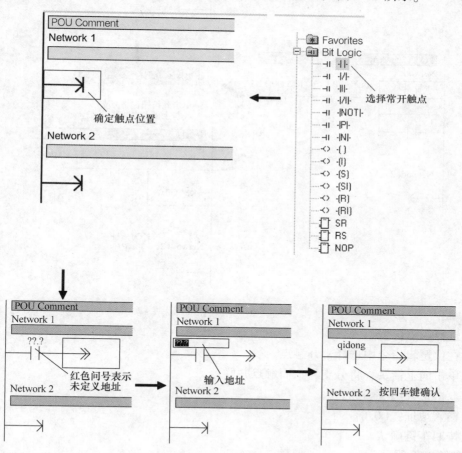

图 2-33 常开触点 I0.0 的输入步骤

1）双击位逻辑图标或者单击其左侧的加号，可以显示出全部位逻辑指令。

2）选择常开触点。

3）按住鼠标左键将触点拖拽到第一个程序段中，也可以双击常开触点图标。

4）单击触点上方的"?? . ?"并输入地址：I0.0。如果已经建立了符号表，则物理地址将被符号地址所取代。

　　5）按回车键确认。

　　接着，输入串联常开触点 I0.1、线圈 Q0.0，输入步骤同上。

　　最后，输入常开触点 Q0.0，输入步骤如图 2-34 所示。

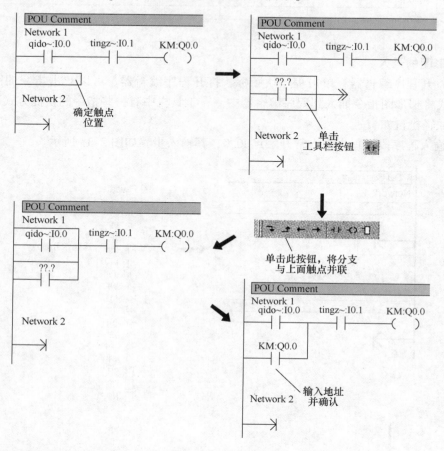

图 2-34　常开触点 Q0.0 的输入步骤

　　1）选择触点位置。

　　2）在位逻辑指令中选择常开触点。

　　3）单击向上箭头，将分支与上面触点并联。

　　4）双击常开触点图标。

　　5）输入地址：Q0.0。

　　6）按回车键确认。

4. 存储工程项目

　　在程序编制结束后，需要存储程序。存储程序是将一个包括 S7-200 CPU 类型及其他参数在内的一个项目存储在一个指定的地方，便于修改和使用程序。存储项目的步骤如下：

　　1）在菜单中选择"文件"→"另存为"（"File"→"Save As"）菜单命令，也可以单击工具栏中的存储按钮。

　　2）在"另存为"对话框中输入工程项目名。

3）单击"保存"按钮，存储工程项目。

（三）编译程序

程序在下载之前，要经过编译才能转换为 PLC 能够执行的机器代码，同时可以检查程序是否存在违反编程规则的错误，如图 2-35 所示。编译程序的步骤如下：

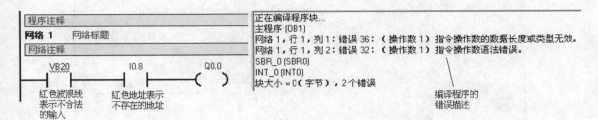

图 2-35 编译程序时的错误提示

1）单击工具条中的"编译"或"全部编译"，或使用菜单命令"PLC/编译（"PLC/Compile"）或"PLC/全部编译"（"PLC/Compile All"）即可编译程序。

2）如果程序中存在错误，编译后，输出窗口将显示程序中语法错误的数量、各条错误的原因和错误在程序中的位置等信息。

3）双击状态栏中的某一条错误，程序编辑器中的矩形光标将会移到程序中该错误所在的位置。

4）必须改正程序中的所有错误，编译成功后才能下载程序。

（四）下载程序

1）单击工具栏上的"下载"图标或选择"文件（File）"→"下载（Download）"菜单命令来下载程序，如图 2-36a 所示。

2）单击"确定"按钮将程序单元下载到 S7-200。如果此时 PLC 处于运行模式，将会出现一个图 2-36b 所示的对话框提示是否将 PLC 转为停止模式，单击"确定"按钮将 PLC 转入停止模式即可。

提示：每一个 STEP 7-Micro/WIN 项目都会有一个 CPU 类型（如 CPU 221、CPU 222、CPU 224、CPU 224XP、CPU 226 或 CPU 226XM），如果在项目中选择的 CPU 类型与实际连接的 CPU 类型不匹配，则在下载时 STEP 7-Micro/WIN 会提示做出选择。

（五）运行程序

如果想通过 STEP 7-Micro/WIN 软件将 S7-200 PLC 转入运行模式，S7-200 PLC 的模式开关必须设置为 TERM 或 RUN。当 S7-200 PLC 转入运行模式后，程序开始运行：

1）单击工具栏中的"运行"图标或者在命令菜单中选择"PLC/运行"。

2）单击"Yes"按钮切换到运行模式。

（六）在线监控程序

1）采用程序监控方式监控程序的运行时，如果想观察程序的执行情况，可以单击工具栏中的程序监控图标或者在命令菜单中选择"开始程序监控"（"Program Status"）来监控程序。

2）采用状态表监控方式监控程序的运行也可以单击工具栏中的状态表监控图标或者在

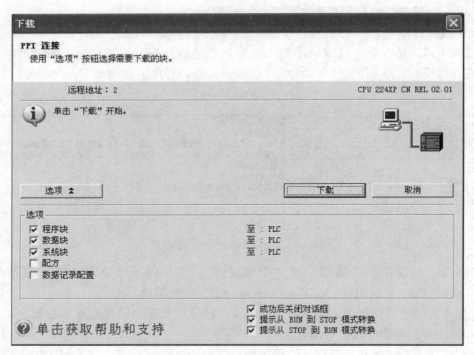

a) 下载程序

b) 停止模式

图2-36　下载程序

命令菜单中选择"开始状态表监控"（"Chart Status"）来监控程序。

（七）停止程序

如果想停止程序，可以单击工具条中的停止图标或者在命令菜单中选择"PLC/停止"，然后单击"Yes"按钮切换到停止模式。

（八）调试程序

调试程序时，如果PLC连接外围设备（如按钮等），可通过外围设备调试。如果没有外围硬件设备，可通过编程软件设置进行调试。

1）强制功能。S7-200 CPU提供了强制功能，以方便程序调试工作，例如在现场不具备某些外部条件的情况下模拟工艺状态。用户可以对所有的数字量I/O以及多达16个的内部存储器数据或模拟量I/O进行强制。如果没有实际的I/O接线，也可以用强制功能调试程序。

显示状态表并且使其处于监控状态，在"New Value"（新值）列中写入希望强制成的数据，然后单击工具栏强制图标。对于无需改变数值的变量，只需在"当前值"列中选中它，然后使用强制命令。

2）写入数据。S7-200 CPU 还提供了写入数据的功能，以便于程序调试。例如，在状态表表格中输入 M0.0 的新值"1"，单击工具栏写入图标，写入数据。应用程序的写入命令支持同时写入几个数据值。【注意：输入寄存器 1 只能强制，不能写入。】

3）程序调试：强制 I0.0 为 ON 时，输出 Q0.0 线圈得电，其常开触点 Q0.0 闭合；此时强制 I0.0 为 OFF 时，输出 Q0.0 线圈状态会保持。若此时强制 I0.1 为 ON，则会发现程序中 I0.1 的常闭触点断开，输出 Q0.0 线圈断电，其常开触点恢复。

4）在程序调试时，如果发现错误，要修改程序，再次编译后将程序下载到 PLC 运行调试，直到实现功能为止。

5）调试结束，关闭全部电源。

任务实施

1）按图 2-24a 连接 PLC 控制电路，并连接好电源，检查电路正确性，确保无误。
2）开机（打开 PC 和 PLC）并新建一个项目。
3）检查 PLC 和运行 STEP 7-Micro/WIN 软件。
4）选择指令集和编辑器。
5）输入、编辑图 2-24b 所示的梯形图，并转换成语句表指令。
6）给梯形图加 POU 注释、网络标题、网络注释。
7）编写符号表。
8）编译程序，并观察编译结果，若提示错误，则修改程序。
9）下载程序并进行状态监控，熟悉 PLC 系统执行的原理与过程。

思考与练习

1. 如何建立项目？
2. 如何在 LAD 中输入程序注解？
3. 如何下载程序？
4. 如何在程序编辑器中显示程序状态？
5. 如何建立状态图表？
6. 如何执行有限次数扫描？

任务三 三相异步电动机连续运行控制

知识点：
- 了解软元件常开、常闭触点的使用。
- 掌握触点串联、并联指令和置位、复位指令。

技能点：
- 会利用触点串并联指令和置位、复位指令编写"起—保—停"作用的梯形图。

任务提出

　　图2-37所示是三相异步电动机连续运行电路，KM为交流接触器，SB1为起动按钮，SB2为停止按钮，FR为过载保护热继电器。当按下SB1时，KM的线圈通电吸合，KM主触点闭合，电动机开始运行，同时KM的辅助常开触点闭合而使KM线圈保持吸合，实现了电动机的连续运行，直到按下停止按钮SB2。本任务就是研究用PLC来实现图2-37所示控制电路的功能。

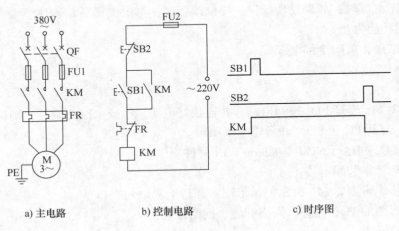

a) 主电路　　　　　　b) 控制电路　　　　　　c) 时序图

图2-37　三相异步电动机连续运行电路

知识链接

1. 指令

（1）触点串联指令（A/AN）

1）A与指令：单个常开触点串联连接指令，完成逻辑"与"运算。

2）AN与非指令：单个常闭触点串联连接指令，完成逻辑"与非"运算。

图2-38所示梯形图及语句表表示了上述两条基本指令的用法。

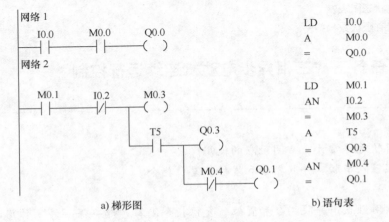

a) 梯形图　　　　　　　　　b) 语句表

图2-38　A、AN指令梯形图及语句表

48

触点串联指令的使用说明：

1）触点串联指令都是指单个触点串联连接的指令，串联次数没有限制，可反复使用。

2）触点串联指令的目标元件为 I、Q、M、SM、T、C、V、S。

（2）触点并联指令（O/ON）

1）O 或指令：单个常开触点并联连接指令，实现逻辑"或"运算。

2）ON 或非指令：单个常闭触点并联连接指令，实现逻辑"或非"运算。

图 2-39 所示梯形图及语句表表示了 O、ON 指令的用法。

触点并联指令的使用说明：

1）触点并联指令都是指单个触点并联连接的指令，并联次数没有限制，可反复使用。

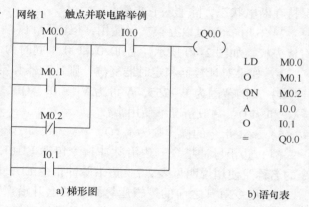

a) 梯形图   b) 语句表

图 2-39 O、ON 指令梯形图及语句表

2）触点并联指令的目标元件为 I、Q、M、SM、T、C、V、S。

（3）置位指令 S、复位 R 指令

置位/复位指令的 LAD 和 STL 形式及功能见表 2-6。

表 2-6 置位/复位指令的 LAD 和 STL 形式及功能

	LAD	STL	功 能
置位指令	bit —(S) N	S bit, N	从 bit 开始 N 个元件置 1 并保持
复位指令	bit —(R) N	R bit, N	从 bit 开始 N 个元件清 0 并保持

图 2-40 所示为 S/R 指令的用法。

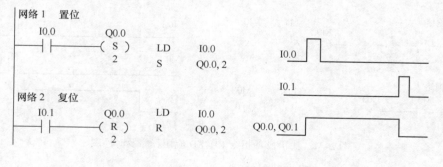

a) 梯形图   b) 语句表   c) 时序图

图 2-40 S/R 指令的用法

置位/复位指令的使用说明：

1）对位元件来说，一旦被置位，就保持在通电状态，除非对它复位；而一旦被复位就保持在断电状态，除非对它再置位。

2）S/R指令可以互换次序使用，但由于PLC采用扫描工作方式，所以写在后面的指令有优先权。如图2-40所示，若I0.0和I0.1同时为1，则Q0.0、Q0.1肯定处于复位状态。

3）如果对计数器和定时器复位，则计数器和定时器的当前值被清零。

4）N的范围为1~255，N可为VB、IB、QB、MB、SMB、SB、LB、AC、常数、*VD、*AC和*LD，一般情况下使用常数。

5）S/R指令的操作数为I、Q、M、SM、T、C、V、S和L。

（4）边沿脉冲指令 边沿脉冲指令包括EU（Edge Up）、ED（Edge Down）。边沿脉冲指令的名称及使用说明见表2-7。边沿脉冲指令EU、ED的用法如图2-41所示。

EU指令对其之前的逻辑运算结果的上升沿产生一个宽度为一个扫描周期的脉冲，如图2-41中的M0.0。ED指令对其之前的逻辑运算结果的下降沿产生一个宽度为一个扫描周期的脉冲，如图2-41中的M0.1。脉冲指令常用于起动及关断条件的判定以及配合功能指令完成一些逻辑控制任务。

表2-7 边沿脉冲指令的名称及使用说明

STL	LAD	功　能	操作元件
EU（Edge Up）	─┤ P ├─（　）	上升沿微分输出	无
ED（Edge Down）	─┤ N ├─（　）	下降沿微分输出	无

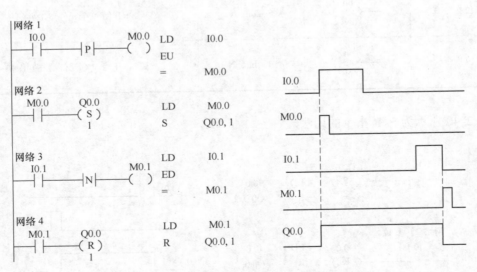

图2-41 边沿脉冲指令EU/ED应用程序及时序图

（5）RS触发器指令 RS触发器指令包括两条指令：

SR（Set Dominant Bistable）：置位优先触发器指令。当置位信号（S1）和复位信号（R）都为真时，输出为真。

RS(Reset Dominant Bistable):复位优先触发器指令。当置位信号(S)和复位信号(R1)都为真时,输出为假。

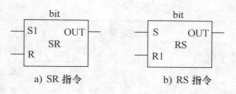

RS 触发器指令的 LAD 形式如图 2-42 所示。bit 参数用于指定被置位或者被复位的 BOOL 参数。RS 触发器指令的真值表见表 2-8。

图 2-42 RS 触发器指令的 LAD 形式

表 2-8 RS 触发器指令的真值表

指　令	S1/S	R/R1	输出(bit)	指　令	S1/S	R/R1	输出(bit)
置位优先 SR	0	0	保持前一状态	复位优先 RS	0	0	保持前一状态
	0	1	0		0	1	0
	1	0	1		1	0	1
	1	1	1		1	1	0

RS 触发器指令的输入/输出操作数为 I、Q、V、M、SM、S、T、C。bit 的操作数为 I、Q、V、M 和 S。

举例:图 2-43a 所示为 RS 触发器指令的用法,图 2-43b 所示为在给定的输入信号波形下产生的输出波形。

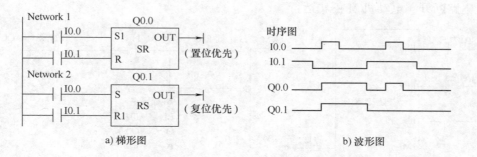

图 2-43 RS 触发器指令的使用举例

任务实施

一、工具、材料准备

控制柜一台、计算机一台和导线若干。

二、任务分析

为了将图 2-37b 所示的控制电路用 PLC 来实现,PLC 需要 3 个输入点、1 个输出点,其输入/输出点的分配见表 2-9。

表 2-9 输入/输出点的分配

输　入			输　出		
输入继电器	输入元件	作用	输出继电器	输出元件	作用
I0.0	SB1	起动按钮	Q0.0	KM	运行用交流接触器
I0.1	SB2	停止按钮			
I0.2	FR	过载保护			

　　根据输入/输出点分配，画出 PLC 的接线图。接线不同，设计出的梯形图也是不同的，这里用三种方案实现任务。

　　1）PLC 控制系统中的触点类型沿用继电器接触器控制系统中的触点类型，即 SB1 起动按钮在继电器接触器系统中使用常开触点，PLC 系统中仍使用常开触点；SB2 停止按钮和 FR 过载保护热继电器原来使用常闭触点，PLC 系统中仍使用常闭触点，图 2-44a 所示为 PLC 的 I/O 接线图，由此设计的梯形图如图 2-44b 所示，语句表如图 2-44c 所示。当 SB2、FR 不动作时，I0.1、I0.2 接通，I0.1、I0.2 的常开触点闭合，常闭触点断开，所以在梯形图中 I0.1、I0.2 要使用常开触点，确保 I0.1、I0.2 的外接器件不动作时，I0.1、I0.2 接通，为起动做好准备，只要按下 SB1，I0.0 接通，I0.0 的常开触点闭合，驱动 Q0.0 动作，使 Q0.0 外接的 KM 线圈吸合，KM 的主触点闭合，主电路接通，电动机 M 运行。梯形图中 Q0.0 的常开触点接通，使得 Q0.0 的输出保持，维持电动机 M 的连续运行，直到按下 SB2，此时 I0.1 不通，常开触点断开，使 Q0.0 断开，Q0.0 外接的 KM 线圈释放，KM 的主触点断开，主电路断开，电动机 M 停止运行。

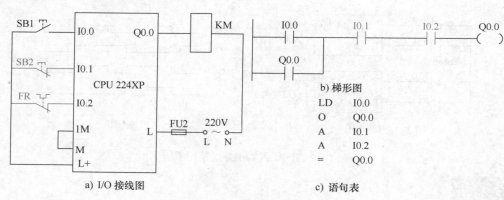

a) I/O 接线图　　　　　　　　　　b) 梯形图　　　　c) 语句表

图 2-44　PLC 实现三相异步电动机连续运行电路方案一

　　2）PLC 控制系统中的所有输入触点类型全部采用常开触点，即 SB1 起动按钮、SB2 停止按钮和 FR 过载保护热继电器全部接入常开触点，图 2-45a 所示为 PLC 的接线图，由此设计的梯形图和语句表分别如图 2-45b、c 所示。当 SB2、FR 不动作时，I0.1、I0.2 不接通，I0.1、I0.2 的常开触点断开，常闭触点闭合，所以在梯形图中 I0.1、I0.2 要使用常闭触点，确保 I0.1、I0.2 的外接器件不动作时，I0.1、I0.2 接通，为起动做好准备，只要按下 SB1，I0.0 接通，I0.0 的常开触点闭合，驱动 Q0.0 动作，使 Q0.0 外接的 KM 线圈吸合，KM 的主触点闭合，主电路接通，电动机 M 运行。梯形图中 Q0.0 的常开触点接通，使得 Q0.0 的输出保持，维持电动机 M 的连续运行，直到按下 SB2，此时 I0.1 接通，常闭触点断开，使

Q0.0 断开，Q0.0 外接的 KM 线圈释放，KM 的主触点断开，主电路断开，电动机 M 停止运行。

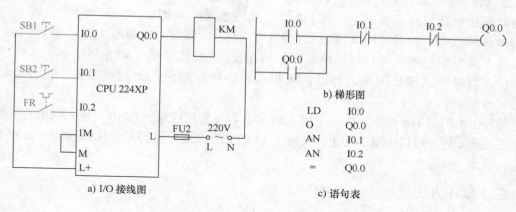

a) I/O 接线图　　　　　　　　　b) 梯形图　　　　　　c) 语句表

图 2-45　PLC 实现三相异步电动机连续运行电路方案二

　　3）有时为了节省 PLC 的输入点，将过载保护的常闭触点接在输出端，输入/输出点的分配见表 2-10。

表 2-10　输入/输出点的分配

输　入			输　出		
输入继电器	输入元件	作用	输出继电器	输出元件	作用
I0.0	SB1	起动按钮	Q0.0	KM	运行用交流接触器
I0.1	SB2	停止按钮			

　　PLC 的接线图如图 2-46 所示，此时的过载保护是不受 PLC 控制的，保护方式与继电器接触器控制系统相同。这里用两种方法设计出梯形图。图 2-46b 所示与前面相同，用"起—保—停"电路实现，原理请自行分析。图 2-46c 所示是用置位与复位指令实现的，当按下 SB1 时，I0.0 接通，I0.0 的常开触点闭合，使 Q0.0 置位并保持，Q0.0 外接的 KM 线圈吸合，KM 的主触点闭合，主电路接通，电动机 M 连续运行，一直到按下 SB2，I0.1 接通，I0.1 的常开触点闭合，使 Q0.0 复位，Q0.0 外接的 KM 线圈释放，KM 的主触点断开，主电路断开，电动机 M 停止运行。

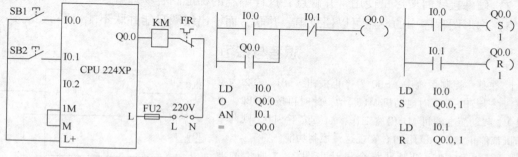

a) PLC 的接线图　　b) 用"起—保—停"电路实现　　　　c) 用置位/复位指令实现

图 2-46　PLC 实现三相异步电动机连续运行电路方案三

通过比较上述实现的任务可以发现，通常将 SB1（起动按钮）、SB2（停止按钮）和 FR（过载保护）的常开触点接到 PLC 的输入端，如图 2-45a 所示。梯形图中的触点类型与继电器接触器控制系统完全一致（通过比较图 2-45b 和图 2-37b 可得），这样很容易就能理解梯形图。如果使用常闭触点（见图 2-44a），那么，梯形图中对应触点的常开/常闭触点类型应与继电器接触器电路图中的相反（通过比较图 2-44b 和图 2-37b 可得），这样反而容易造成理解困难。所以，除非输入信号只能由常闭触点提供，否则应尽量使用常开触点。

梯形图中图 2-44b、图 2-45b、图 2-46b 中起自保作用的触点 Q0.0 与输入继电器的触点一样也是软元件，可以无限次使用。实际上 PLC 中的编程元件都有这样的功能，以后不再赘述。

三、操作方法

1）按图 2-44a 接线，检查电路正确性，确保无误。

2）输入图 2-44b 所示的梯形图，进行程序调试，检查是否实现了连续运行的功能。

3）输入图 2-44c 所示的语句表，进行程序调试，检查是否实现了连续运行的功能。

4）按图 2-45a 接线，输入图 2-45b 所示的梯形图或图 2-45c 所示的语句表，进行程序调试，检查是否实现了连续运行的功能。

5）按图 2-45a 接线，把图 2-45b 所示的用"起—保—停"方法编写的梯形图改成用置位/复位指令编写的梯形图，进行程序调试，直到完成连续运行的功能。

6）按图 2-46a 接线，输入图 2-46b 所示的梯形图或图 2-46c 所示的指令表，进行程序调试，检查是否完成了连续运行的功能。

7）按图 2-44a 接线，把图 2-44b 所示的用"起—保—停"方法编写的梯形图改成用置位/复位指令编写的梯形图，进行程序调试，直到完成连续运行的功能。

8）上述实训中，4 个梯形图中所用的触点都是电平触发的，它们可以改为边沿触发吗？试着修改，并进行调试。

四、注意事项

1）实现同一功能的编程方法很多，但所编程序必须与硬件接线配套。

2）硬件接线时应尽量使用常开触点，这样编制的梯形图容易理解。

3）梯形图程序中的触点可以任意串、并联，而输出线圈只能并联不能串联。

思考与练习

1. 在某一控制系统中，SB0 为停止按钮，SB1、SB2 为点动按钮，当 SB1 按下时电动机 M1 起动，此时再按下 SB2，电动机 M2 起动而电动机 M1 仍然工作，如果按下 SB0，则两个电动机都停止工作，试用 PLC 实现这一控制功能。

2. 用 S、R 和边沿脉冲指令设计出图 2-47 所示的波形图。

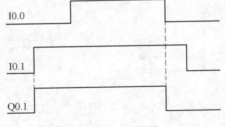

图 2-47 波形图

任务四　三相异步电动机的正反转控制

> **知识点：**
> - 了解程序的优化。
> - 掌握电路块串、并联指令和堆栈指令。
>
> **技能点：**
> - 会利用所学指令编写起互锁作用的梯形图。

任务提出

图 2-48 所示是三相异步电动机连续运行电路，KM1 为电动机正向运行交流接触器，KM2 为电动机反向运行交流接触器，SB1 为正向起动按钮，SB3 为反向起动按钮，SB2 为停止按钮，FR 为过载保护热继电器。当按下 SB1 时，KM1 的线圈通电吸合，KM1 主触点闭合，电动机开始正向运行，同时 KM1 的辅助常开触点闭合而使 KM1 线圈保持吸合，实现了电动机的正向连续运行，直到按下停止按钮 SB2 后停止；反之，当按下 SB3 时，KM2 的线圈通电吸合，KM2 主触点闭合，电动机开始反向运行，同时 KM2 的辅助常开触点闭合而使 KM2 线圈保持吸合，实现了电动机的反向连续运行，直到按下停止按钮 SB2 后停止；KM1、KM2 线圈互锁确保不同时通电。本任务主要研究用 PLC 来实现三相异步电动机的正反转控制。

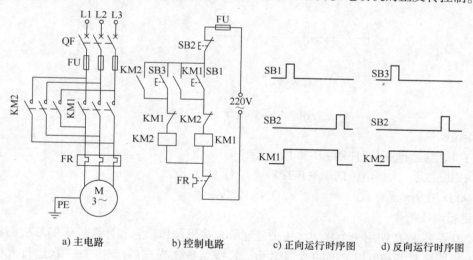

a) 主电路　　　b) 控制电路　　　c) 正向运行时序图　　　d) 反向运行时序图

图 2-48　三相异步电动机连续运行电路

知识链接

一、指令

1. 电路块的串并联指令（OLD、ALD）

1）OLD（Or Load）：或块指令，用于串联电路块的并联连接。

2）ALD（And Load）：与块指令，用于并联电路块的串联连接。

举例：图2-49所示为或块指令（OLD）的用法。

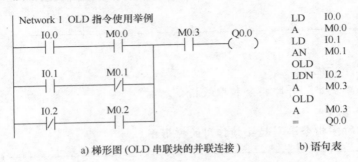

图2-49　OLD指令使用举例

使用说明：

① 除在网络块逻辑运算的开始使用LD、LDN指令外，在块电路的开始也要使用LD、LDN指令。

② 每完成一次块电路的并联时要写上OLD指令。

③ OLD指令无操作数。

举例：图2-50所示为与块指令（ALD）的用法。

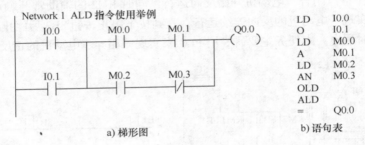

图2-50　ALD指令使用举例

使用说明：

① 在块电路开始时要使用LD和LDN指令。

② 在每完成一次块电路的串联连接后要写上ALD指令。

③ ALD指令无操作数。

2. 逻辑堆栈指令

S7-200系列PLC使用一个9层堆栈来处理所有逻辑操作，它和计算机中的堆栈结构相同。堆栈是一组能够存储和取出数据的暂存单元，其特点是"先进后出"。每一次进行入栈操作，新值放入栈顶，栈底值丢失；每一次进行出栈操作，栈顶值弹出，栈底值补进随机数。逻辑堆栈指令主要用来完成对触点进行的复杂连接。

逻辑进栈指令（LPS）复制堆栈中的顶值并使该数值进栈。堆栈底值被推出栈并丢失。

逻辑出栈指令（LPP）将堆栈中的一个数值出栈。第二个堆栈数值成为新堆栈顶值。

逻辑读取指令（LRD）将第二个堆栈数值复制至堆栈顶部。不执行进栈或出栈，但旧堆栈顶值被复制破坏。

上述三条指令也称为多重输出指令，主要用于一些复杂逻辑的输出处理。逻辑堆栈指令应用程序如图 2-51 所示。

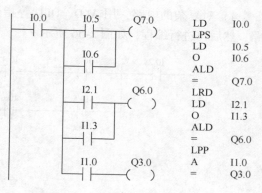

LD	I0.0
LPS	
LD	I0.5
O	I0.6
ALD	
=	Q7.0
LRD	
LD	I2.1
O	I1.3
ALD	
=	Q6.0
LPP	
A	I1.0
=	Q3.0

图 2-51　逻辑堆栈指令应用程序

二、梯形图编程注意事项及编程技巧

1. 梯形图编程注意事项

1）程序应按自上而下、从左至右的顺序编写。

2）同一操作数的输出线圈在一个程序中不能使用两次，不同操作数的输出线圈可以并行输出，如图 2-52 所示。

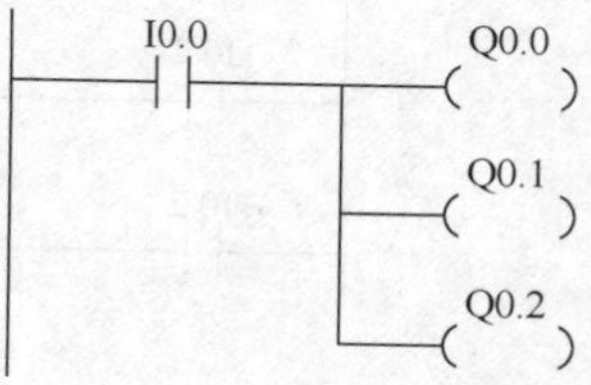

3）线圈不能直接与左母线相连。如果需要，可以通过特殊内部标志位存储器 SM0.0（该位始终为 1）来连接，如图 2-53 所示。

2. 编程技巧

为了提高程序执行效率，需要适当安排编程顺序，以减少程序的步数。

1）串联触点数目多的支路应尽量放在上部，如图 2-54 所示。

2）并联触点数目多的支路应靠近左母线，如图 2-55 所示。

3）触点不能放在线圈的右边。

图 2-52　输出线圈在
程序中的应用

a) 不正确　　　　　　　　　　b) 正确

图 2-53　线圈与母线的连接

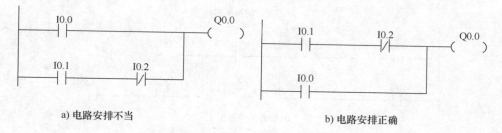

a) 电路安排不当　　　　　　　　b) 电路安排正确

图 2-54　先串后并梯形图的优化

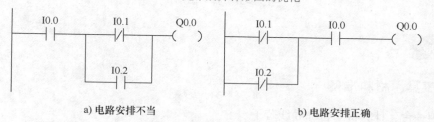

a) 电路安排不当　　　　　　　　b) 电路安排正确

图 2-55　先并后串梯形图的优化

4）对复杂的电路，用 ALD、OLD 等指令难以编程，可重复使用一些触点画出其等效电路，然后再进行编程，如图 2-56 所示。

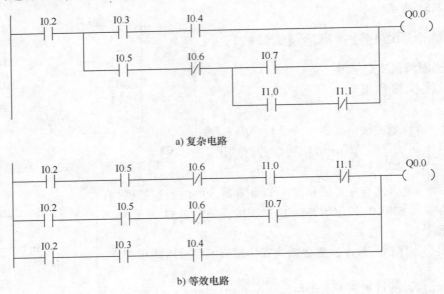

a) 复杂电路

b) 等效电路

图 2-56 复杂电路编程技巧

5）在有线圈的并联电路中，尽量将单个线圈放在上面，如图 2-57 所示。

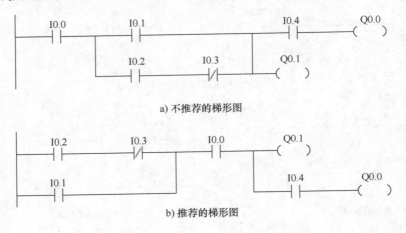

a) 不推荐的梯形图

b) 推荐的梯形图

图 2-57 梯形图优化

任务实施

一、工具、材料准备

控制柜一台、计算机一台和导线若干。

二、任务分析

为了将图2-48b所示的控制电路用PLC控制器来实现，PLC需要4个输入点、2个输出点，输入/输出点的分配见表2-11。

表2-11 输入/输出点的分配

输入			输出		
输入继电器	输入元件	作用	输出继电器	输出元件	作用
I0.0	SB1	正向起动按钮	Q0.0	KM1	正向运行用交流接触器
I0.1	SB2	停止按钮	Q0.1	KM2	反向运行用交流接触器
I0.2	SB3	反向起动按钮			
I0.3	FR	过载保护			

根据输入/输出点分配画出 PLC 的接线图，如图 2-58a 所示。PLC 控制系统中的所有输入触点类型全部采用常开触点，由此设计的梯形图如图 2-58b 所示。当 SB2、FR 不动作时，I0.1、I0.3 不接通，I0.1、I0.3 常闭触点闭合，为正向或反向起动做好准备。如果按下 SB1，I0.0 接通，Q0.0 的常开触点闭合，驱动 Q0.0 动作，使 Q0.0 外接的 KM1 线圈吸合，KM1 的主触点闭合，主电路接通，电动机 M 正向运行，同时梯形图中 Q0.0 的常开触点接通，使得 Q0.0 的输出保持，起到自保作用，维持电动机 M 的连续正向运行，另外 Q0.0 的常闭触点断开，确保在 Q0.0 接通时，Q0.1 不能接通，起到互锁作用。直到按下 SB2，此时 I0.1 接通，常闭触点断开，使 Q0.0 断开，Q0.0 外接的 KM1 线圈释放，KM1 的主触点断开，主电路断开，电动机 M 停止运行。同理分析反向运行。

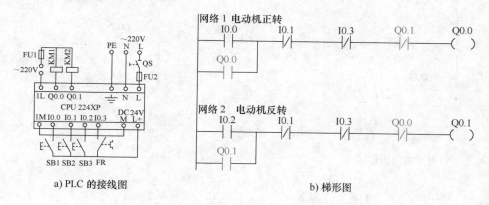

a) PLC 的接线图 b) 梯形图

图 2-58 PLC 实现电动机正反转运行电路

三、操作方法

1）按图 2-58a 接线，检查电路正确性，确保无误。

2）输入图 2-58b 所示的梯形图，进行程序调试，检查是否实现了正反转运行的功能。

3）把图 2-58b 所示的用"起—保—停"方法编写的梯形图改成用置位/复位指令实现，

并进行程序调试，直到完成正反转运行的功能。

四、注意事项

1）触点电路块画在梯形图的左边，线圈画在梯形图的右边。

2）触点应画在水平线上，不能画在垂直分支线上。

3）在有几个串联电路相并联时，应将触点最多的支路放在梯形图的最上面。

4）在有几个并联回路相串联时，应将触点最多的并联回路放在梯形图的最左边。

思考与练习

1. 写出图2-59所示梯形图的语句表程序。

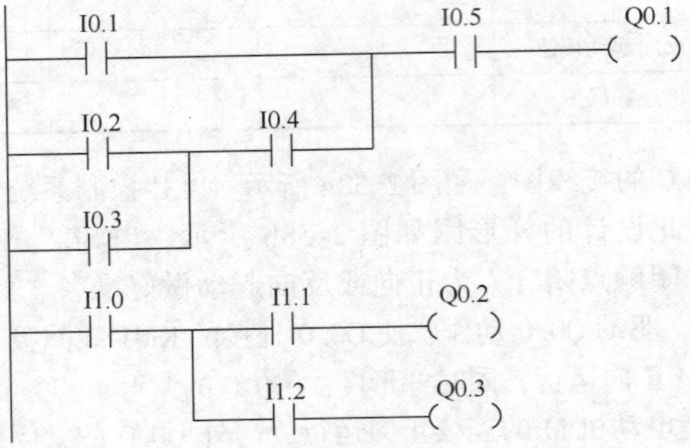

a)

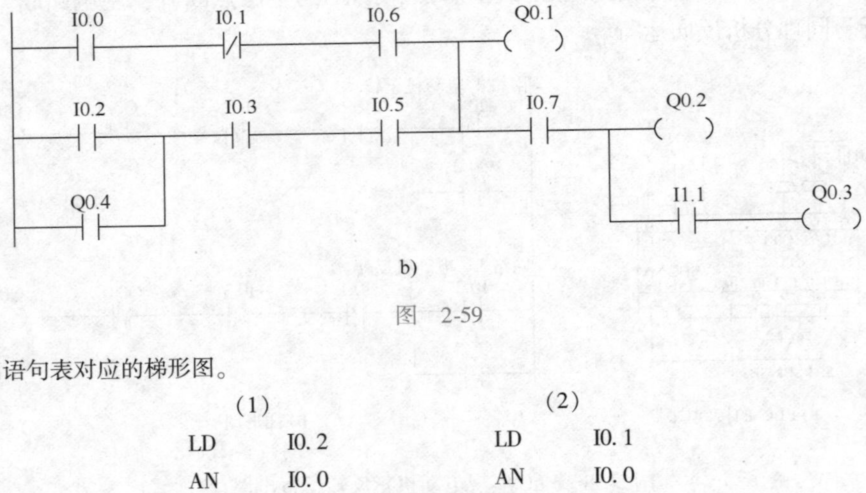

b)

图 2-59

2. 写出语句表对应的梯形图。

(1)		(2)	
LD	I0.2	LD	I0.1
AN	I0.0	AN	I0.0
O	Q0.3	LPS	
ON	I0.1	AN	I0.2
LD	Q0.2	LPS	
O	M3.7	A	I0.4
AN	I1.5	=	Q2.1
LDN	I0.5	LPP	

A	I0.4	A	I4.6
ON	M0.2	R	Q3.1，1
OLD		LPP	
ALD		LPS	
O	I0.4	A	I0.5
LPS		=	M3.6
EU		LPP	
=	M3.7	A	I1.0
LPP			
AN	I1.0		
NOT		=	Q1.0
S	Q0.3，1		

3. 在两人抢答系统中，当主持人允许抢答时，先按下抢答按钮的进行回答，且指示灯亮，主持人可随时停止回答，分别使用 PLC 梯形图、基本指令实现这一控制功能。

4. 有些生产机械如龙门刨床、导轨磨床的工作台需要在一定距离内自动往复运行，以使工件能得到连续的加工，如图 2-60 所示，工作台在 SQ1 和 SQ2 之间自动往复运行，行程开关 SQ1 和 SQ2 起限位作用，行程开关 SQ3 和 SQ4 起限位保护作用，试着将其改造成 PLC 控制系统。要求：

（1）主电路不变，各器件的功能不变。

（2）进行 PLC 输入/输出点分配，画出输入/输出点分配表。

（3）画出 PLC 接线图。

（4）根据接线图和功能要求，设计出梯形图，写出语句表。调试程序，直至完成功能。

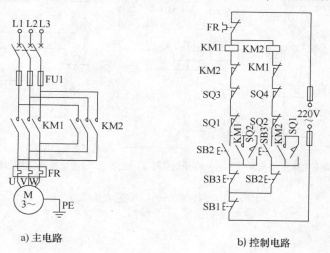

a) 主电路   b) 控制电路

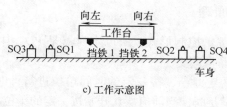

c) 工作示意图

图 2-60

任务五　两台电动机顺序起动控制

知识点：
- 掌握编程元件(定时器)，了解各类定时器的工作原理。
- 掌握定时器的扩展应用。

技能点：
- 会利用所学定时器指令编写通电延迟、断电延迟梯形图。

任务提出

在实际工作中，常常需要两台或多台电动机顺序起动，如图 2-61 所示，图中有两台交流异步电动机 M1 和 M2，按下起动按钮 SB1 后，第一台电动机 M1 起动，5s 后第二台电动机 M2 起动，完成相关工作后按下停止按钮 SB2，两台电动机同时停止。本任务主要研究用 PLC 实现两台电动机的顺序起动控制。

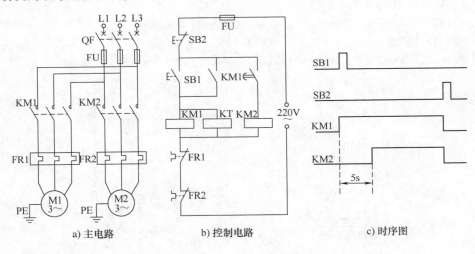

a) 主电路　　　　b) 控制电路　　　　c) 时序图

图 2-61　两台电动机顺序起动及运行

知识链接

一、定时器基本工作原理

按时间控制是最常用的逻辑控制形式，所以定时器是 PLC 中最常用的器件之一。用好、用对定时器对 PLC 程序设计非常重要。

定时器是根据预先设定的定时值，按一定的时间单位进行计时的 PLC 内部装置，在运行过程中当定时器的输入条件满足时，当前值从 0 开始按一定的单位增加。当定时器的当前值到达设定值时，定时器发生动作，从而满足各种定时逻辑控制的需要。

S7-200 系列 PLC 的定时器是对内部时钟累计时间增量计时的。每个定时器均有一个 16 位的当前值寄存器用以存放当前值(16 位有符号整数)，均有一个 16 位的预置值寄存器用以存放时间的设定值，还有一个状态位，反映其触点的状态。

1. 工作方式

S7-200 系列 PLC 定时器按工作方式划分为 3 大类定时器，其指令格式见表 2-12。

表 2-12　定时器的指令格式

LAD	STL	说　明
???? — IN TON ????-PT	TON　T××, PT	TON——通电延时型定时器 TONR——记忆型通电延时定时器 TOF——断电延时型定时器 　IN 是使能输入端，指令盒上方输入定时器的编号(T××)，范围为 T0 ~ T255；PT 是预置值输入端，最大预置值为 32767；PT 的数据类型：INT；PT 的操作数有：IW、QW、MW、SMW、T、C、VW、SW、AC、常数
???? — IN TONR ????-PT	TONR T××, PT	
???? — IN TOF ????-PT	TOF　T××, PT	

2. 时基

按时基脉冲分，则有 1ms、10ms、100ms 三种定时器。时基标准不同，定时器的定时精度、定时范围和定时刷新的方式也不同。

（1）定时精度和定时范围　定时器的工作原理是：使能输入有效后，当前值 PT 对 PLC 内部的时基脉冲增 1 计数，当计数值大于或等于定时器的预置值后，状态位置 1。其中，最小计时单位为时基脉冲的宽度，又称为定时精度；从定时器输入有效，到状态位输出有效，经过的时间为定时时间，即定时时间 = 预置值 × 时基。当前值寄存器为 16bit，最大计数值为 32767，由此可推算不同分辨率时的定时器的设定时间范围。CPU 22X 系列 PLC 的 256 个定时器，按工作方式分为通电延时型 TON(断电延时型 TOF)工作方式、有记忆的通电延时型 TONR 工作方式两种，按时基分为 1ms、10ms 及 100ms 三种，见表 2-13。可见时基越大，定时时间越长，但精度越差。

表 2-13　定时器的类型

工作方式	时基/ms	最大定时范围/s	定时器号
TONR	1	32.767	T0、T64
	10	327.67	T1 ~ T4、T65 ~ T68
	100	3276.7	T5 ~ T31、T69 ~ T95
TON/TOF	1	32.767	T32、T96
	10	327.67	T33 ~ T36、T97 ~ T100
	100	3276.7	T37 ~ T63、T101 ~ T255

从表 2-13 可以看出，TON 和 TOF 使用相同范围的定时器编号。需要注意的是，在同一个 PLC 程序中决不能把同一个定时器号同时用作 TON 和 TOF。例如，在程序中，不能既有接通延时(TON)定时器 T32，又有断开延时(TOF)定时器 T32。

（2）1ms、10ms、100ms 定时器的刷新方式不同　1ms 定时器每隔 1ms 刷新一次，与扫描周期和程序处理无关，即采用中断刷新方式。因此当扫描周期较长时，在一个周期内可能被多次刷新，其当前值在一个扫描周期内不一定保持一致。

10ms 定时器则由系统在每个扫描周期开始时自动刷新。由于每个扫描周期内只刷新一次，因而每次程序处理期间，其当前值为常数。

100ms 定时器则在该定时器指令执行时刷新。下一条执行的指令即可使用刷新后的结果，非常符合正常的思路，使用方便可靠。但应当注意，如果该定时器的指令不是每个周期都执行，定时器就不能及时刷新，可能导致出错。

3. 定时器指令工作原理

下面从原理、应用等方面叙述通电延时型、有记忆的通电延时型、断电延时型 3 种定时器的使用方法。

（1）通电延时型定时器（TON）指令工作原理　程序及时序分析如图 2-62 所示。当 I0.0 接通，即使能端（IN）输入有效，驱动 T37 开始计时，当前值从 0 开始递增，计时到设定值 PT 时，T37 状态位置 1，其常开触点 T37 接通，驱动 Q0.0 输出，其后当前值仍增加，但不影响状态位。当前值的最大值为 32767。当 I0.0 分断，即使能端无效时，T37 复位，当前值清 0，状态位也清 0，即恢复原始状态。若 I0.0 接通时间未到设定值就断开，T37 则立即复位，Q0.0 不会有输出。

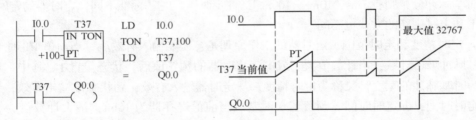

图 2-62　通电延时型定时器工作原理分析

（2）有记忆的通电延时型定时器（TONR）指令工作原理　使能端（IN）输入有效（接通），定时器开始计时，当前值递增，当前值大于或等于预置值（PT）时，输出状态位置 1。使能端输入无效（断开）时，当前值保持（记忆），使能端（IN）再次接通有效时，在原记忆值的基础上递增计时。

注意： 有记忆的通电延时型定时器采用线圈复位指令 R 进行复位操作，当复位线圈有效时，定时器当前位清零，输出状态位置 0。

程序及时序分析如图 2-63 所示。以 T3 为例，当输入 IN 为 1 时，定时器计时；当 IN 为 0 时，其当前值保持并不复位；下次 IN 再为 1 时，T3 当前值从原保持值开始往上加，将当前值与设定值 PT 进行比较，当前值大于或等于设定值时，T3 状态位置 1，驱动 Q0.0 有输出，以后即使 IN 再为 0，也不会使 T3 复位，要使 T3 复位，必须使用复位指令。

（3）断电延时型定时器（TOF）指令工作原理　断电延时型定时器用来在输入断开后，延时一段时间才断开输出。使能端（IN）输入有效时，定时器输出状态位立即置 1，当前值复位为 0。使能端（IN）断开，定时器开始计时，当前值从 0 递增，当前值达到预置值时，定时器状态位复位为 0，并停止计时，当前值保持。

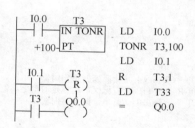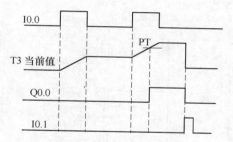

图 2-63　有记忆的通电延时型定时器工作原理分析

如果输入断开的时间小于预定时间，定时器仍保持接通。当 IN 再接通时，定时器当前值仍设为 0。断电延时型定时器的应用程序及时序分析如图 2-64 所示。

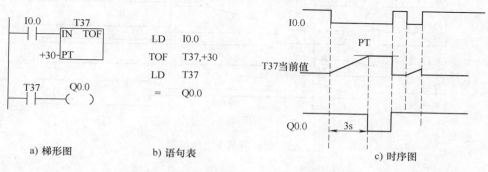

a) 梯形图　　　　b) 语句表　　　　　　　　　　c) 时序图

图 2-64　断电延时型定时器的工作原理分析

（4）小结

1）以上介绍的 3 种定时器具有不同的功能。通电延时型定时器 (TON) 用于单一间隔的定时；有记忆的通电延时型定时器 (TONR) 用于累计时间间隔的定时；断电延时型定时器 (TOF) 用于故障事件发生后的时间延时。

2）TOF 和 TON 共享同一组定时器，不能重复使用，即不能把一个定时器同时用作 TOF 和 TON。例如，同一个程序中不能既有"TON T32"，又有"TOF T32"。

二、定时器指令应用举例

图 2-65 所示为 3 种类型定时器的基本使用举例，其中 T35 为 TON、T2 为 TONR、T36 为 TOF。

三、定时器指令拓展应用举例

1. 一个机器扫描周期的时钟脉冲发生器

梯形图程序如图 2-66 所示，使用定时器本身的常闭触点作定时器的使能输入。定时器的状态位置 1 时，依靠本身的常闭触点的断开使定时器复位，并重新开始定时，进行循环工作。采用不同时基标准的定时器时，会有不同的运行结果，具体分析如下：

1）T32 为 1ms 时基定时器，每隔 1ms 定时器刷新一次当前值，CPU 当前值若恰好在处理常闭触点和常开触点之间被刷新，Q0.0 可以接通一个扫描周期，但这种情况出现的几率很小，一般情况下，不会正好在这时刷新。若在执行其他指令时，定时时间到，1ms 的定时

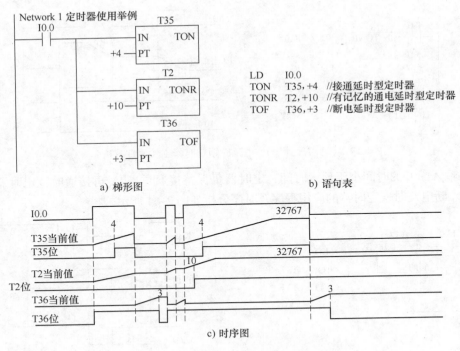

a) 梯形图　　　　　　　　　　　　　　　b) 语句表

c) 时序图

图2-65　定时器基本使用举例

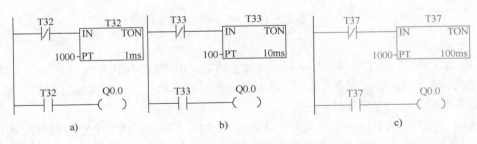

图2-66　自身常闭触点作使能输入

刷新，使定时器输出状态位置位，常闭触点打开，当前值复位，定时器输出状态位立即复位，所以输出线圈Q0.0一般不会通电。

2）若将图中2-66a的定时器T32换成T33，时基变为10ms，当前值在每个扫描周期开始刷新，即当扫描周期开始且计时时间到时，定时器输出状态位置位，常闭触点断开，立即将定时器当前值清零，定时器输出状态位复位（为0）。若扫描周期不等于10ms，则定时器的输出状态位永远不会置位。

3）若用时基为100ms的定时器，比如T37，则在当前指令执行时刷新，Q0.0在T37计时时间到时准确地接通一个扫描周期。这样Q0.0可以输出一个断开为延时时间、接通为一个扫描周期的时钟脉冲。

4）若将输出线圈的常闭触点作为定时器的使能输入，如图2-67所示，则无论何种时基都能正常工作。

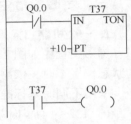

图2-67　输出线圈的常闭触点作使能输入

2. 延时断开电路

如图 2-68 所示，I0.0 是一个输入信号，当 I0.0 接通时，Q0.0 接通并保持，当 I0.0 断开后，经 4s 延时后，Q0.0 断开，T37 同时被复位。

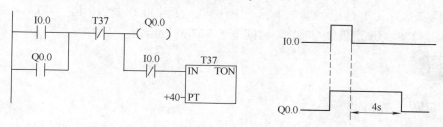

图 2-68　延时断开电路

3. 延时接通和断开

如图 2-69 所示，电路用 I0.0 控制 Q0.1，I0.0 的常开触点接通后，T37 开始定时，9s 后 T37 的常开触点接通，使 Q0.1 变为 ON，I0.0 为 ON 时其常闭触点断开，使 T38 复位。I0.0 变为 OFF 后 T38 开始定时，7s 后 T38 的常闭触点断开，使 Q0.1 变为 OFF，T38 也被复位。

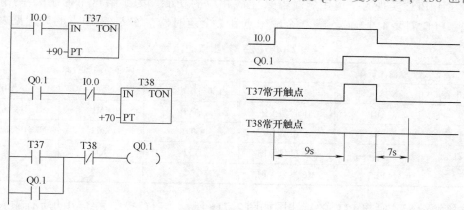

图 2-69　延时接通和断开电路

4. 闪烁电路

图 2-70 中 I0.0 的常开触点接通后，T37 的 IN 输入端为 1 状态，T37 开始定时。2s 后定

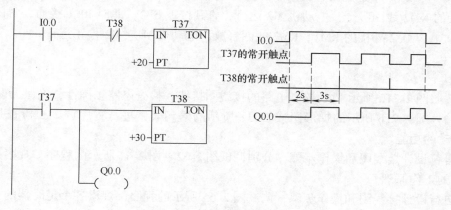

图 2-70　闪烁电路

时时间到，T37 的常开触点接通，使 Q0.0 变为 ON，同时 T38 开始计时。3s 后 T38 的定时时间到，它的常闭触点断开，使 T37 的 IN 输入端变为 0 状态，T37 的常开触点断开，Q0.0 变为 OFF，同时使 T38 的 IN 输入端变为 0 状态，其常闭触点接通，T37 又开始定时，以后 Q0.0 的线圈将这样周期性地"通电"和"断电"，直到 I0.0 变为 OFF，Q0.0 线圈的"通电"时间等于 T38 的设定值，"断电"时间等于 T37 的设定值。

任务实施

一、工具、材料准备

控制柜一台、计算机一台和导线若干。

二、任务分析

由图 2-61c 所示的时序图可知，SB1 和 SB2 分别是电动机 M1 的起动和停止按钮，SB2 同时也是电动机 M2 的停止按钮，但 M2 的起动是由时间继电器 KT 控制的，KT 是通电延时继电器，在用 PLC 实现时，可用定时器来完成相应的功能。为了将这个控制关系用 PLC 控制器实现，PLC 需要 4 个输入点、2 个输出点和 1 个定时器，输入/输出点的分配见表 2-14。

表 2-14   输入/输出点的分配

输入资源			内部与输出资源		
输入继电器	输入元件	作用	内部与输出资源	元件	作用
I0.0	SB1	M1 起动按钮	Q0.0	KM1	M1 用交流接触器
I0.1	SB2	停止按钮	Q0.1	KM2	M2 用交流接触器
I0.2	FR1	M1 过载保护	T37	KT	5s 延时
I0.3	FR2	M2 过载保护			

根据资源分配，画出 PLC 的接线图如图 2-71a 所示，PLC 控制系统中的所有输入触点类型全部采用常开触点，由此设计的梯形图如图 2-71b 所示。按下 SB1，I0.0 接通，驱动 Q0.1 动作，使 Q0.1 外接的 KM1 线圈吸合，电动机 M1 运行；同时 I0.0 接通，驱动定时器 T37 线圈接通，T37 开始定时，5s 定时时间到，T37 常开触点接通，驱动 Q0.1 动作，使 Q0.1 外接的 KM2 线圈吸合，电动机 M2 运行，直到按下 SB2，此时 I0.1 接通，常闭触点断开，使 Q0.1、Q0.2 外接的 KM1、KM2 线圈释放，电动机 M1、M2 停止运行。

三、操作方法

1）按照图 2-71a 所示 PLC 控制电路的接线图接线，检查电路正确性，确保无误。

2）输入图 2-71b 所示的梯形图或 2-71c 所示的语句表，进行程序调试，检查是否实现了顺序起动的功能。

3）自行设计接线图和操作步骤，分别调试图 2-62～图 2-64 所示的程序，观察并熟悉各种定时器的工作原理。

4）自行设计接线图和操作步骤，调试图 2-65 所示的程序，观察各个定时器的当前值的变化。

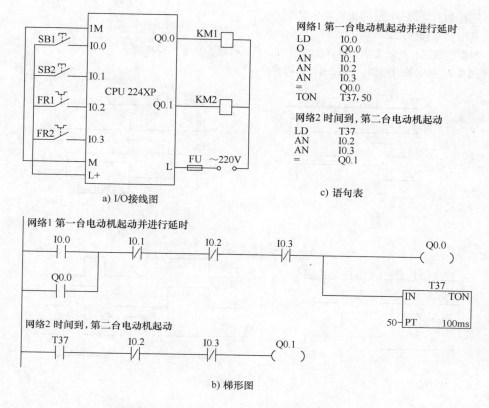

网络1 第一台电动机起动并进行延时
```
LD    I0.0
O     Q0.0
AN    I0.1
AN    I0.2
AN    I0.3
=     Q0.0
TON   T37, 50
```

网络2 时间到,第二台电动机起动
```
LD    T37
AN    I0.2
AN    I0.3
=     Q0.1
```

c) 语句表

a) I/O接线图

b) 梯形图

图 2-71 PLC 控制两台电动机顺序起动及运行

5）自行设计接线图和操作步骤，调试图 2-67 ~ 图 2-70 所示的程序，观察各输出继电器的动作状态，熟悉常用的定时器程序。

四、注意事项

1）使用定时器时要注意编号的选用，编号不同，定时器的功能不同（普通型、记忆型），脉冲周期不同（1ms、10ms、100ms）。

2）有记忆的通电延时型定时器具备断电保持的功能，只有将定时器复位，当前值才变为 0。

思考与练习

1. 试用 PLC 实现电动机的丫-△转换控制。要求：按下起动按钮 SB1 后，电动机以丫方式运转，30s 后转入△全压运行。按下停止按钮 SB2 后，电动机停止运转。

2. I0.0 外接自锁按钮，当按下自锁按钮后，Q0.0、Q0.1、Q0.2 外接的灯循环点亮，每过 1s 点亮一盏灯，点亮一盏灯的同时熄灭另一盏灯，请设计程序并调试。

3. PLC 控制三台交流异步电动机 M1、M2 和 M3 顺序起动，按下起动按钮 SB1 后，第一台电动机 M1 起动运行，5s 后第二台电动机 M2 起动运行，第二台电动机 M2 运行 8s 后第三台电动机 M3 起动运行，完成相关工作后按下停止按钮 SB2，三台电动机一起停止。要求：

（1）画出主电路。

（2）进行 PLC 资源分配，写出资源分配表。

（3）画出 PLC 接线图。

（4）根据接线图和功能要求，设计出梯形图。调试程序，直至实现功能。

4. 按图 2-72 所示的时序图，设计出梯形图程序。

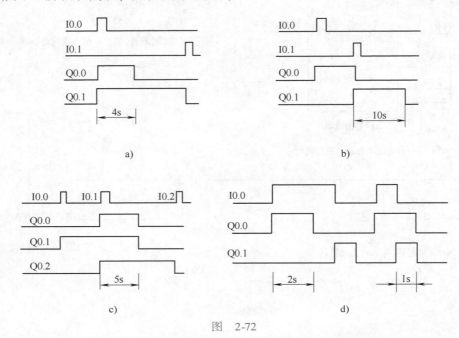

图 2-72

任务六 顺序相连的传送带控制

知识点：

- 掌握编程元件(辅助继电器和特殊位存储器)，熟悉其在程序中的作用及应用方法。
- 了解双线圈的含义，掌握双线圈的处理方法。

技能点：

- 会利用所学指令和编程元件编写需暂存中间状态的梯形图。
- 进一步熟悉定时器指令的使用。

任务提出

图 2-73a 所示为某车间两条顺序相连的传送带，为了避免运送的物料在 2 号传送带上堆积，按下起动按钮后，2 号传送带开始运行，5s 后 1 号传送带自动起动。而停机时，则是 1 号传送带先停止，10s 后 2 号传送带才停止。本任务主要研究用 PLC 实现顺序相连的传送带控制。

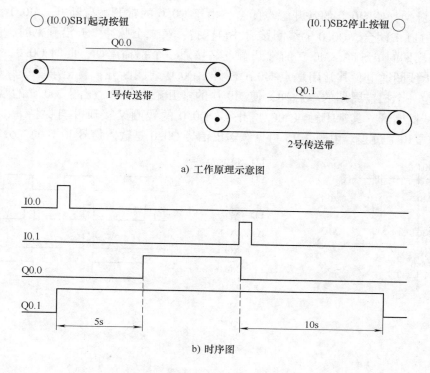

a) 工作原理示意图

b) 时序图

图 2-73　两条顺序相连的传送带

知识链接

一、内部标志位存储器（中间继电器）M

内部标志位存储器用来保存控制继电器的中间状态，其作用相当于继电器接触器控制中的中间继电器。内部标志位存储器在 PLC 中没有输入/输出端与之对应，其线圈的通断状态只能在程序内部用指令驱动，其触点不能直接驱动外部负载，只能在程序内部驱动输出继电器的线圈，再用输出继电器的触点去驱动外部负载。

内部标志位存储器可采用位、字节、字或双字来存取。其位存取的地址编号范围为 M0.0 ~ M31.7，共 32 个字节。

在梯形图中，若多个线圈都受某一触点串、并联电路的控制，为了简化电路，在梯形图中可设置该电路控制的存储器的位，如图 2-74 所示，这类似于继电器接触器系统电路中的中间继电器。

另外，可以利用辅助继电器构成分频电路。

用 PLC 可以实现对输入信号的任意分频。图 2-75 所示是一个 2 分频电路。将脉冲信号加到 I0.0 端，在第一个脉冲的上升沿到来时，M0.0 产生一个扫

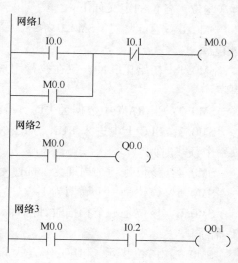

图 2-74　设置中间单元

描周期的单脉冲，使 M0.0 的常开触点闭合，由于 Q0.0 的常开触点断开，M0.1 线圈断开，其常闭触点 M0.1 闭合，Q0.0 的线圈接通并自保持；第二个脉冲上升沿到来时，M0.0 又产生一个扫描周期的单脉冲，M0.0 的常开触点又接通一个扫描周期，此时 Q0.0 的常开触点闭合，M0.1 线圈通电，其常闭触点 M0.1 断开，Q0.0 线圈断开；直至第三个脉冲到来时，M0.0 又产生一个扫描周期的单脉冲，使 M0.0 的常开触点闭合，由于 Q0.0 的常开触点断开，M0.1 线圈断开，其常闭触点 M0.1 闭合，Q0.0 的线圈又接通并自保持。以后循环往复，不断重复以上过程。由图 2-75 可见，输出信号 Q0.0 是输入信号 I0.0 的二分频。

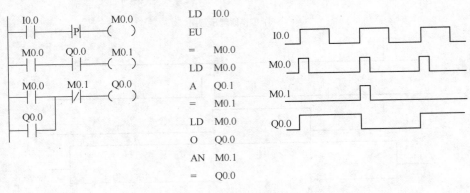

图 2-75　2 分频电路

二、特殊标志位存储器 SM

PLC 中还有若干特殊标志位存储器，特殊标志位存储器提供大量的状态和控制功能，用来在 CPU 和用户程序之间交换信息，特殊标志位存储器能以位、字节、字或双字来存取，CPU 224 的 SM 的位地址编号范围为 SM0.0 ~ SM179.7，共 180 个字节。其中 SM0.0 ~ SM29.7 的 30 个字节为只读型区域。

特殊标志位存储器 SM 的只读字节 SMB0 为状态位，在每个扫描周期结束时，由 CPU 更新这些位。各位的定义如下：

SM0.0：运行监视。SM0.0 始终为 "1" 状态，当 PLC 运行时可以利用其触点驱动输出继电器。

SM0.1：初始化脉冲，仅在执行用户程序的第一个扫描周期为 1 状态，可以用于初始化程序。

SM0.2：当 RAM 中数据丢失时，导通一个扫描周期，用于出错处理。

SM0.3：PLC 上电进入 RUN 方式，导通一个扫描周期，可用在起动操作之前给设备提供一个预热时间。

SM0.4：该位是一个周期为 1min、占空比为 50% 的时钟脉冲。

SM0.5：该位是一个周期为 1s、占空比为 50% 的时钟脉冲。

SM0.6：该位是一个扫描时钟脉冲。本次扫描时置 1，下次扫描时置 0。可用作扫描计数器的输入。

SM0.7：该位指示 CPU 工作方式开关的位置。在 TERM 位置时为 0，可同编程设备通信；在 RUN 位置时为 1，可使自由端口通信方式有效。

特殊标志位存储器 SM 的只读字节 SMB1 提供了不同指令的错误提示，部分位的定义如下：

SM1.0：零标志位，运算结果等于 0 时，该位置 1。

SM1.1：溢出标志，运算溢出或查出非法数值时，该位置 1。

SM1.2：负数标志，数学运算结果为负时，该位置 1。

特殊标志位存储器 SM 字节 SMB28 和 SMB29 用于存储模拟量电位器 0 和模拟量电位器 1 的调节结果。

其他特殊存储器的用途可参阅相关手册。

三、双线圈问题

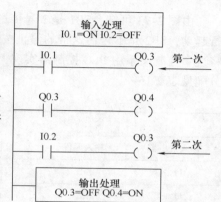

在同一个程序中同一元件的线圈在同一个扫描周期中，输出了两次或多次，称为双线圈输出。若在程序中进行线圈的双重输出，则前面的输出无效，而后面的输出是有效的。如图 2-76 所示，输出 Q0.3 的结果仅取决于 I0.2 的驱动输入信号，而和 I0.1 无关。当 I0.1 为 ON、I0.2 为 OFF 时，起初的 Q0.3 因 I0.1 接通而接通，因此其映像寄存器变为 ON，输出 Q0.4 也接通。但是，第二次的 Q0.3，因其输入 I0.2 断开，则其映像寄存器也为 OFF。所以，实际的外部输出是 Q0.3 为 OFF，Q0.4 为 ON。

图 2-76　双线圈输出处理

在程序中编写双线圈并不违反编程规则，但往往结果与条件之间的逻辑关系不能一目了然，因此对这类电路应该进行组合后编程。处理后的示例程序如图 2-77 所示。

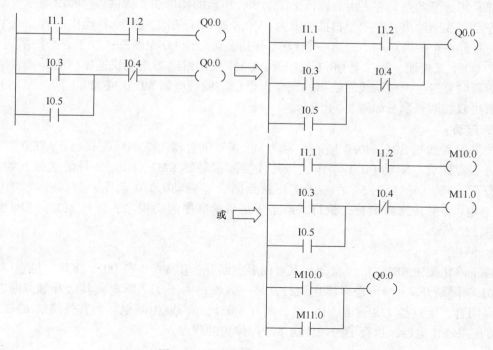

图 2-77　双输出线圈的优化处理

一、工具、材料准备

控制柜一台、计算机一台和导线若干。

二、任务分析

由图 2-73 可知，SB1 是 2 号传送带的起动按钮，1 号传送带在 2 号传送带起动 5s 后自行起动，SB2 是 1 号传送带的停止按钮，1 号传送带停止 10s 后 2 号传送带自行停止。为了将这个控制关系用 PLC 控制器实现，PLC 需要 4 个输入点、2 个输出点和 2 个定时器，资源分配见表 2-15。

表 2-15　PLC 资源分配

输入资源			内部与输出资源		
输入继电器	输入元件	作用	内部与输出资源	元件	作用
I0.0	SB1	起动按钮	Q0.0	KM1	1 号传送带接触器
I0.1	SB2	停止按钮	Q0.1	KM2	2 号传送带接触器
I0.2	FR1	M1 过载保护	T37	KT1	5s 通电延时
I0.3	FR2	M2 过载保护	T38	KT2	10s 断电延时

根据资源分配画出 PLC 的接线图，如图 2-78a 所示，PLC 控制系统中的所有输入触点类型全部采用常开触点，有人由此设计出图 2-78b 所示的梯形图，调试程序时没通过。原因是该程序是双线圈输出，在一个扫描周期内，Q0.1 输出了两次。在 I0.0 动作之后，I0.1 动作之前，在同一个扫描周期中，第一个 Q0.1 接通，第二个 Q0.1 断开，在下一个扫描周期中，第一个 Q0.1 又接通，第二个 Q0.1 又断开，Q0.1 输出继电器出现快速振荡的异常现象。所以在编程时要避免出现双线圈输出的现象，借助辅助继电器 M0.0 或 M0.1 间接驱动 Q0.1，可以解决双线圈问题，如图 2-79 所示。

1. 起动

按下起动按钮 SB1，I0.0 接通，驱动 M0.0 和定时器 T37 的线圈接通；M0.0 接通后，其常开触点闭合，驱动 Q0.1 动作，与其外接的接触器 KM2 通电，2 号传送带开始运行；另一方面，T37 接通延时 5s 后，其常开触点闭合，驱动 Q0.0 动作，与其外接的接触器 KM1 通电，1 号传送带运行，执行了两条传送带的顺序起动程序，同时 M0.1 线圈接通并自锁。

2. 停止

按下停止按钮 SB2，I0.1 接通，其常闭触点断开，使 M0.0 和 Q0.0 断开，与 Q0.0 外接的 KM1 线圈断开，1 号传送带停止运行；另一方面，由于 T37 断电，其常开触点断开，常闭触点闭合，定时器 T38 通电，10s 后，断开 M0.1，使 Q0.1 断电，与其外接的 KM2 断开，2 号传送带停止运行，执行了两条传送带顺序停止的程序。

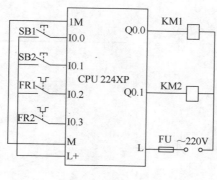

a) I/O 接线图

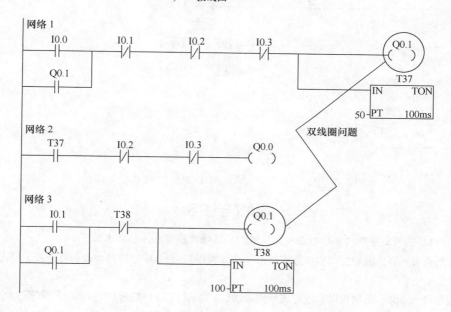

b) 梯形图

图 2-78　PLC 控制两条顺序相连的传送带(不成功)

三、操作方法

1）按图 2-78a 接线，检查电路正确性，确保无误。

2）输入图 2-79 所示的梯形图并进行程序调试，检查是否完成了顺序运行的功能。

3）输入图 2-78b 所示的梯形图，观察双线圈输出的现象。

四、注意事项

1）双线圈输出不可取。

2）出现双线圈可以采用内部标志位存储器 M、局部存储器 L 或变量存储器 V 来解决。

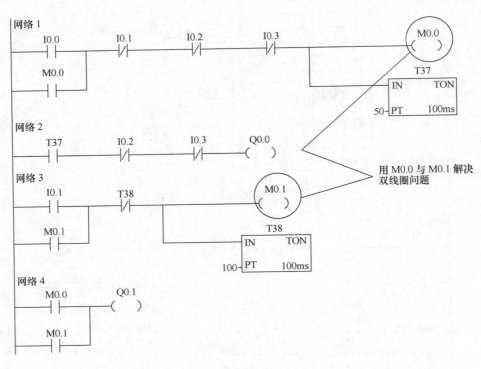

图 2-79　PLC 控制两条顺序相连的传送带(优化处理)

思考与练习

1. 试用 PLC 实现三相交流异步电动机正反转的丫-△转换控制。控制要求如下：

按下正转按钮 SB1，电动机以丫-△方式正向起动，丫联结运行 30s 后转换为△运行。按下停止按钮 SB3，电动机停止运行。

按下反转按钮 SB2，电动机以丫-△方式反向起动，丫联结运行 30s 后转换为△运行。按下停止按钮 SB3，电动机停止运行。

（1）试画出电动机正反转的丫-△转换控制的主电路。

（2）进行 PLC 资源分配，写出资源分配表。

（3）画出 PLC 接线图。

（4）根据接线图和功能要求，设计出梯形图。调试程序，直至实现功能。

2. PLC 控制三台交流异步电动机 M1、M2 和 M3 顺序起动，按下起动按钮 SB1 后，三台电动机顺序自动起动，间隔时间为 10s，完成相关工作后按下停止按钮 SB2，三台电动机逆序自动停止，间隔时间为 5s。若遇紧急情况，按下急停按钮 SB3，运行的电动机立即停止。要求：

（1）进行 PLC 资源分配，写出资源分配表。

（2）画出 PLC 接线图。

（3）根据接线图和功能要求，设计出梯形图。调试程序，直至实现功能。

3. 设计一报警电路，要求具有声光报警。当故障发生时，报警指示灯闪烁，报警电铃或蜂鸣器响。操作人员知道故障发生后，按消铃按钮，把电铃关掉，报警指示灯从闪烁变为常亮。故障消失后，报警灯熄灭。另外，还设置了试灯、试铃按钮，用于平时检测报警指示灯和电铃的好坏（故障信号 I0.0、消铃按钮I1.0、试灯按钮 I1.1、报警灯 Q0.0、报警电铃 Q0.7）。

任务七　轧钢机的控制

知识点:
  • 掌握编程元件(计数器)。
技能点:
  • 会利用所学计数器指令完成相关控制系统的设计、调试。

任务提出

某一轧钢机的模拟控制如图 2-80 所示。图中 S1 为检测传送带上有无钢板的传感器, S2 为检测传送带上钢板是否到位的传感器; M1、M2 为传送带电动机; M3F 和 M3R 为传送电动机 M3 正转和反转指示灯; Y1 为驱动锻压机工作的电磁阀。

按下起动按钮,电动机 M1、M2 运行,待加工钢板存储区中的钢板自动往传送带上运送。若 S1 表示检测到物件,电动机 M3 正转,即 M3F 亮。当传送带上的钢板移过 S1 且 S2 检测到钢板到位时,电动机 M3 反转,即 M3R 亮,同时电磁阀 Y1 动作。锻压机向钢板冲压一次, S2 信号消失。当 S1 再检测

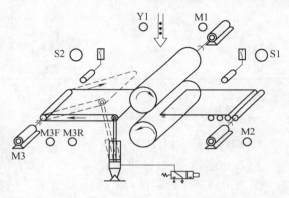

图 2-80　轧钢机的模拟控制示意图

到有信号时,电动机 M3 正转,重复经过三次循环,停机一段时间(3s),取出成品后,继续运行,不需要按起动按钮。按下停止按钮时,必须按起动按钮后方可运行。

注意: S1 没动作,则 S2 将不会动作。

知识链接

计数器用来累计输入脉冲的次数,在实际应用中用来对产品进行计数或完成复杂的逻辑控制任务。计数器的使用和定时器基本相似,编程时输入它的计数设定值,计数器累计它的脉冲输入端信号上升沿的个数。当计数达到设定值时,计数器发生动作,以便完成计数控制任务。

计数器主要由一个 16 位的预置值寄存器、一个 16 位的当前值寄存器和一位状态位组成。当前值寄存器用以累计脉冲个数,计数器当前值大于或等于预置值时,状态位置 1。

S7-200 系列 PLC 有三类计数器: CTU(加计数器)、CTUD(加减计数器)和 CTD(减计数器)。

一、计数器指令

计数器的指令格式见表 2-16。

表 2-16　计数器的指令格式

STL	LAD	指令使用说明
CTU Cxxx，PV	???? CU CTU R ????─PV	1. 梯形图指令符号中：CU 为加计数脉冲输入端；CD 为减计数脉冲输入端；R 为加计数复位端；LD 为减计数复位端；PV 为预置值 2. Cxxx 为计数器的编号，范围为 C0 ~ C255 3. PV 预置值最大范围：32767；PV 的数据类型：INT；PV 的操作数为 VW、T、C、IW、QW、MW、SMW、AC、AIW、K 4. CTU/CTUD/CD 指令使用要点：STL 形式中，CU、CD、R、LD 的顺序不能错；CU、CD、R、LD 信号可为复杂逻辑关系
CTD Cxxx，PV	???? CD CTD LD ????─PV	
CTUD Cxxx，PV	???? CUCTUD CD R ????─PV	

二、计数器工作原理分析

1. 加计数指令（CTU）

当 R = 0 时，计数脉冲有效，当 CU 端有上升沿输入时，计数器当前值加 1。当计数器当前值大于或等于设定值（PV）时，该计数器的状态位 C-bit 置 1，即其常开触点闭合。计数器仍计数，但不影响计数器的状态位，直至计数达到最大值（32767）。当 R = 1 时，计数器复位，即当前值清零，状态位 C-bit 也清零。加计数器计数范围：0 ~ 32767。

2. 加减计数指令（CTUD）

当 R = 0 时，计数脉冲有效，当 CU 端（CD 端）有上升沿输入时，计数器当前值加 1（减 1）。当计数器当前值大于或等于设定值时，C-bit 置 1，即其常开触点闭合。当 R = 1 时，计数器复位，即当前值清零，C-bit 也清零。加减计数器计数范围：– 32768 ~ 32767。

3. 减计数指令（CTD）

当复位 LD 有效，即 LD = 1 时，计数器把设定值（PV）装入当前值存储器，计数器状态位复位（置 0）。当 LD = 0 时，**即计数脉冲有效时**，开始计数，CD 端每来一个输入脉冲上升沿，减计数的当前值从设定值开始递减计数，当前值等于 0 时，计数器状态位置位（置 1），停止计数。

举例：加减计数指令应用示例，程序及运行时序如图 2-81 所示。

举例：减计数指令应用示例，程序及运行时序如图 2-82 所示。

在复位脉冲 I1.0 有效，即 I1.0 = 1 时，当前值等于预置值，计数器的状态置 0；当复位脉冲 I1.0 = 0 时，计数器有效，在 CD 端每来一个脉冲的上升沿，当前值减 1 计数，当前值从预置值开始减至 0 时，计数器的状态位 C-bit = 1，Q0.0 = 1。在复位脉冲 I1.0 有效，即 I1.0 = 1 时，计数器 CD 端即使有脉冲上升沿，计数器也不减 1 计数。

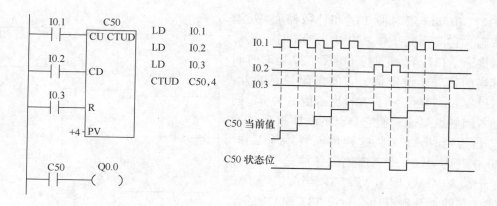

图 2-81　加减计数指令应用示例

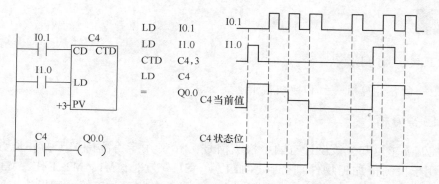

图 2-82　减计数指令应用示例

举例： 计数器的扩展。

S7-200 系列 PLC 计数器最大的计数范围是 32767，若需更大的计数范围，则需要进行扩展。计数器扩展电路如图 2-83 所示，它是两个计数器的组合电路，C1 形成了一个设定值为 100 次的自复位计数器。计数器 C1 对 I0.1 的接通次数进行计数，I0.1 的触点每闭合 100 次，C1 自动复位后重新开始计数。同时，连接到计数器 C2 的 CU 端的 C1 常开触点闭合，使 C2 计数一次。当 C2 计数到 2000 次时，I0.1 共接通 100×2000 次＝200000 次，C2 的常开触点闭合，线圈 Q0.0 通电。该电路的计数值为两个计数器设定值的乘积。

举例： 定时器的扩展。

S7-200 的定时器的最长定时时间为 3276.7s，如果需要更长的定时时间，可使用图 2-84 所示的电路。

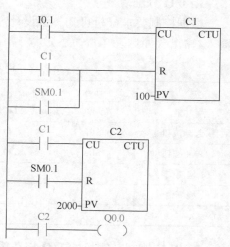

图 2-83　计数器扩展电路

图 2-84 中最上面一行电路是一个脉冲信号发生器，脉冲周期等于 T37 的设定值（60s）。I0.0

为 OFF 时，100ms 定时器 T37 和计数器 C4 处于复位状态，它们不能工作。I0.0 为 ON 时，其常开触点接通，T37 开始定时，60s 后 T37 定时时间到，其当前值等于设定值，它的常闭触点断开，使它自己复位，复位后 T37 的当前值变为 0，同时它的常闭触点接通，使它自己的线圈重新"通电"又开始定时，T37 将这样周而复始地工作，直到 I0.0 变为 OFF。T37 产生的脉冲送给 C4 计数器，记满 60 个数(即 1h)后，C4 当前值等于设定值 60，它的常开触点闭合。设 T37 和 C4 的设定值分别为 K_T 和 K_C，对于 100ms 的定时器，总的定时时间为 $T = 0.1K_T K_C$(单位为 s)。

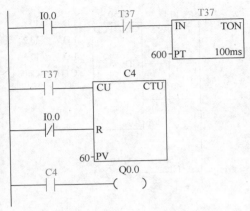

图 2-84　定时器的扩展

任务实施

一、工具、材料准备

控制柜一台、计算机一台和导线若干。

二、任务分析

根据控制要求可知，该设计有两个检测信号，S1 专用于检测待加工物件是否已在传送带上，S2 用于检测待加工物件是否到达加工点。S1 有效时，M1、M2 工作，M3 正转。S2 有效时，M3 反转，Y1 动作。轧钢机重复 3 次，停机 3s，将已加工好的钢板放入加工后钢板存储区，因此需要计数器和定时器，并且计数达到预设值后还要将其复位。

1. I/O 分配表

根据控制要求分析可知，该设计需要 4 个输入端子和 5 个输出端子，PLC 控制轧钢机的输入/输出分配见表 2-17。

表 2-17　PLC 控制轧钢机的输入/输出分配

输入			输出		
功能	元件	PLC 地址	功能	元件	PLC 地址
起动按钮	SB1	I0.0	控制 M1 电动机	KM1	Q0.0
停止按钮	SB2	I0.3	控制 M2 电动机	KM2	Q0.1
S1 检测信号	S1	I0.1	M3 正转指示	M3F	Q0.2
S2 检测信号	S2	I0.2	M3 反转指示	M3R	Q0.3
			Y1 锻压控制	KM3	Q0.4

2. PLC 控制轧钢机的 I/O 接线图

PLC 控制轧钢机的 I/O 接线如图 2-85 所示。

3. 程序设计

根据控制要求设计出 PLC 控制轧钢机的梯形图如图 2-86 所示。

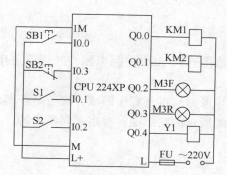

图 2-85　I/O 接线图

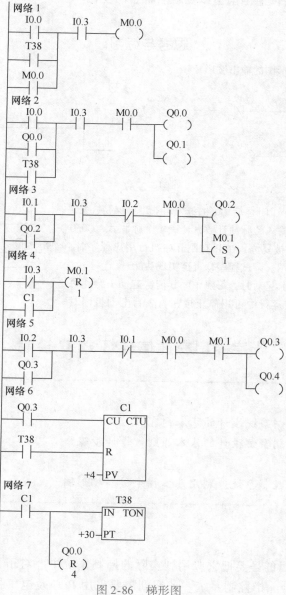

图 2-86　梯形图

三、操作方法

1）按图 2-85 所示的接线图连接 PLC 控制电路，并连接好电源，检查电路正确性，确保无误。

2）输入图 2-86 所示的梯形图，进行程序调试，检查是否实现了轧钢机的控制要求。

3）输入图 2-81 ～图 2-84 所示的梯形图，观察不同类型的计数器的当前值以及触点状态的变化。

四、注意事项

1）使用计数器时要注意当前值以及触点状态的变化。

2）计数器的复位。

思考与练习

1. 画出图 2-87 所示梯形图的输出波形。

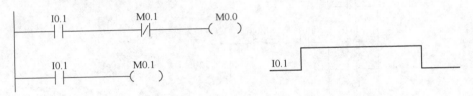

图 2-87

2. 如图 2-88 所示，I0.0 闭合后 Q0.0 变为 ON 并自保持，T37 定时 7s 后，用 C0 对 I0.1 输入的脉冲计数，计满 4 个脉冲后，Q0.0 变为 OFF，同时 C0 和 T37 被复位，在 PLC 刚开始执行用户程序时，C0 也被复位，设计出梯形图。调试程序，直至实现功能。

3. 有 3 台电动机，要求起动时，每隔 10min 依次起动 1 台，每台运行 8h 后自动停机。在运行中可用停止按钮将 3 台电动机同时停止。

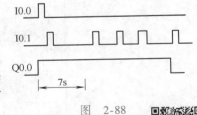

图 2-88

任务八　十字路口交通信号灯 PLC 控制

知识点：
- 了解 PLC 控制系统设计的基本内容。
- 掌握 PLC 控制系统设计的基本原则、设计步骤。

技能点：
- 会设计 PLC 控制系统，利用基本指令编写梯形图。

任务提出

学习 PLC 的最终目的是要把它应用到实际的控制系统中。对于一个初学者来说，往往不知道从何入手来设计一个控制系统。若遇到需要采用 PLC 及电气控制的实际的工业控制项目，就会更加不知所措。本任务主要研究十字路口交通信号灯 PLC 控制系统的设计。

图 2-89 所示是十字路口交通信号灯示意图。在十字路口的东、西、南、北方向装设红、绿、黄灯，信号灯受一个起动开关控制，当起动开关接通时，信号灯系统开始工作，且先南北红灯亮，东西绿灯亮。当起动开关关断时，所有信号灯都熄灭。

南北红灯亮维持 25s，在南北红灯亮的同时东西绿灯也亮，并维持 20s。到 20s 时，东西绿灯闪亮，闪亮 3s 后熄灭，在东西绿灯熄灭时，东西黄灯亮，并维持 2s。到 2s 时，东西黄灯熄灭，东西红灯亮，同时，南北红灯熄灭，绿灯亮。

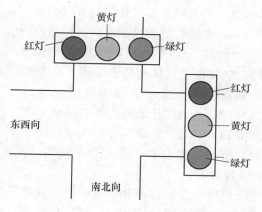

图 2-89 十字路口交通信号灯示意图

东西红灯亮维持 30s。南北绿灯亮维持 25s，然后闪亮 3s 后熄灭，同时南北黄灯亮，维持 2s 后熄灭。这时南北红灯又亮，东西绿灯又同时亮，如此周而复始。

知识链接

1. PLC 控制系统设计的基本原则

任何一种电气控制系统都是为了实现被控对象(生产设备或生产过程)的工艺要求，以提高生产效率和产品质量。因此，在设计 PLC 控制系统时，应遵循以下基本原则：

1) 最大限度地满足被控对象的控制要求。设计前，应深入现场进行调查研究，搜集资料，并与机械部分的设计人员和实际操作人员密切配合，共同拟订电气控制方案，协同解决设计中出现的各种问题。

2) 在满足控制要求的前提下，力求使控制系统简单、经济、实用、维修方便。

3) 保证控制系统的安全、可靠。

4) 考虑到生产发展和工艺的改进，在选择 PLC 容量时，应适当留有余量。

2. PLC 控制系统设计的基本内容

PLC 控制系统是由 PLC 与用户输入/输出设备连接而成的。因此，PLC 控制系统设计的基本内容包括如下几点：

1) 选择用户输入设备(按钮、操作开关、限位开关和传感器等)、输出设备(继电器、接触器和信号灯等执行元件)以及由输出设备驱动的控制对象(电动机、电磁阀等)。这些设备属于一般的电气元件，其选择的方法在其他课程和有关书籍中已有介绍。

2) PLC 的选择。PLC 是 PLC 控制系统的核心部件，正确选择 PLC，对于保证整个控制系统的技术经济性能指标起着重要作用。

选择 PLC，应包括机型的选择、容量的选择、I/O 点数(模块)的选择、电源模块以及特殊功能模块的选择等。

3) 分配 I/O 点，绘制电气连接接口图，考虑必要的安全保护措施。

4) 设计控制程序，包括设计梯形图、语句表(即程序清单)或控制系统流程图。

控制程序是控制整个系统工作的软件，是保证系统工作正常、安全可靠的关键。因此，控制系统的设计必须经过反复调试、修改，直到满足要求为止。

5）必要时还需设计控制台（柜）。

6）编制系统的技术文件，包括说明书、电气图及电气元件明细表等。

传统的电气图，一般包括电气原理图、电气布置图及电气安装图。在 PLC 控制系统中，这一部分图可以统称为"硬件图"。它在传统电气图的基础上增加了 PLC 部分，因此，在电气原理图中应增加 PLC 的输入/输出电气连接图（即 I/O 接口图）。

此外，在 PLC 控制系统中，电气图还应包括程序图（梯形图），可以称之为"软件图"。向用户提供"软件图"，可方便用户在生产发展或工艺改进时修改程序，并有利于用户在维修时分析和排除故障。

3. PLC 控制系统设计的一般步骤

PLC 控制系统的一般设计步骤如图 2-90 所示。

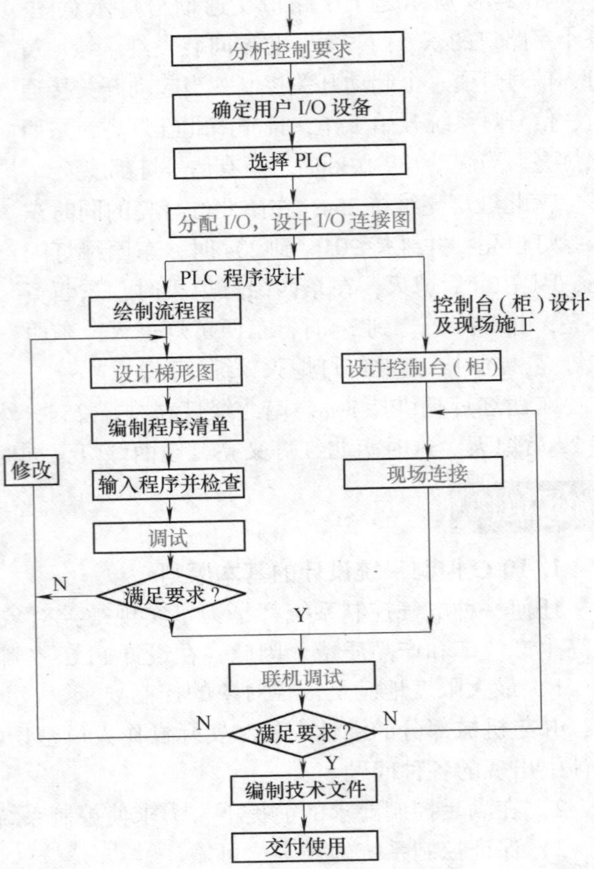

PLC 程序设计的步骤如下：

1）对于较复杂的控制系统，需绘制系统流程图，用以清楚地表明动作的顺序和条件。对于简单的控制系统，也可以省去这一步。

2）设计梯形图。这是程序设计的关键一步，也是比较困难的一步。要设计好梯形图，首先要十分熟悉控制要求，同时还要有一定的电气设计的实践经验。

图 2-90　PLC 控制系统的一般设计步骤

3）将程序输入到 PLC 的用户存储器，并检查程序是否正确。

4）对程序进行调试和修改，直到满足要求为止。

5）待控制台（柜）及现场施工完成后，就可以进行联机调试。如果不满足要求，再回去修改程序或检查接线，直到满足为止。

任务实施

一、工具、材料准备

控制柜一台、计算机一台和导线若干。

二、任务分析

为了将十字路口交通信号灯的控制关系用 PLC 控制器实现，PLC 需要 1 个输入点（启停开关)和 6 个输出点(东西、南北两个方向的绿、黄、红信号灯),其输入/输出点的分配见表 2-18。

表 2-18　输入/输出点的分配

输入资源			输出资源		
输入继电器	元件	作用	输出继电器	元件	作用
I0.0	SA	启停开关	Q0.0	HL1	南北绿灯
			Q0.1	HL2	南北黄灯
			Q0.2	HL3	南北红灯
			Q0.4	HL4	东西绿灯
			Q0.5	HL5	东西黄灯
			Q0.6	HL6	东西红灯

根据十字路口交通信号灯的输入/输出点分配,画出图 2-91 所示的 PLC 控制系统 I/O 接线图,再根据十字路口交通信号灯的控制关系画出图 2-92 所示的时序图。为了控制各时间段,选用六个定时器,分别设定为 20s、3s、2s、25s、3s、2s,设计出控制梯形图如图 2-93 所示。

图 2-93 中,SM0.5 用于产生 3s 的闪烁。各交通信号灯则由六个定时器组成的时间段控制。当开关 I0.0 接通时,T37 ~ T42 六个定时器逐个延时导通,信号灯系统按要求开始工作。一个周期后,因 T42

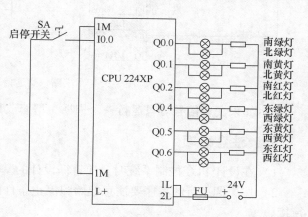

图 2-91　PLC 控制系统 I/O 接线图

导通,T37 线圈断开,T37 复位,T38 ~ T42 线圈的控制也都立刻断开,T38 ~ T42 也都复位,下一次扫描 T37 线圈又导通,T38 ~ T42 六个定时器又逐个延时导通,信号灯系统又开始第二个周期的工作,如此循环往复,直到开关 I0.0 断开,此时 T37 ~ T42 线圈都断开,T37 ~ T42 都复位,所有信号灯都熄灭。

三、操作方法

1)按图 2-91 所示的 PLC 控制系统 I/O 接线图接线,检查电路正确性,确保无误。

2)输入图 2-93 所示的梯形图进行程序调试,检查是否完成了十字路口交通信号灯的功能。

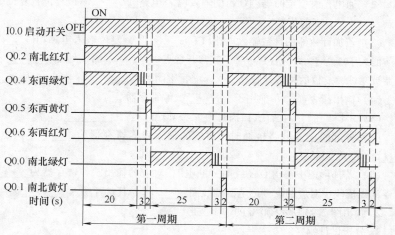

图 2-92　十字路口交通信号灯控制时序图

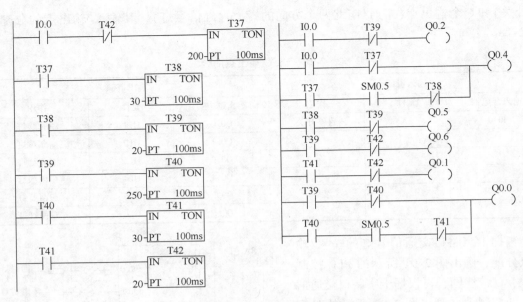

图 2-93　十字路口交通信号灯控制梯形图

3）如果交通信号灯只运行一个周期，请修改程序并进行调试。

四、注意事项

1）在设计 PLC 控制系统时，应遵循设计的基本原则。

2）按周期运行的程序要注意起始和停止条件的编写，还要注意第一周期、第二周期的衔接。

思考与练习

1. 填空

（1）通电延时型定时器（TON）的输入（IN）_____时开始定时，当前值大于或等于设定值时其定时器位变为_____，其常开触点_____，常闭触点_____。

（2）通电延时型定时器（TON）的输入（IN）电路_____时被复位，复位后其常开触点_____，常闭触点_____，当前值等于_____。

（3）若加计数器的计数输入电路（CU）_____，复位输入电路（R）_____，计数器的当前值加 1。当前值大于或等于设定值（PV）时，其常开触点_____，常闭触点_____。复位输入电路_____时计数器被复位，复位后其常开触点_____，常闭触点_____，当前值为_____。

（4）输出指令（=）不能用于_____映像寄存器。

（5）SM_____在首次扫描时为 1，SM0.0 一直为_____。

（6）外部的输入电路接通时，对应的输入映像寄存器为_____状态，梯形图中对应的常开触点_____，常闭触点_____。

（7）若梯形图中输出 Q 的线圈"断电"，对应的输出映像寄存器为_____状态，在输出刷新后，继电器输出模块中对应的硬件继电器的线圈_____，其常开触点_____。

2. 画出图 2-94 所示 Q0.0 的输出波形。

3. 分析设计题

（1）设计周期为 5s、占空比为 20% 的方波输出信号程序。

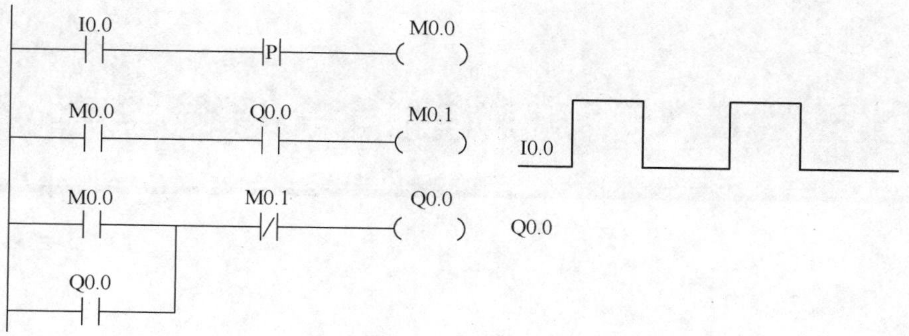

图　2-94

（2）如图2-95所示，小车在初始状态时停在中间，限位开关I0.0为ON。按下起动按钮I0.3，小车按图所示顺序往复运动，按下停止按钮I0.4，小车停在初始位置。要求：

1）所有的限位开关以及按钮以常开触点接入PLC接线端，画出PLC接线图。

2）根据接线图和功能要求，设计出梯形图。调试程序，直至完成功能。

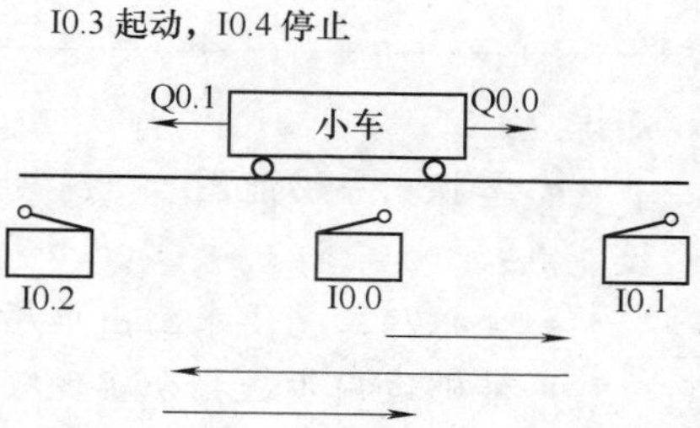

图2-95　小车往复运动示意图

（3）如图2-96所示，某车间运料传输带分为三段，由三台电动机分别驱动。为了节省能源，设计时使载有物品的传输带运行，没载物品的传输带停止运行，但要保证物品在整个运输过程中连续地从上段运行到下段。根据上述的控制要求，采用传感器来检测被运送物品是否接近两段传输带的结合部，并用该检测信号起动下一传输带的电动机，下段电动机起动2s后停止上段的电动机。要求：

1）进行PLC资源分配，写出资源分配表。

2）画出PLC接线图。

3）根据接线图和功能要求，设计出梯形图。调试程序，直至完成功能。

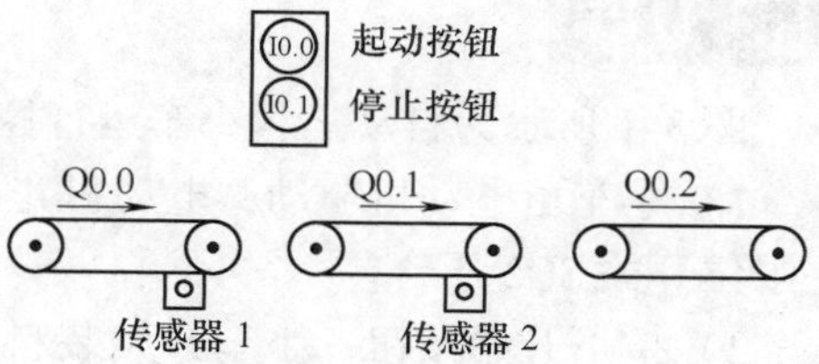

图　2-96

项目小结

1. PLC系统是由继电器接触器控制系统发展而来的，它由输入设备、可编程序控制器内部控制电路、输出设备三部分组成。

2. PLC执行程序的方式称为扫描工作方式。每扫描完一次程序就构成一个扫描周期。PLC扫描工作方式主要分三个阶段：输入采样、程序执行、输出刷新。

3. 西门子S7-200编程软件STEP 7-Micro/WIN编程软件的操作。

4. 编程元件I、Q、M、T、C的使用。

5. 基本指令的应用。

6. 编程注意事项。

7. 用基本指令编写电动机运行控制、生产线顺序控制、灯光闪烁控制等应用程序。

8. PLC控制系统的设计。

任务一   自动运料小车控制系统设计

> **知识点：**
> - 掌握顺序功能图。
>
> **技能点：**
> - 会根据工艺要求画出单序列顺序功能图。
> - 能够运用步进指令实现顺序控制。
> - 熟悉步进梯形图的调试。

任务提出

图 3-1 所示为自动运料小车运行控制系统示意图，其控制要求如下：

1）小车由电动机驱动，电动机正转时小车前进，反转后退。初始时，小车停于左端，左限位开关 SQ2 压合。

2）按下开始按钮，小车开始装料。10s 后装料结束，小车前进至右端，压合右限位开关 SQ1，小车开始卸料。

3）8s 后卸料结束，小车后退至左端，压合 SQ2，小车停于初始位置。

4）具有短路保护和过载保护等必要的保护措施。

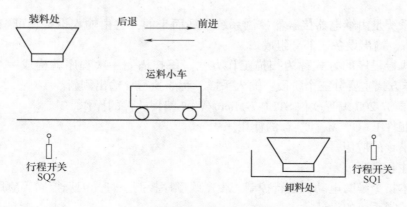

图 3-1   自动运料小车运行控制系统示意图

知识链接

一、经验设计法与顺序控制设计法

项目二中各梯形图的设计方法一般称为经验设计法，经验设计法没有一套固定的步骤可循，具有很大的试探性和随意性。在设计复杂系统的梯形图时，经常用大量的中间单元来完成记忆、联锁和互锁等功能，由于这种方法需要考虑的因素很多，这些因素又往往交织在一起，分析起来非常困难。而且，在修改某一局部电路时，可能会对系统的其他部分产生意想不到的影响，往往花了很长时间都得不到满意的结果。所以用经验法设计出的梯形图不易阅读，进行系统维修和改进也困难。

顺序控制设计法是一种先进的设计方法，很容易被初学者接受。有经验的工程师使用顺序控制设计法，也会提高设计的效率，程序调试、修改和阅读也更方便。

所谓顺序控制，就是按照工艺预先规定的顺序，在各个输入信号的作用下，根据内部状态和时间的顺序，生产过程的各个执行机构自动有序地进行操作。使用顺序控制设计法是首先根据系统的工艺过程，画出顺序功能图，然后根据顺序功能图画出梯形图。

二、顺序功能图

（一）顺序功能图的基本概念

1. 顺序功能图的定义

顺序功能图：又称为功能流程图或状态图，它是一种描述顺序控制系统的图形方式，是专用于工业顺序控制程序设计的一种功能性语言，能直观地显示出工业控制中的基本顺序和步骤。

图 3-2 所示为一个简单的顺序功能图示例。

2. 顺序功能图的主要元素

（1）状态（或称为步） 状态的图形符号如图 3-3 所示，矩形框中可写上该状态的编号或代码。

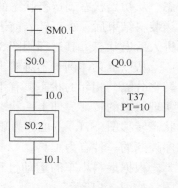

图 3-2 顺序功能图示例

1）初始状态：它是顺序功能图的起点，一个控制系统至少要有一个初始状态。初始状态的图形符号为双线的矩形框，如图 3-4 所示。但有时也用单矩形框或一条横线表示开始。

2）工作状态：它是控制系统正常运行时的状态。根据系统是否运行，状态可以分为动态和静态两种。

动态是指当前正在运行的状态，静态是没有运行的状态。在每个稳定的状态下，可能会有与状态对应的动作。动作的表示方法如图 3-5 所示。

图 3-3　状态的图形符号　　　　图 3-4　初始状态的图形符号　　　　图 3-5　动作的表示方法

（2）转移 用有向线段来表示转移的方向。两个状态之间的有向线段上再用一段横线表示转移。转移的符号如图3-6所示。

转移是一种条件，当此条件成立时，称为转移使能。该转移如果能够使状态发生转移，则称为触发。一个转移能够触发必须满足：状态为动态及转移使能。转移条件是指使系统从一个状态向另一个状态转移的必要条件，通常用文字、逻辑方程及符号来表示。

（二）顺序功能图的构成规则

1）两个状态之间必须用一个转移隔开，两个状态绝对不能直接相连。

2）两个转移之间必须用一个状态隔开，两个转换也不能直接相连。

3）顺序功能图中的初始步一般对应于系统等待起动的初始状态，图3-6 转移的符号
这一步可能没有输出处于 ON 状态，因此，初学者容易遗漏这一步。初始状态是必不可少的，一方面因为该步与它的相邻步相比，从总体上讲，输出变量的状态各不相同；另一方面如果没有该步，则无法表示初始状态，系统也无法返回停止状态。

（三）举例

根据运料小车的控制要求分析，其控制过程可以描述为装料、前行、卸料、后退四种状态。从初始状态到运行状态的转换由起动信号控制，有了起动信号，小车就进入装料状态。当装料结束后，小车转入前进状态，当前进到右限位后，小车转入卸料状态。卸料结束后即进入后退状态。其过程用图3-7来描述。

从以上具体例子不难看出，一个顺序控制过程可以分为若干个状态。状态与状态之间由转移分隔，相邻的状态具有不同的动作，当相邻两状态之间的转移条件得到满足时，就可以实现状态的转移，即上一状态的动作结束而下一状态的动作开始。描述这一过程的框图称为状态转移图(SFC)，也称为顺序功能图。顺序功能图具有直观、简单的特点，是设计 PLC 顺序控制的一种有力工具。

根据运料小车的运动过程框图，利用顺序功能图的主要元素，可得其相应的顺序功能图，如图3-8所示。

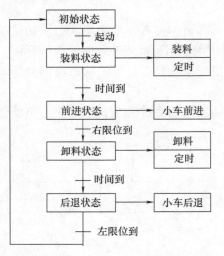

图3-7 运料小车的运动过程框图

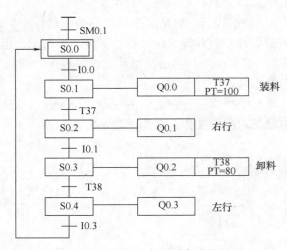

图3-8 运料小车的顺序功能图

三、顺序控制指令

（一）顺序控制指令介绍

S7-200 PLC 用 3 条指令描述程序的顺序控制步进状态，顺序控制指令格式见表 3-1。

表 3-1　顺序控制指令格式

LAD	STL	说　明
??.? SCR	LSCR　n	顺序步开始指令，为步开始的标志，该步的状态元件的位置 1 时，执行该步
??.? —(SCRT)	SCRT　n	顺序步转移指令，使能有效时，关断本步，进入下一步。该指令由转换条件的接点起动，n 为下一步的顺序控制状态元件，$n = 0.0 \sim 31.7$
—(SCRE)	SCRE	顺序步结束指令，为步结束的标志

1. 顺序步开始指令（LSCR）

步开始指令，顺序控制继电器位 $S_{X.Y} = 1$ 时，该程序步执行。

2. 顺序步结束指令（SCRE）

SCRE 为顺序步结束指令，顺序步的处理程序在 LSCR 和 SCRE 之间。

3. 顺序步转移指令（SCRT）

使能输入有效时，将本顺序步的顺序控制继电器位清零，下一步顺序控制继电器位置 1。

在使用顺序控制指令时，应注意：

1）步进控制指令 SCR 只对状态元件 S 有效。为了保证程序的可靠运行，驱动状态元件 S 的信号应采用短脉冲。

2）当输出需要保持时，可使用 S/R 指令。

3）不能把同一编号的状态元件用在不同的程序中，例如，如果在主程序中使用 S0.1，则不能在子程序中再使用。

4）在 SCR 段中不能使用 JMP 和 LBL 指令，即不允许跳入或跳出 SCR 段，也不允许在 SCR 段内跳转。可以使用跳转和标号指令在 SCR 段周围跳转。

5）不能在 SCR 段中使用 FOR、NEXT 和 END 指令。

6）在状态发生转移后，所有 SCR 段的元器件一般都要复位，如果希望继续输出，可使用置位/复位指令。

7）在使用顺序功能图时，状态寄存器的编号可以不按顺序编排。

（二）顺序控制指令的编程

采用顺序功能图进行编程的步骤是：画顺序功能图→转换成梯形图→写出语句表。

图 3-9 所示为顺序控制指令使用的一个简单例子。

任务实施

一、工具、材料准备

控制柜一台、计算机一台和导线若干。

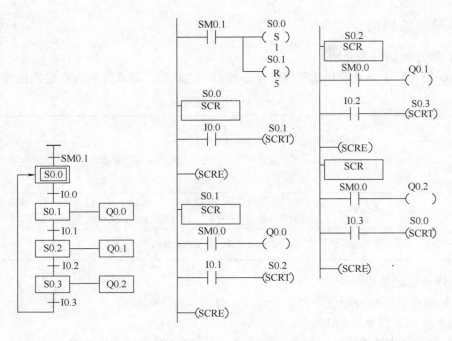

图 3-9　顺序控制指令的使用举例

二、任务分析

为了用 PLC 控制器来实现运料小车的顺序控制（见图 3-7），PLC 需要 3 个输入点和 4 个输出点，输入/输出元件的地址分配见表 3-2。

表 3-2　自动运料小车运行控制输入/输出元件的地址分配

输入			输出		
输入继电器	电路元件	作用	输出继电器	电路元件	作用
I0.0	SB1	起动按钮	Q0.1	KM2	小车前进（右行）
I0.1	SQ1	右限位	Q0.3	KM4	小车后退（左行）
I0.3	SQ2	左限位	Q0.0	KM1	装料
			Q0.2	KM3	卸料

　　根据控制要求，画出输入/输出的时序图，如图 3-10 所示。

　　根据 Q0.0 ~ Q0.3 的 ON/OFF 状态的变化，运料小车的一个工作周期分为装料、右行、卸料和左行 4 步，再加上等待装料的初始步，一共有 5 步。各限位开关、按钮、定时器提供的信号是各步之间的转换条件，由此画出顺序功能图（见图 3-8），利用顺控指令转化后的梯形图如图 3-11 所示。

　　其梯形图对应的语句表如下：

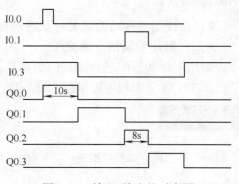

图 3-10　输入/输出的时序图

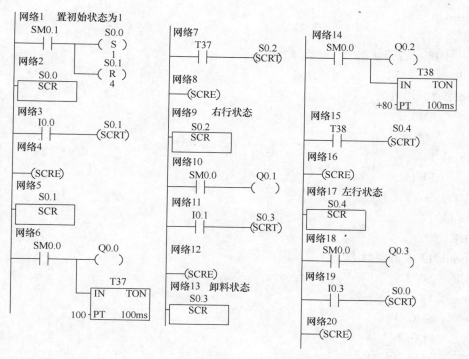

图 3-11　运料小车控制用梯形图

Network 1 // 置初始状态为1

LD　　SM0. 1

S　　　S0. 0，1

R　　　S0. 1，4

Network 2

LSCR　S0. 0

Network 3

LD　　I0. 0

SCRT　S0. 1

Network 4

SCRE

Network 5 // 装料状态

LSCR　S0. 1

Network 6

LD　　SM0. 0

=　　　　Q0. 0

TON　T37，+100

Network 7

LD　　T37

SCRT　S0. 2

Network 8
SCRE
Network 9 //右行状态
LSCR   S0.2
Network 10
LD   SM0.0
=   Q0.1
Network 11
LD   I0.1
SCRT   S0.3
Network 12
SCRE
Network 13 //卸料状态
LSCR   S0.3
Network 14
LD   SM0.0
=   Q0.2
TON   T38，+80
Network 15
LD   T38
SCRT   S0.4
Network 16
SCRE
Network 17 //左行状态
LSCR   S0.4
Network 18
LD   SM0.0
=   Q0.3
Network 19
LD   I0.3
SCRT   S0.0
Network 20
SCRE

三、操作方法

1. 输入/输出接线

本项目采用西门子 S7-200 可编程序控制器实现自动运料小车的运行控制，其三个模拟按钮的常开触点分别接至 PLC 的 I0.0～I0.2（如图 3-12所示的输入部分），然后连接 PLC 电源，检查电路的正确性，确保无误。

2. 参考梯形图程序

根据控制要求，开启系统后，小车应停在初始位置，即小车停在左端，左限位开关 SQ2 压合。按下开始按钮，小车进入顺控过程。可采用步进指令编程。整个控制过程的状态转移如图 3-9 所示，编写的梯形图程序如图 3-11 所示。

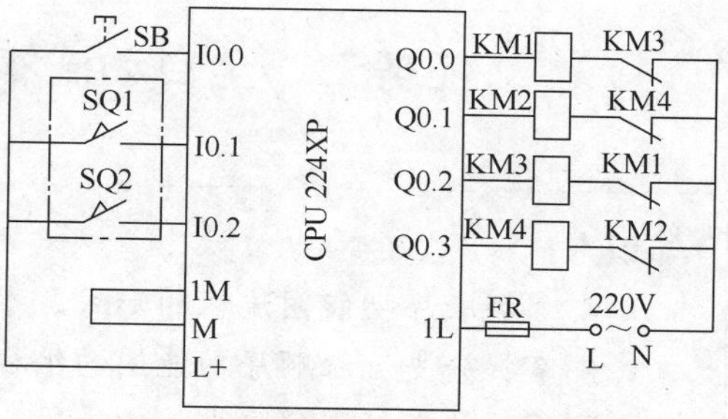

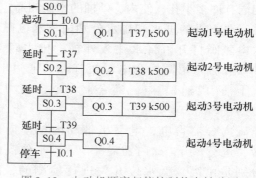

图 3-12　运料小车的输入/输出接线图

3. 程序的输入及调试

按照上一项目所讲的步骤进行程序的输入，并利用 PC/PPI 电缆连接 PLC，将程序下载至 PLC 的程序存储器中。连接好所有输入/输出设备，检查确认无误后通电调试。根据控制要求，逐步调试，调试时注意动作顺序。运行后先按下 SB，观察各输出的变化，等 Q0.1 接通后，再按下 SQ1（模拟右限位开关）观察各输出的变化，等 Q0.3 接通后，再按下 SQ2（模拟左限位开关）观察各输出的变化，检查是否完成了运料小车所要求的功能。

四、注意事项

在整个调试过程中注意输入的动作时序不能混乱，否则状态的动作次序会与设计不符。

思考与练习

1. 如果小车初始未停在初始位置（左端），则要用点退调整按钮使其停在初始位置，那么如何修改 SFC？相应的梯形图又该如何变换呢？

2. 某电动机按顺序起停，其控制的状态转移图如图 3-13 所示。试把该状态转移图转换成步进梯形图并输入 PLC 进行调试，观察输出结果是否符合控制要求。

3. 小车在初始状态时停在中间位置，限位开关 I0.0 为 ON，按下起动按钮 I0.3，小车按图 3-14 所示的顺序运动，最后返回并停在初始位置。分别用经验设计法与顺序控制设计法设计控制系统的梯形图，并调试程序。

4. 用顺序控制设计法设计图 3-15 要求的输入/输出关系的顺序功能图和梯形图，并调试程序。

图 3-13　电动机顺序起停控制状态转移图

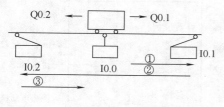

图　3-14

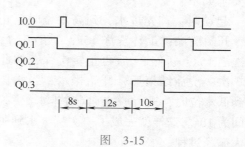

图　3-15

任务二 全自动洗衣机控制系统的设计与调试

知识点：
- 掌握顺序功能图流程的形式。
- 掌握分支流程顺序功能图的编程原则和编程方法。
- 掌握状态转移程序调试的手段。
- 掌握组合流程状态转移图的编程方法。
- 学会 PLC 分支步进程序的设计方法。

技能点：
- 能够根据控制要求画出顺序功能图。
- 能够熟练运用步进指令实现顺序控制。
- 会对出现的故障根据设计要求独立检修，直至系统正常工作。

任务提出

试设计全自动洗衣机的控制系统。

波轮式全自动洗衣机的示意图如图 3-16 所示。其中，洗衣桶（外桶）和脱水桶（内桶）是以同一中心安装的。外桶固定，作为盛水用，内桶可以旋转，作为脱水（甩干）用。内桶的四周有许多小孔，使内、外桶的水流相通。

洗衣机的进水和排水分别由进水电磁阀和排水电磁阀控制。进水时，控制系统使进水电磁阀打开，将水注入外桶；排水时，使排水电磁阀打开，将水由外桶排到机外。洗涤和脱水由同一台电动机拖动，通过电磁离合器来控制，将动力传递给洗涤波轮或甩干桶（内桶）。电磁离合器失电，电动机带动洗涤波轮实现正、反转，进行洗涤；电磁离合器得电，电动机带动内桶单向旋转，进行甩干（此时波轮不转）。水位高低分别是由高、低水位开关进行检测的，起动按钮用来起动洗衣机开始工作。具体控制要求如下：

起动时：首先进水，到高水位时停止进水，开始洗涤；正转洗涤 15s，暂停 3s 后反转洗涤 15s，暂停 3s 后再正转洗涤，如此反复 3 次；洗涤结束后，开始排水，当水位下降到低水位时，进行脱水（同时排水），脱水时间为 10s。这样就完成了一次从进水到脱水的大循环过程。

经过上述 3 次大循环后（第 2、3 次为漂

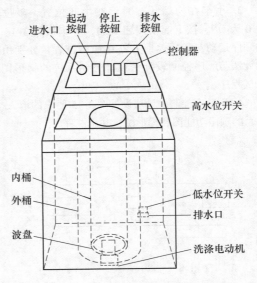

图 3-16 波轮式全自动洗衣机的示意图

洗），进行洗衣完成报警，报警 10s 后结束全过程，自动停机。

知识链接

一、顺序功能图的结构类型

顺序功能图可分为单分支、选择分支、并行分支和混合分支。

单分支是最常用的一种形式，前面所讲的运料小车等实例均用的是单分支状态转移图。

1. 单分支

单分支由一系列相继激活的步组成，是最简单的一种顺序功能图，如图 3-8 所示。每一步的后面仅接有一个转移，每一个转移的后面只有一个步。

2. 选择分支

在实际中，具有多流程的控制要进行流程选择或者分支选择，而到底进入哪一个分支，取决于控制流程前面的转移条件哪一个为"真"。可供选择的分支与汇合的顺序功能图、梯形图如图 3-17 所示。

可供选择的分支在分支时，检查分支前面的转移条件：I0.0、I0.3、I0.6，哪一个为"真"，则为"真"的分支执行，且每次只可执行一条分支。而在可供选择分支的汇合采用各分支自动转移到新的状态，即 I0.2 转移(SCRT)到 S0.7，I0.5 转移(SCRT)到 S0.7，I1.0 转移(SCRT)到 S0.7。具体参看图 3-17b 所示的梯形图。

3. 并行分支

在实际中，把一个顺序控制状态流分成两个或多个不同分支控制状态流，这就是并行分支。当一个控制状态流分成多分支时，所有的分支控制状态流必须同时激活。当多个控制流产生的结果相同时，可以把这些控制流合并成一个控制流，即并行分支的汇合。在合并控制流时，所有的分支控制流必须都是完成了的。在转移条件满足时才能转移到下一个状态。并行顺序一般用双水平线表示，同时结束若干个顺序也用双水平线表示。

图 3-18 所示为并行分支与汇合的顺序功能图、梯形图。在该图中应该注意的是，并行分支在分支时要同时使状态转移到新的状态，完成各新状态的起动，即条件 I0.0 满足后，状态 S0.1、S0.3、S0.5 同时激活。另外，在状态 S0.2、S0.4、S0.6 的 SCR 程序组中，由于没有使用 SCRT 指令，所以 S0.2、S0.4、S0.6 复位不能自动进行，最后要用复位指令对其进行复位。而在并行分支汇合前的最后一个状态是"等待"过渡状态，它们要等待所有并行分支都为"真"后才一起转移到新的状态。具体应参看图 3-18b 所示的梯形图。

4. 混合分支

图 3-19 所示的 SFC 为分支与汇合的组合形式，它们的特点是从汇合转移到分支线时直接连接，而没有中间状态，对于这样的情况，一般在汇合线转移到分支线的直接连接之间插入一个空状态，如图 3-20 所示。

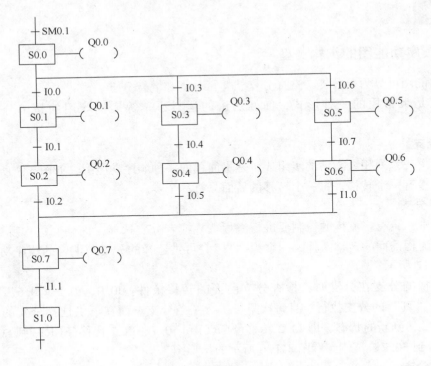

a) 顺序功能图

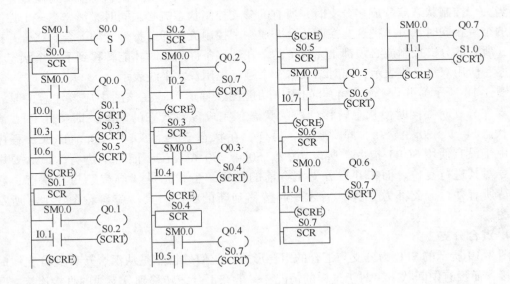

b) 梯形图

图 3-17　可供选择的分支与汇合的顺序功能图、梯形图

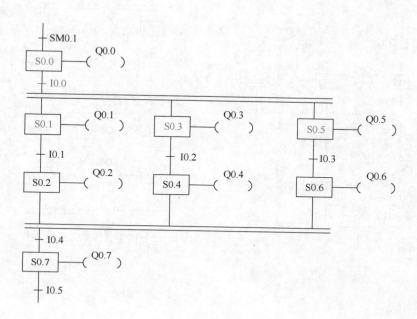

a) 顺序功能图

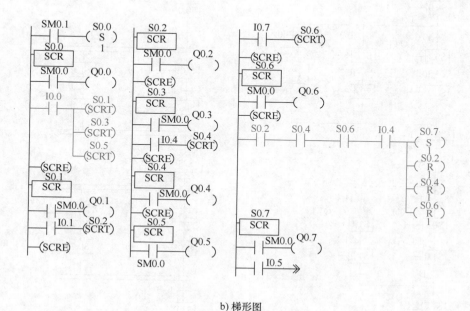

b) 梯形图

图 3-18　并行分支与汇合的顺序功能图、梯形图

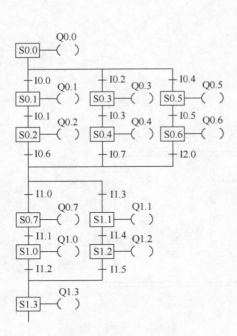
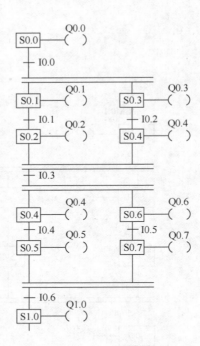

a) SFC 一   b) SFC 二

图 3-19 分支与汇合的组合形式

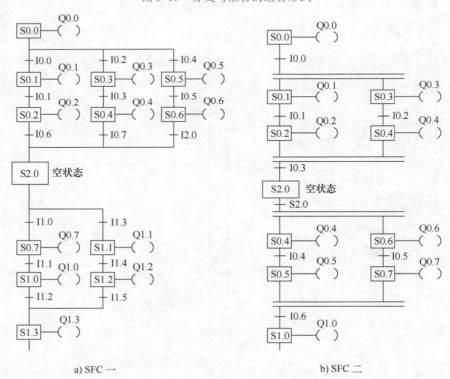

a) SFC 一   b) SFC 二

图 3-20 插入空状态的分支与汇合的组合

二、顺序控制指令的应用

顺序控制指令是专为顺序控制而设立的，在顺序控制问题中，使用顺序控制指令是很方便的。以下通过几个实例，介绍顺序控制程序的设计方法。

1. 顺序控制程序设计的基本步骤

1）了解工艺要求与工作方式，即控制要求。

2）根据控制要求对输入点、输出点进行地址分配。

3）设计顺序功能图。

4）根据顺序功能图画出梯形图。

2. 顺序控制程序应用举例

举例：液体混合控制。

在化工行业经常涉及多种化学液体的混合问题，图3-21所示是某一液体混合装置，SL1、SL2、SL3分别为高水位、中水位、低水位三个液面传感器，在其各自被液体淹没时为ON，反之为OFF。阀YV1、阀YV2和阀YV3为液体A、液体B和混合液体的电磁阀，线圈通电时打开，线圈断电时关闭。开始时容器是空的，各阀门均关闭，各传感器均为OFF。按下起动按钮后，打开阀YV1，液体A流入容器，当中限位SL2开关变为ON时，关闭阀YV1，打开阀YV2，液体B流入容器。当液

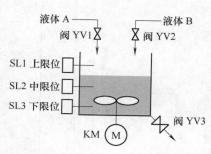

图3-21 两种液体混合装置示意图

面到达上限位SL1开关时，关闭阀YV2，电动机M开始运行，搅动液体，60s后停止搅动，打开阀YV3，放出混合液，当液面降至下限位SL3开关之后再过5s，容器放空，关闭阀YV3，打开阀YV1，又开始下一周期的操作。按下停止按钮，在当前工作周期的操作结束后，才停止操作(停在初始状态)。

试用PLC实现液体混合装置控制系统。

1）根据控制要求对系统进行输入/输出点地址的分配。系统的输入/输出点地址分配见表3-3。

表3-3 系统的输入/输出点地址分配

输入资源			输出资源		
输入继电器	元件	作用	输出继电器	元件	作用
I0.0	SB1	起动按钮	Q0.0	YV1	A液体阀门
I0.1	SB2	停止按钮	Q0.1	YV2	B液体阀门
I0.4	SL1	高水位液面传感器	Q0.3	YV3	混合液体阀门
I0.3	SL2	中水位液面传感器	Q0.2	KM	搅匀电动机用接触器
I0.2	SL3	低水位液面传感器	Q0.4	HL	初始状态指示灯

2）设计顺序功能图，如图3-22所示。

3）根据顺序功能图画出梯形图，如图3-23所示。

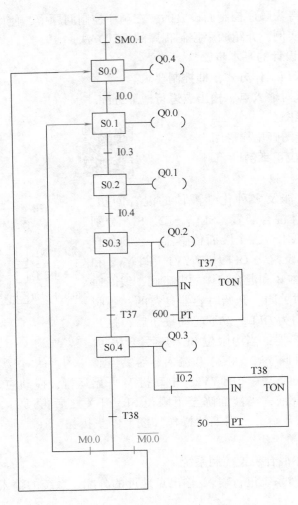

图 3-22 液体混合装置顺序功能图

举例：按钮式交通灯控制。

在道路交通管理上有许多按钮式人行道交通灯，如图 3-24 所示。在正常情况下，汽车通行，即 Q0.3 绿灯亮，Q0.5 红灯亮；当行人想过马路时，就按按钮。当按下按钮 I0.0（或 I0.1）之后，主干道交通灯将从绿（5s）→绿闪（3s）→黄（3s）→红（20s），当主干道红灯亮时，人行道从红灯亮转为绿灯亮，15s 以后，人行道绿灯开始闪烁，闪烁 5s 后转入主干道绿灯亮，人行道红灯亮。

试利用 PLC 控制按钮式人行道交通灯，用并行序列的顺序功能图编程。

1）根据控制要求对系统进行输入/输出点地址的分配。系统的输入/输出点地址分配见表 3-4。

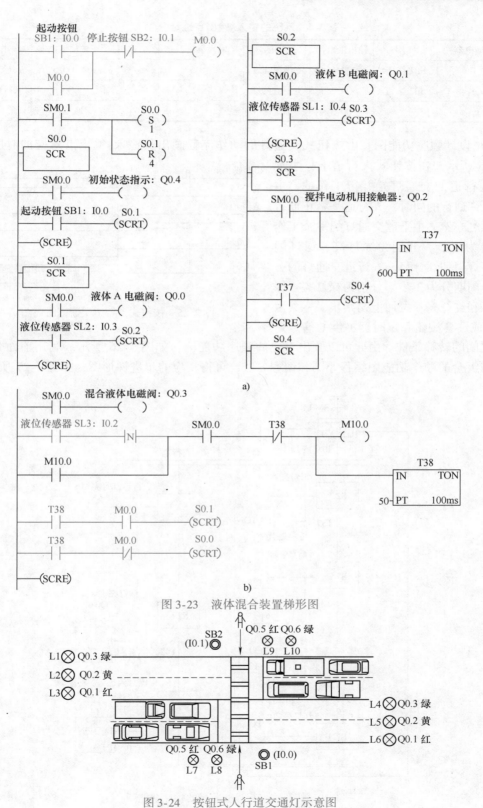

图 3-23　液体混合装置梯形图

图 3-24　按钮式人行道交通灯示意图

表 3-4　系统的输入/输出点地址分配

输入继电器	作用	输出继电器	作用	输入继电器	作用	输出继电器	作用
I0.0	SB1 按钮	Q0.1	主干道红灯			Q0.5	人行道红灯
I0.1	SB2 按钮	Q0.2	主干道黄灯			Q0.6	人行道绿灯
		Q0.3	主干道绿灯				

2）设计顺序功能图。由按钮式交通灯的动作流程画出其输入/输出点对应的时序，如图 3-25 所示。在按钮式人行道上，主干道与人行道的交通灯是并行工作的，主干道允许通行的同时，人行道是禁止通行的，反之亦然。主干道交通灯的一个工作周期分为 4 步，分别为绿灯亮、绿灯闪烁、黄灯亮和红灯亮。人行道交通灯的一个工作周期分为 3 步，分别为绿灯亮、绿灯闪烁和红灯亮。再加上初始步，一共由 8 步构成。各按钮和定时器提供的信号是

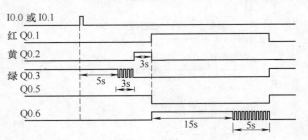

图 3-25　按钮式人行道交通灯时序图

各步之间的转移条件。由此可以画出对应的顺序功能图，如图 3-26 所示。利用前面介绍的分支与汇合的顺序功能图编程原则和编程方法，可得相应的步进梯形图，如图 3-27 所示。

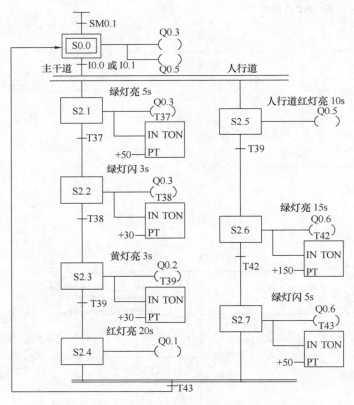

图 3-26　按钮式人行道交通灯的顺序功能图

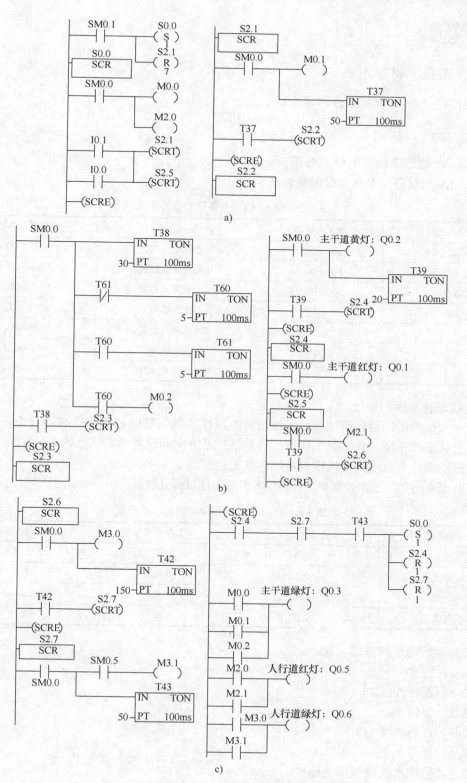

图 3-27　按钮式人行道交通灯步进梯形图

任务实施

一、工具、材料准备

控制柜一台、计算机一台和导线若干。

二、任务分析

1. 输入/输出设备及 I/O 点分配

输入/输出设备及 I/O 点分配见表 3-5。

表 3-5　输入/输出设备及 I/O 点分配

输入元件	输入点编号	输出元件	输出点编号
起动按钮	SB0→I0.0	进水电磁阀	DCF1→Q0.0
高水位开关	SQ1→I0.3	电动机正转控制	KM1→Q0.1
低水位开关	SQ2→I0.4	电动机反转控制	KM2→Q0.2
		排水电磁阀	DCF2→Q0.3
		脱水电磁离合器	KM3→Q0.4
		报警蜂鸣器	S→Q0.5
		初始状态指示灯	HL→Q0.6

2. 状态转移图的设计

状态转移图设计是运用状态编程思想解决顺序控制问题的过程。该过程分为任务分解、弄清每个状态的功能、找出每个状态的转移条件及方向和设置初始状态四个阶段。下面依据这四个阶段设计全自动洗衣机控制系统的状态转移图。

（1）任务分解　根据控制要求，将洗衣机的工作过程分解为表 3-6 所示的几个工序(状态)。

表 3-6　洗衣机一个周期中的工作状态

工作状态	状态继电器	工作状态	状态继电器
进水	S2.0	暂停	S2.4
正转洗涤	S2.1	排水	S2.5
暂停	S2.2	脱水	S2.6
反转洗涤	S2.3	报警	S2.7

（2）弄清每个状态的功能

S2.0：进水。

S2.1：正转洗涤 15s。

S2.2：暂停 3s。

S2.3：反转洗涤 15s。

S2.4：暂停 3s。

S2.5：使排水电磁阀得电排水。

S2.6：脱水。

S2.7：报警蜂鸣器工作。

（3）找出各状态的转移条件和转移方向　将系统中各状态连接成状态转移图，并设置初始条件，结果如图3-28所示。

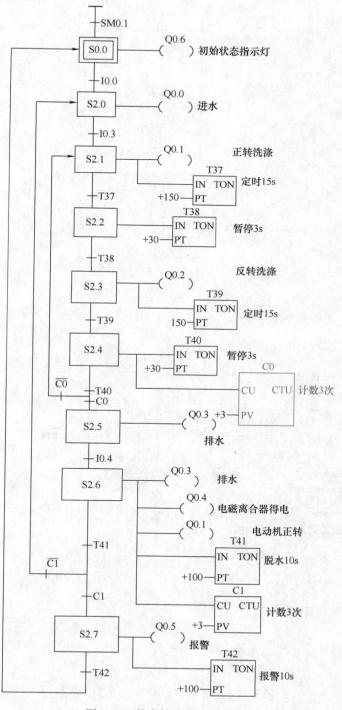

图3-28　状态转移图（流程图）

（4）SFC 到步进梯形图或步进指令表的转换　根据图 3-28 可得相应的步进梯形图，如图 3-29 所示。

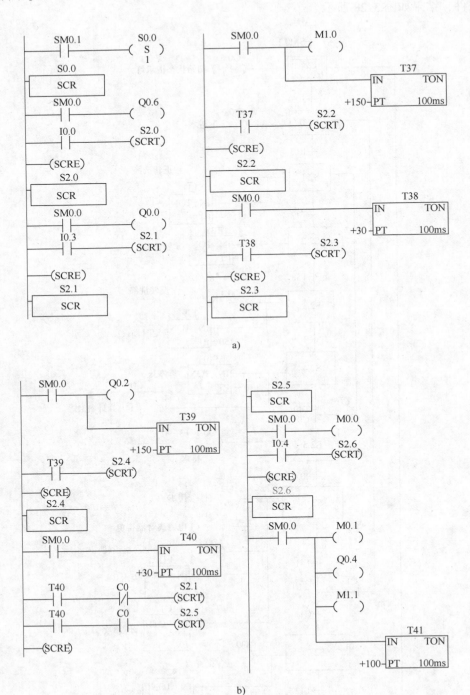

a)

b)

图 3-29　全自动洗衣机控制系统的梯形图

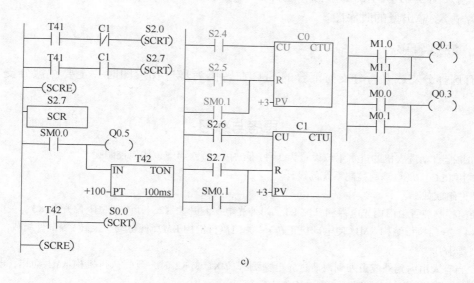

c)

图 3-29　全自动洗衣机控制系统的梯形图(续)

三、操作方法

1）将输入/输出设备分别连接到 PLC 相应的 I/O 点，并连接 PLC 电源。硬件连接如图 3-30 所示。检查电路的正确性，确保无误。

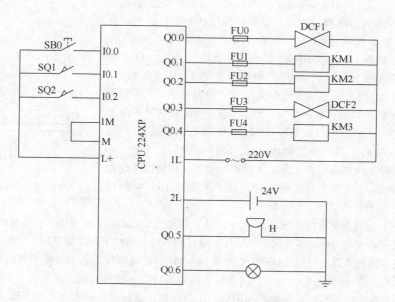

图 3-30　全自动洗衣机硬件连接图

SB0—起动按钮　SQ1—高水位开关　SQ2—低水位开关　H—蜂鸣器

FU0～FU4—熔丝　KM1～KM3—接触器　DCF1、DCF2—电磁阀

2）输入图3-29所示的梯形图，进行程序调试，调试时注意动作顺序，并画出相应的控制系统各输入/输出量的时序图。

四、注意事项

带有选择分支或并行分支与汇合的SFC在转换为步进梯形图时一定要注意分支与汇合的处理。

思考与练习

1. 如果全自动洗衣机的进水水位设置为3种（低、中、高），那应该如何控制呢？

2. 试用PLC实现自动门控制系统的设计。

其硬件组成如下：

自动门控制装置由门内光电探测开关K1、门外光电探测开关K2、开门到位限位开关K3、关门到位限位开关K4、开门执行结构KM1（使电动机正转）、关门执行机构KM2（使电动机反转）等部件组成。

控制要求：

（1）当有人由内到外或由外到内通过光电探测开关K1或K2时，开门执行机构KM1动作，电动机正转，到达开门限位开关K3位置时，电动机停止运行。

（2）自动门在开门位置停留8s后，自动进入关门过程，关门执行机构KM2被起动，电动机反转，当门移动到关门限位开关K4位置时，电动机停止运行。

（3）在关门过程中，当有人员由外到内或由内到外通过光电探测开关K1或K2时，应立即停止关门，并自动进入开门程序。

（4）在门打开后的8s等待时间内，若有人员由外到内或由内到外通过光电探测开关K1或K2时，必须重新开始等待8s后，再自动进入关门过程，以保证人员安全通过。

3. 图3-31所示为剪床剪切板料示意图，初始状态时，压钳和剪刀在上限位置，I0.0和I0.1为"1"状态。按下起动按钮I1.0，工作过程如下：首先板料右行（Q0.0为"1"状态）至限位开关，I0.3为"1"状态，然后压钳下行（Q0.1为"1"状态并保持）；压紧板料后，压力继电器I0.4为"1"状态，压钳保持压紧，剪刀开始下行（Q0.2为"1"状态）；剪断板料后，I0.2变为"1"状态，压钳和剪刀同时上行（Q0.3和Q0.4为"1"状态，Q0.1和Q0.2为"0"状态），它们分别碰到限位开关I0.0和I0.1后，分别停止上行，均停止后，又开始下一周期的工作，剪完5块料后停止工作并停在初始状态。试画出实现此功能的PLC的外部接线图、系统的顺序功能图和梯形图，并调试程序。

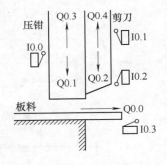

图3-31 剪床剪切板料示意图

4. 某十字路口交通灯示意图如图3-32所示，每一方向的车道都有4个交通灯：左转绿灯、直行绿灯、黄灯和红灯，每一方向的人行道都有两个交通灯：绿灯和红灯。当按下起动按钮时，首先东西向通行，南北向禁止通行，东西向车道的直行绿灯亮，汽车直行，20s后直行绿灯闪烁3s，随后黄灯亮3s，接着车道的左转绿灯亮，汽车左转，20s后左转绿灯闪烁3s，随后黄灯亮3s，红灯亮，在东西向车道直行绿灯亮和闪烁的同时，东西向人行道的绿灯同时亮和闪烁。东西向禁止通行后，转入南北向车道、人行道的通行，顺序与东西向相同。

试利用PLC来控制十字路口交通灯。

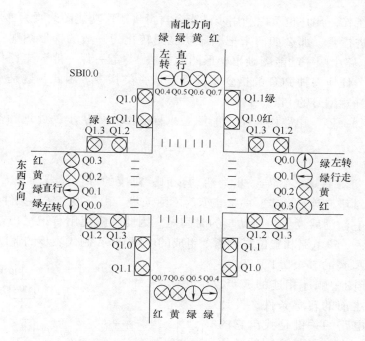

图 3-32　某十字路口交通灯示意图

任务三　电动机顺序起停控制

知识点：
- 进一步熟悉顺序功能图的三种结构。
- 会利用"起—保—停"电路将各种类型的顺序功能图改画为通用梯形图。

技能点：
- 会根据工艺要求画出顺序功能图。
- 掌握运输带控制系统的设计、调试。

任务提出

PLC 控制三台交流异步电动机 M1、M2 和 M3 顺序起动，按下起动按钮 SB1 后，三台电动机顺序自动起动，间隔时间为 5s，完成相关工作后按下停止按钮 SB2，三台电动机逆序自动停止，间隔时间为 10s。在起动过程中，如果按下停止按钮，则立即停止起动过程，对已经起动运行的电动机，立即进行反方向逆序停止，直到全部结束。

知识链接

一、利用"起—保—停"电路由单分支的顺序功能图画出梯形图

有的 PLC 编程软件为用户提供了顺序功能图（SFC）语言，在编程软件中生成顺序功能图

后便完成了编程工作。用户也可以利用步进指令自行将顺序功能图改画为梯形图。但是有些PLC不能使用步进指令，那么如何来把顺序功能图转化为一般的梯形图呢？这里介绍利用"起—保—停"电路由顺序功能图画出梯形图的方法。"起—保—停"电路仅仅使用触点和线圈有关的指令，任何一种PLC的指令系统都有这一类指令。因此，这是一种通用的编程方法，可以用于任意型号的PLC。

利用"起—保—停"电路由顺序功能图画出梯形图，要从步的处理和输出电路两方面来考虑。

1. 步的处理

用位存储器M来代表步，某一步为活动步时，对应的位存储器为ON，某一转移实现时，该转移的后续步变为活动步，前级步变为不活动步。由于很多转移条件都是短信号，即它存在的时间比它激活后续步为活动步的时间短。因此，应使用有记忆（或称保持）功能的电路（如"起—保—停"电路和置位复位指令组成的电路）来控制代表步的辅助继电器。

图 3-33 所示的步 S0.1、S0.2、S0.3 是顺序功能图中顺序相连的 3 步，I0.1 是步 S0.2 之前的转移条件。设计"起—保—停"电路的关键是找出它的起动条件和停止条件。转换实现的条件是它的前级步为活动步，并且满足相应的转移条件，所以步 S0.2 变为活动步的条件是它的前级步 S0.1 为活动步，且转换条件 I0.1 = 1。在"起—保—停"电路中，把相应的步用位存储器 M 代替，则应将前级步 M0.1 和转换条件 I0.1 对应的常开触点串联，作为控制 M0.2 的"起动"电路。

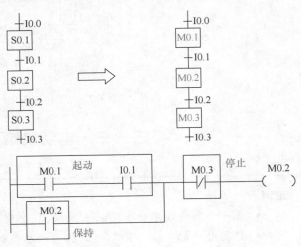

图 3-33　用"起—保—停"电路控制步

当 M0.2 和 I0.2 均为 ON 时，步 M0.3 变为活动步，这时步 M0.2 应变为不活动步，因此，可以将 M0.3 = 1 作为使位存储器 M0.2 变为 OFF 的条件，即将后续步 M0.3 的常闭触点与 M0.2 的线圈串联，作为"起—保—停"电路的"停止"电路。图 3-33 所示的梯形图可以用逻辑代数式表示为

$$M0.2 = (M0.1 \cdot I0.1 + I0.2) \cdot \overline{I0.3}$$

在这个例子中，可以用 I0.2 的常闭触点代替 M0.3 的常闭触点。但是，当转移条件由多个信号经"与、或、非"逻辑运算组合而成时，应将它的逻辑表达式求反，再将对应的触点串并联电路作为"起—保—停"电路的停止电路。但这样不如使用后续步的常闭触点简单方便。

根据上述的编程方法和顺序功能图，很容易画出梯形图。在顺序功能图中有多少步，在梯形图中就有多少个驱动步的"起—保—停"电路。例如，根据图 3-34a 所示的输入/输出时序图，按照顺序设计法得到对应的顺序功能图如图 3-34b 所示，根据上述所讲"步的处理"方法设计的梯形图（见图 3-34c）就有 4 个"起—保—停"电路。梯形图的关键在于"起"和"停"的设计，特别是"起"的条件有多个时，千万不要遗漏了某一个，一定要把每一个"起"的条件相并联再与"保"的常开触点并联。

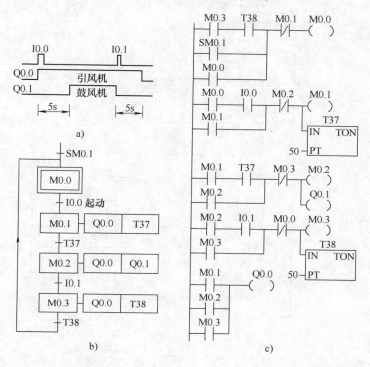

图 3-34　用"起—保—停"电路实现鼓风机与引风机的自动控制

2. 输出电路

下面介绍设计梯形图输出电路的方法。由于步是根据输出变量的状态变化来划分的，它们之间的关系极为简单，可以分为两种情况来处理：

1）某一输出量仅在某一步中为 ON，可以将它们的线圈分别与对应步的位存储器的线圈并联。例如，在图 3-34b 中，输出量 Q0.1、Q0.0、T37、T38 都仅在某一步中为 ON，所以将它们的线圈分别与对应步的位存储器的线圈并联；在图 3-34c 所示的梯形图中，将 Q0.1 的线圈与 M0.2 的线圈并联，将 T38 的线圈与 M0.3 的线圈并联。

2）某一输出继电器在几步中都为 ON，应将代表各有关步的辅助继电器的常开触点并联后，驱动该输出继电器的线圈（比如图 3-34c 中的 Q0.0）。

二、使用"起—保—停"电路实现选择序列与并行序列的顺序功能图到梯形图的转换

1. 选择序列分支的编程方法

图 3-35a 中步 M0.0 之后有一个选择序列的分支，设 M0.0 为活动步，当它的后续步 M0.1 或 M0.2 变为活动步时，它都应变为非活动步，即 M0.0 变为 OFF，所以应将 M0.1 和 M0.2 的常闭触点与 M0.0 的线圈串联。

如果某一步后面有一个由 N 条分支组成的选择序列，该步可能转换到不同的 N 步去，则应将这 N 个后续步对应的存储器位的常闭触点与该步的线圈串联，作为结束该步的条件。

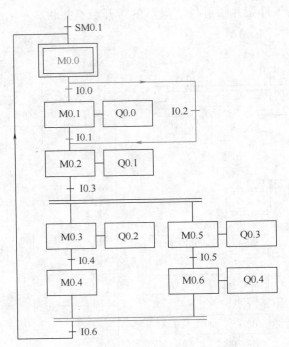

a) 顺序功能图

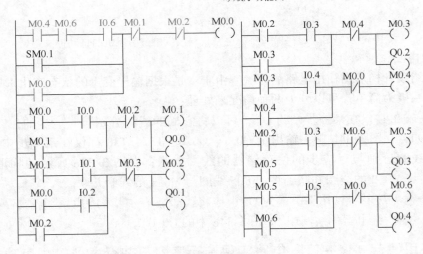

b) 转换后的步进梯形图

图 3-35　选择序列与并行序列

2. 选择序列合并的编程方法

在图 3-35a 中，步 M0.2 之前有一个选择序列的合并，当步 M0.1 为活动步（M0.1 为 ON），并且转换条件 I0.1 满足，或者步 M0.0 为活动步，并且转换条件 I0.2 满足时，步 M0.2 都应变为活动步，即控制存储器位 M0.2 的起动条件应为 M0.1 · I0.1 + M0.2 · I0.2，对应的起动电路由两条并联支路组成，每条支路分别由 M0.1、I0.1 或 M0.2、I0.2 的常开触点串联而成（见图 3-35b）。

　　一般来说，对于选择序列的合并，如果某一步之前有 N 个转换，即有 N 条分支进入该步，则控制该步的存储器位的"起—保—停"电路的起动电路由 N 条支路并联而成，各支路由某一前级步对应的存储器位的常开触点与相应转换条件对应的触点或电路串联而成。

3. 并行序列分支的编程方法

　　图 3-35a 中的步 M0.2 之后有一个并行序列的分支，当步 M0.2 是活动步并且转换条件 I0.3 满足时，步 M0.3 与步 M0.5 应同时变为活动步，这是用 M0.2 和 I0.3 的常开触点组成的串联电路分别作为 M0.3 和 M0.5 的起动电路来实现的；与此同时，步 M0.2 应变为非活动步。步 M0.3 和 M0.5 是同时变为活动步的，只需将 M0.3 或 M0.5 的常闭触点与 M0.2 的线圈串联就行了。

4. 并行序列合并的编程方法

　　步 M0.0 之前有一个并行序列的合并，该转移实现的条件是所有的前级步（即步 M0.4 和 M0.6）都是活动步和转换条件 I0.6 满足。由此可知，应将 M0.4、M0.6 和 I0.6 的常开触点串联，作为控制 M0.0 的"起—保—停"电路的起动电路。

　　任何复杂的顺序功能图都是由单序列、选择序列和并行序列组成的，掌握了单序列的编程方法和选择序列、并行序列的分支、合并的编程方法，就不难迅速地设计出任意复杂的顺序功能图描述的数字量控制系统的梯形图。

5. 仅有两步的闭环的处理

　　图 3-36a 所示的顺序功能图用"起—保—停"电路设计的梯形图如图 3-36b 所示。从该例可以发现，由于 M0.2 的常开触点和常闭触点串联，它是不能正常工作的。这种顺序功能图的特征是：仅由两步组成小闭环。在 M0.2 和 I0.2 均为 ON 时，M0.3 的起动电路接通，但是，这时与它串联的 M0.2 的常闭触点却是断开的，所以 M0.3 的线圈不能通电。出现上述问题的根本原因在于步 M0.2 既是步 M0.3 的前级步，又是它的后续步。因此，在这个例子中，将 M0.2 的常闭触点改为 I0.3 的常闭触点则可以解决这一问题（见图 3-36b）。

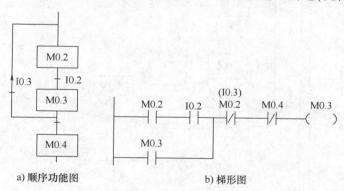

a) 顺序功能图　　　　　　　　b) 梯形图

图 3-36　仅有两步闭环的处理

任务实施

一、工具、材料准备

控制柜一台、计算机一台和导线若干。

二、任务分析

为了用 PLC 控制器来实现任务，PLC 需要 2 个输入点和 3 个输出点，输入/输出点分配见表 3-7。

表 3-7　输入/输出点分配

输入继电器	作用	输出继电器	作用
I0.0	SB1 按钮	Q0.0	电动机 M1（KM1）
I0.1	SB2 按钮	Q0.1	电动机 M2（KM2）
		Q0.2	电动机 M3（KM3）

根据对该系统的控制要求分析可得该系统的顺序功能图，如图 3-37 所示。利用前面所讲的转换方法可得其梯形图，如图 3-38 所示。

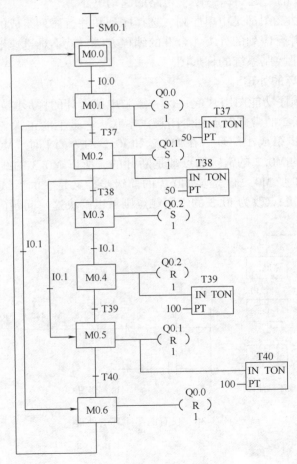

图 3-37　电动机顺序起停控制顺序功能图

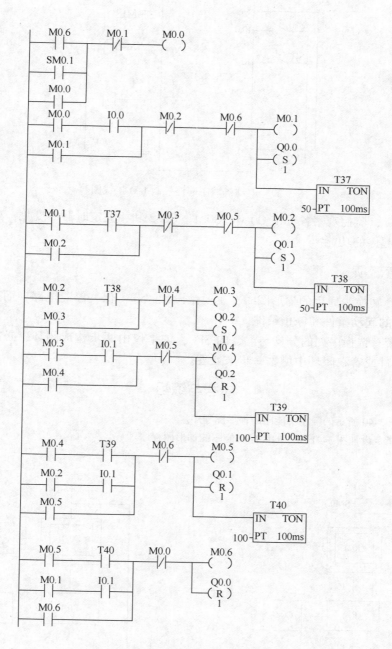

图 3-38　电动机顺序起停控制梯形图

三、操作方法

1）将两个按钮的常开触点分别接到 PLC 的 I0.0 和 I0.1，按图 3-39 接线，检查电路的正确性，确保无误。

2）输入图 3-38 所示的普通梯形图，进行程序调试，调试时注意动作顺序，运行后分别

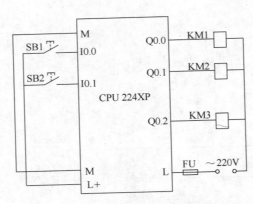

图 3-39　电动机顺序起停控制 I/O 接线图

按下 I0.0、I0.1，监控观察各输出 Q0.0、Q0.1、Q0.2 和相关定时器的变化，检查是否完成了电动机顺序起停的功能。

四、注意事项

1）把 SFC 转换为通用的梯形图时，主要是设计"起—保—停"电路，而其电路设计的关键是找出它的起动条件和停止条件。

2）对于带有选择序列的分支与汇合的 SFC，如果仅由两步构成闭环，必须采用转换条件作为停止条件或者在闭环中增添一步来处理。

思考与练习

1. 设计出图 3-40 所示的顺序功能图的梯形图程序。

2. 用 SCR 指令设计图 3-41 所示的顺序功能图的梯形图程序。

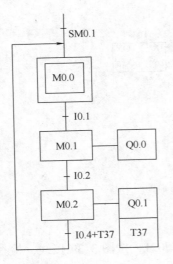

图 3-40　题 1 的图

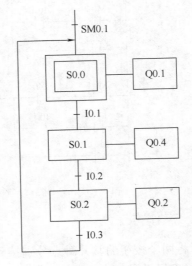

图 3-41　题 2 的图

3. 设计出图 3-42 所示的顺序功能图的梯形图程序。

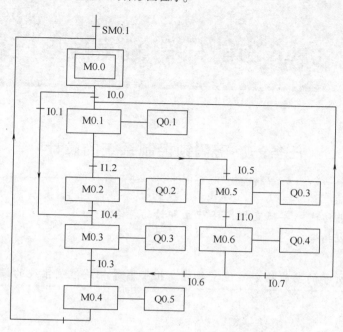

图 3-42　题 3 的图

项 目 小 结

1. 经验设计法与顺序控制设计法的区别。
2. 顺序功能图的概念。
3. 顺序功能图到步进梯形图的转换。
4. 顺序功能图的跳转与分支。
5. 带有分支与汇合等的顺序功能图到步进梯形图的转换。
6. 利用"起—保—停"电路实现顺序功能图到普通梯形图的转化。
7. 顺序功能图中保持型命令(置位、复位)的表示方法以及应用。
8. 复杂顺序控制系统的设计方法、流程。

任务一　密码锁控制系统的设计

> 知识点：
> - 掌握数据传送、字节交换、字节立即读写指令。
> - 掌握比较指令。
>
> 技能点：
> - 会利用所学的功能指令实现密码锁、报警器等相关控制系统的设计。

任务提出

利用传送、比较指令实现密码锁的控制系统。具体要求如下：

密码锁上有四个按键（分别对应于 0~3 四个数字），如所拨数据与密码锁设定值相符，则 3s 后开启锁，3s 后重新上锁。

密码锁的密码由程序设定，假定为 320，如果要解锁，则从按键上送入的数据应和它相同。

知识链接

一、数据传送指令

1. 字节、字、双字、实数单个数据传送指令：MOV

数据传送指令 MOV，用来传送单个的字节、字、双字、实数。指令格式及功能见表 4-1。

表 4-1　单个数据传送指令 MOV 指令格式及功能

	MOV_B	MOV_W	MOV_DW	MOV_R
LAD	EN ENO ????—IN OUT—????	EN ENO ????—IN OUT—????	EN ENO ????—IN OUT—????	EN ENO ????—IN OUT—????
STL	MOVB IN, OUT	MOVW IN, OUT	MOVD IN, OUT	MOVR IN, OUT
操作数及数据类型	IN：VB、IB、QB、MB、SB、SMB、LB、AC、常量 OUT：VB、IB、QB、MB、SB、SMB、LB、AC	IN：VW、IW、QW、MW、SW、SMW、LW、T、C、AIW、常量、AC OUT：VW、T、C、IW、QW、SW、MW、SMW、LW、AC、AQW	IN：VD、ID、QD、MD、SD、SMD、LD、HC、AC、常量 OUT：VD、ID、QD、MD、SD、SMD、LD、AC	IN：VD、ID、QD、MD、SD、SMD、LD、AC、常量 OUT：VD、ID、QD、MD、SD、SMD、LD、AC
	字节	字、整数	双字、双整数	实数
功能	使能输入有效，即 EN＝1 时，将一个输入 IN 的字节、字/整数、双字/双整数或实数送到 OUT 指定的存储器输出。在传送过程中不改变数据的大小，传送后，输入 IN 中的内容不变			

举例：将变量存储器 VW10 中的内容送到 VW100 中，程序如图 4-1 所示。

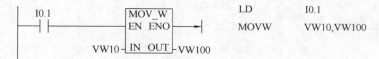

图 4-1　字传送指令应用举例

2. 字节、字、双字、实数数据块传送指令：BLKMOV

数据块传送指令将从输入地址 IN 开始的 N 个数据传送到输出地址 OUT 开始的 N 个单元中，N 的范围为 1~255，N 的数据类型为字节。指令格式及功能见表 4-2。

表 4-2　数据块传送指令 BLKMOV 指令格式及功能

LAD	BLKMOV_B EN　ENO ????-IN　OUT-???? ????-N	BLKMOV_W EN　ENO ????-IN　OUT-???? ????-N	BLKMOV_D EN　ENO ????-IN　OUT-???? ????-N
STL	BMB　IN, OUT	BMW　IN, OUT	BMD　IN, OUT
操作数及数据类型	IN：VB、IB、QB、MB、SB、SMB、LB OUT：VB、IB、QB、MB、SB、SMB、LB 数据类型：字节	IN：VW、IW、QW、MW、SW、SMW、LW、T、C、AIW OUT：VW、IW、QW、MW、SW、SMW、LW、T、C、AQW 数据类型：字	IN/ OUT：VD、ID、QD、MD、SD、SMD、LD 数据类型：双字
	N：VB、IB、QB、MB、SB、SMB、LB、AC 常量。数据类型：字节；数据范围：1~255		
功能	使能输入有效，即 EN＝1 时，把从输入 IN 开始的 N 个字节(字、双字)传送到以输出 OUT 开始的 N 个字节(字、双字)中		

举例：将变量存储器 VB20 开始的 4 个字节(VB20~VB23)中的数据，移至 VB100 开始的 4 个字节中(VB100~VB103)，程序如图 4-2 所示。

图 4-2　块传送指令应用举例

程序执行后，将 VB20~VB23 中的数据30、31、32、33 送到 VB100~VB103。

执行结果：数组 1 数据	30	31	32	33
数据地址	VB20	VB21	VB22	VB23
块移动执行后：数组 2 数据	30	31	32	33
数据地址	VB100	VB101	VB102	VB103

3. 字节交换指令：SWAP

字节交换指令用来交换输入字 IN 的最高位字节和最低位字节。字节交换指令 SWAP 使用格式及功能见表4-3。

表4-3 字节交换指令 SWAP 使用格式及功能

LAD	STL	功能及说明
SWAP —EN ENO— ????—IN	SWAP IN	功能：使能输入 EN 有效时，将输入字 IN 的高字节与低字节交换，结果仍放在 IN 中 IN：VW、IW、QW、MW、SW、SMW、T、C、LW、AC 数据类型：字

举例：字节交换指令应用举例，如图4-3所示。

程序执行结果：指令执行之前 VW50 中的字为 16#D6C3，指令执行之后 VW50 中的字为 16#C3D6。

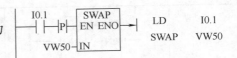

图4-3 字节交换指令应用举例

4. 字节立即读写指令

字节立即读指令（MOV_BIR）读取实际输入端 IN 给出的 1 个字节的数值，并将结果写入 OUT 所指定的存储单元，但输入映像寄存器未更新。

字节立即写指令（MOV_BIW）从输入 IN 所指定的存储单元中读取 1 个字节的数值并写入（以字节为单位）实际输出 OUT 端的物理输出点，同时刷新对应的输出映像寄存器。字节立即读写指令格式及功能见表4-4。

表4-4 字节立即读写指令格式及功能

LAD	STL	功能及说明
MOV_BIR —EN ENO— ????—IN OUT—????	BIR IN, OUT	功能：字节立即读 IN：IB OUT：VB、IB、QB、MB、SB、SMB、LB、AC 数据类型：字节
MOV_BIW —EN ENO— ????—IN OUT—????	BIW IN, OUT	功能：字节立即写 IN：VB、IB、QB、MB、SB、SMB、LB、AC、常量 OUT：QB 数据类型：字节

二、比较指令

比较指令是将两个数值或字符串按指定条件进行比较，条件成立时，触点就闭合。所以比较指令实际上也是一种位指令。在实际应用中，比较指令为上、下限控制以及数值条件判断提供了方便。

比较指令的类型有：字节比较、整数比较、双字整数比较、实数比较和字符串比较。

数值比较指令的运算符有：= =、> =、<、< =、>和< >6 种，而字符串比较指令只有 = 和 < >两种。

对比较指令可进行 LD、A 和 O 编程，比较指令的 LAD 和 STL 形式见表4-5。

表 4-5　比较指令的 LAD 和 STL 形式

形　式	方　式				
	字 节 比 较	整 数 比 较	双字整数比较	实 数 比 较	字符串比较
LAD(以 ＝＝ 为例)	IN1 —┤ ＝＝B ├— IN2	IN1 —┤ ＝＝I ├— IN2	IN1 —┤ ＝＝D ├— IN2	IN1 —┤ ＝＝R ├— IN2	IN1 —┤ ＝＝S ├— IN2
STL	LDB = IN1，IN2 AB = IN1，IN2 OB = IN1，IN2 LDB < >IN1，IN2 AB < > IN1，IN2 OB < > IN1，IN2 LDB < IN1，IN2 AB < IN1，IN2 OB < IN1，IN2 LDB < = IN1，IN2 AB < = IN1，IN2 OB < = IN1，IN2 LDB > IN1，IN2 AB > IN1，IN2 OB > IN1，IN2 LDB > = IN1，IN2 AB > = IN1，IN2 OB > = IN1，IN2	LDW = IN1，IN2 AW = IN1，IN2 OW = IN1，IN2 LDW < >IN1，IN2 AW < > IN1，IN2 OW < > IN1，IN2 LDW < IN1，IN2 AW < IN1，IN2 OW < IN1，IN2 LDW < = IN1，IN2 AW < = IN1，IN2 OW < = IN1，IN2 LDW > IN1，IN2 AW > IN1，IN2 OW > IN1，IN2 LDW > = IN1，IN2 AW > = IN1，IN2 OW > = IN1，IN2	LDD = IN1，IN2 AD = IN1，IN2 OD = IN1，IN2 LDD < >IN1，IN2 AD < > IN1，IN2 OD < > IN1，IN2 LDD < IN1，IN2 AD < IN1，IN2 OD < IN1，IN2 LDD < = IN1，IN2 AD < = IN1，IN2 OD < = IN1，IN2 LDD > IN1，IN2 AD > IN1，IN2 OD > IN1，IN2 LDD > = IN1，IN2 AD > = IN1，IN2 OD > = IN1，IN2	LDR = IN1，IN2 AR = IN1，IN2 OR = IN1，IN2 LDR < >IN1，IN2 AR < > IN1，IN2 OR < > IN1，IN2 LDR < IN1，IN2 AR < IN1，IN2 OR < IN1，IN2 LDR < = IN1，IN2 AR < = IN1，IN2 OR < = IN1，IN2 LDR > IN1，IN2 AR > IN1，IN2 OR > IN1，IN2 LDR > = IN1，IN2 AR > = IN1，IN2 OR > = IN1，IN2	 LDS = IN1，IN2 AS = IN1，IN2 OS = IN1，IN2 LDS < >IN1，IN2 AS < > IN1，IN2 OS < > IN1，IN2
IN1 和 IN2 寻址范围	IB、QB、MB、SMB、VB、SB、LB、AC、*VD、*AC、*LD、常数	IW、QW、MW、SMW、VW、SW、LW、AC、*VD、*AC、*LD、常数	ID、QD、MD、SMD、VD、SD、LD、AC、*VD、*AC、*LD、常数	ID、QD、MD、SMD、VD、SD、LD、AC、*VD、*AC、*LD、常数	VB、LB、*VD、*LD、*AC

字节比较用于比较两个字节型整数值 IN1 和 IN2 的大小，字节比较是无符号的。整数比较用于比较两个一个字长的整数值 IN1 和 IN2 的大小，整数比较是有符号的，其范围是 16#8000 ~ 16#7FFF。

实数比较用于比较两个双字长实数值 IN1 和 IN2 的大小。它们的比较也是有符号的，实数采用的是 IEEE32 位浮点表示，所以正实数范围为 1.175495×10^{-38} ~ 3.402823×10^{38}，负实数范围为 $-1.175495 \times 10^{-38}$ ~ -3.402823×10^{38}。

字符串比较用于比较两个字符串数据是否相同。字符串的长度不能超过 254 个字符。

图 4-4 所示为比较指令的用法。

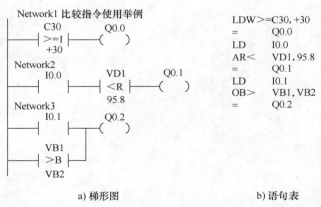

图 4-4　比较指令使用举例

从图4-4中可以看出，计数器 C30 中的当前值大于或等于 30 时，Q0.0 为 ON；VD1 中的实数小于95.8 且 I0.0 为 ON 时，Q0.1 为 ON；VB1 中的值大于 VB2 的值或 I0.1 为 ON 时，Q0.2 为 ON。

任务实施

一、工具、材料准备

控制柜一台、计算机一台和导线若干。

二、任务分析

为了用 PLC 控制器来实现任务，PLC 需要 7 个输入点和 1 个输出点，输入/输出点的分配见表4-6。

表 4-6 输入/输出点的分配

输	入	输	出	输	入	输	出
输入寄存器	作用	输出寄存器	作用	输入寄存器	作用	输出寄存器	作用
I0.0	按键0	Q0.0	密码锁控制信号	I1.3	取消键		
I0.1	按键1			I1.4	确认键		
I0.2	按键2			I1.5	开锁键		
I0.3	按键3						

由此设计出的梯形图如图 4-5 所示。先通过该程序设定密码，并放置在 VB100、VB101、VB102 三个变量寄存器中，然后通过响应按键将按键输入的值分别保存在 VB0、VB1、VB2 中，最后通过确认键的响应执行比较指令，确认按键输入密码与程序设置密码一致则打开锁，保持 3s 复位。

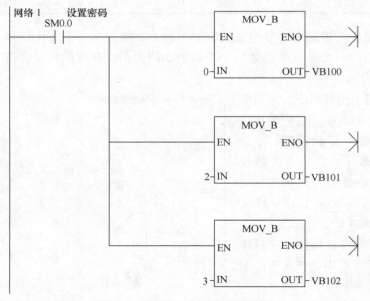

图 4-5 密码锁控制系统的梯形图

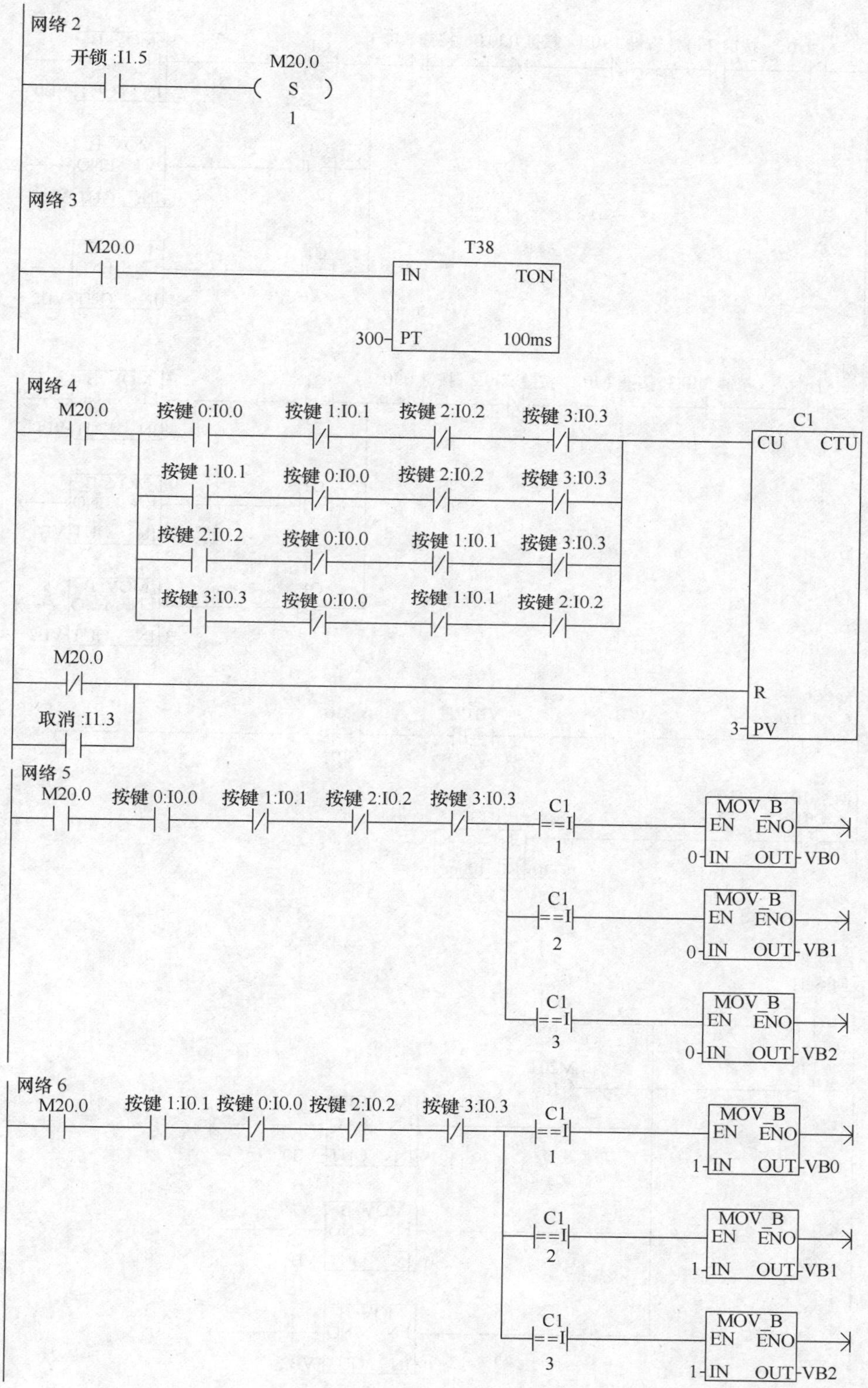

网络 2

开锁 :I1.5　　　　　M20.0
　┤├　　　　　　　（ S ）
　　　　　　　　　　　1

网络 3

M20.0　　　　　　　　　　　　T38
┤├　　　　　　　　　IN　　　TON

　　　　　　　300─ PT　　　100ms

网络 4

M20.0　按键 0:I0.0　按键 1:I0.1　按键 2:I0.2　按键 3:I0.3　　　　　C1
┤├　　┤├　　　　┤/├　　　┤/├　　　┤/├　　　　　CU　　CTU

　　　按键 1:I0.1　按键 0:I0.0　按键 2:I0.2　按键 3:I0.3
　　　┤├　　　　┤/├　　　┤/├　　　┤/├

　　　按键 2:I0.2　按键 0:I0.0　按键 1:I0.1　按键 3:I0.3
　　　┤├　　　　┤/├　　　┤/├　　　┤/├

　　　按键 3:I0.3　按键 0:I0.0　按键 1:I0.1　按键 2:I0.2
　　　┤├　　　　┤/├　　　┤/├　　　┤/├

M20.0
┤/├　　　　　　　　　　　　　　　　　　　　　　　　　R

取消 :I1.3
┤├　　　　　　　　　　　　　　　　　　　　　　3─ PV

网络 5

M20.0　按键 0:I0.0　按键 1:I0.1　按键 2:I0.2　按键 3:I0.3　C1
┤├　　┤├　　　┤/├　　　┤/├　　　┤/├　　==I　　　MOV_B
　　　　　　　　　　　　　　　　　　　　　1　　　EN　ENO
　　　　　　　　　　　　　　　　　　　　　　　0─IN　OUT─VB0

　　　　　　　　　　　　　　　　　　　　　C1　　　MOV_B
　　　　　　　　　　　　　　　　　　　==I　　　EN　ENO
　　　　　　　　　　　　　　　　　　　2　　　0─IN　OUT─VB1

　　　　　　　　　　　　　　　　　　　C1　　　MOV_B
　　　　　　　　　　　　　　　　　　　==I　　　EN　ENO
　　　　　　　　　　　　　　　　　　　3　　　0─IN　OUT─VB2

网络 6

M20.0　按键 1:I0.1　按键 0:I0.0　按键 2:I0.2　按键 3:I0.3　C1
┤├　　┤├　　　┤/├　　　┤/├　　　┤/├　　==I　　　MOV_B
　　　　　　　　　　　　　　　　　　　　　1　　　EN　ENO
　　　　　　　　　　　　　　　　　　　　　　　1─IN　OUT─VB0

　　　　　　　　　　　　　　　　　　　C1　　　MOV_B
　　　　　　　　　　　　　　　　　　　==I　　　EN　ENO
　　　　　　　　　　　　　　　　　　　2　　　1─IN　OUT─VB1

　　　　　　　　　　　　　　　　　　　C1　　　MOV_B
　　　　　　　　　　　　　　　　　　　==I　　　EN　ENO
　　　　　　　　　　　　　　　　　　　3　　　1─IN　OUT─VB2

图 4-5　密码锁控制系统的梯形图（续）

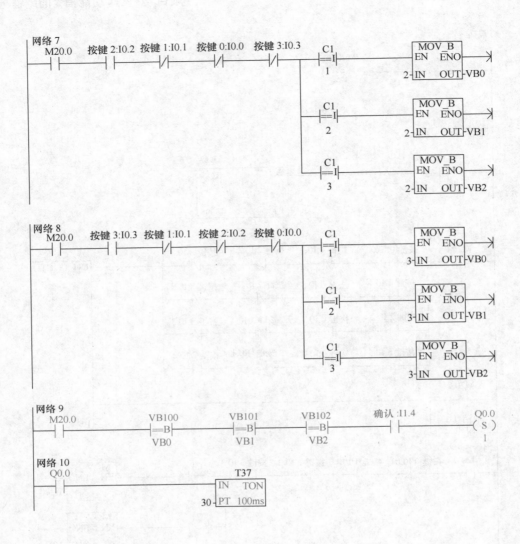

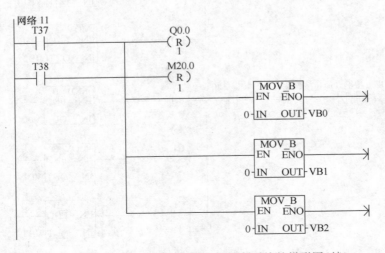

图 4-5　密码锁控制系统的梯形图（续）

三、操作方法

1）按照图4-6接线，检查电路的正确性，确保无误。

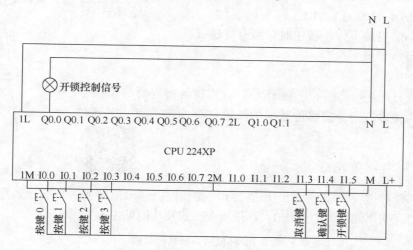

图4-6　密码锁的I/O接线图

2）输入如图4-5所示的梯形图，进行程序调试。在调试过程中查看按键的动作时序与密码之间的对应关系。

思考与练习

1. 写一段程序，将VB10开始的50个字的数据传送到VB100开始的存储区。

2. 编写程序段，将IW0字节高8位和低8位数据交换，然后送入定时器T37作为定时器的预置值。

3. 设计一个报时器。要求具有整点报时功能，即按上、下午区分，1点和13点接通蜂鸣器1次；2点和14点接通蜂鸣器2次，每次持续时间1s，间隔时间1s；3点和15点接通蜂鸣器3次，每次持续时间1s，间隔时间1s，依次类推。

4. 编制检测上升沿变化的程序。每当I0.0接通一次，使存储单元VW0的值加1，如果计数值大于或等于5，输出Q0.0接通，用I0.1使Q0.0复位。

任务二　天塔之光的模拟控制

> 知识点：
> * 掌握移位指令的应用方法。
>
> 技能点：
> * 会利用移位寄存器指令实现天塔之光控制系统。

任务提出

用PLC构成天塔之光控制系统，天塔之光示意图如图4-7所示，有L1、L2、…、L9九个灯接于 Q0.0、Q0.1、…、Q1.0 九个输出继电器，要求合上起动按钮后，按以下规律显示：L1→L2、L3、L4、L5→L6、L7、L8、L9→L1、L2、L9→L1、L3、L6→L1、L4、L7→L1、L5、L8→L1、L5、L9→L1、L4、L8→L1、L3、L7→L1、L2、L6，返回循环显示，时间间隔为1s。当按下停止按钮时，所有灯熄灭。

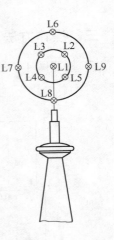

图 4-7　天塔之光示意图

知识链接

移位指令分为左、右移位，循环左、右移位及寄存器移位指令三大类。前两类移位指令按移位数据的长度又分为字节型、字型和双字型三种。

一、左、右移位指令

左、右移位数据存储单元与 SM1.1（溢出）端相连，移出位被放到特殊标志存储器 SM1.1 位，移位数据存储单元的另一端补0。移位指令格式及功能见表4-7。

表 4-7　移位指令格式及功能

LAD	SHL_B EN ENO ????-IN OUT-???? ????-N SHR_B EN ENO ????-IN OUT-???? ????-N	SHL_W EN ENO ????-IN OUT-???? ????-N SHR_W EN ENO ????-IN OUT-???? ????-N	SHL_DW EN ENO ????-IN OUT-???? ????-N SHR_DW EN ENO ????-IN OUT-?? ????-N
STL	SLB　OUT, N SRB　OUT, N	SLW　OUT, N SRW　OUT, N	SLD　OUT, N SRD　OUT, N
操作数及数据类型	IN：VB、IB、QB、MB、SB、SMB、LB、AC、常量 OUT：VB、IB、QB、MB、SB、SMB、LB、AC 数据类型：字节	IN：VW、IW、QW、MW、SW、SMW、LW、T、C、AIW、AC、常量 OUT：VW、IW、QW、MW、SW、SMW、LW、T、C、AC 数据类型：字	IN：VD、ID、QD、MD、SD、SMD、LD、AC、HC、常量 OUT：VD、ID、QD、MD、SD、SMD、LD、AC 数据类型：双字
	N：VB、IB、QB、MB、SB、SMB、LB、AC、常量。数据类型：字节。数据范围：$N \leqslant$ 数据类型（B、W、D）对应的位数		
功能	SHL：字节、字、双字左移 N 位；SHR：字节、字、双字右移 N 位		

1. 左移位指令（SHL）

使能输入有效时，将输入 IN 的无符号数字节、字或双字中的各位向左移 N 位后（右端补0），将结果输出到 OUT 所指定的存储单元中，如果移位次数大于0，最后一次移出位保存在"溢出"存储器位 SM1.1 中。如果移位结果为0，零标志位 SM1.0 置1。

2. 右移位指令（SHR）

使能输入有效时，将输入 IN 的无符号数字节、字或双字中的各位向右移 N 位后，将结果输出到 OUT 所指定的存储单元中，移出位补 0，最后一次移出位保存在 SM1.1 中。如果移位结果为 0，零标志位 SM1.0 置 1。

说明：在 STL 指令中，若 IN 和 OUT 指定的存储器不同，则须首先使用数据传送指令 MOV 将 IN 中的数据送入 OUT 所指定的存储单元，如

$$MOVB \quad IN, OUT$$
$$SLB \quad OUT, N$$

二、循环左、右移位指令

循环移位将移位数据存储单元的首尾相连，同时又与溢出标志 SM1.1 连接，SM1.1 用来存放被移出的位。循环左、右移位指令格式及功能见表 4-8。

表 4-8　循环左、右移位指令格式及功能

LAD			
STL	RLB OUT, N RRB OUT, N	RLW OUT, N RRW OUT, N	RLD OUT, N RRD OUT, N
操作数及数据类型	IN：VB、IB、QB、MB、SB、SMB、LB、AC、常量 OUT：VB、IB、QB、MB、SB、SMB、LB、AC 数据类型：字节	IN：VW、IW、QW、MW、SW、SMW、LW、T、C、AIW、AC、常量 OUT：VW、IW、QW、MW、SW、SMW、LW、T、C、AC 数据类型：字	IN：VD、ID、QD、MD、SD、SMD、LD、AC、HC、常量 OUT：VD、ID、QD、MD、SD、SMD、LD、AC 数据类型：双字
	N：VB、IB、QB、MB、SB、SMB、LB、AC、常量。数据类型：字节		
功能	ROL：字节、字、双字循环左移 N 位。ROR：字节、字、双字循环右移 N 位		

说明：在 STL 指令中，若 IN 和 OUT 指定的存储器不同，则需首先使用数据传送指令 MOV 将 IN 中的数据送入 OUT 所指定的存储单元，如

$$MOVB \quad IN, OUT$$
$$SLB \quad OUT, N$$

1. 循环左移位指令（ROL）

使能输入有效时，将 IN 输入无符号数（字节、字或双字）循环左移 N 位后，将结果输出到 OUT 所指定的存储单元中，移出的最后一位的数值送溢出标志位 SM1.1。当需要移位的数值是零时，零标志位 SM1.0 为 1。

2. 循环右移位指令（ROR）

使能输入有效时，将 IN 输入无符号数（字节、字或双字）循环右移 N 位后，将结果输出到 OUT 所指定的存储单元中，移出的最后一位的数值送溢出标志位 SM1.1。当需要移位的数值是零时，零标志位 SM1.0 为 1。

移位次数 N≥数据类型（B、W、D）时的移位位数的处理如下：

1）如果操作数是字节，当移位次数 N≥8 时，则在执行循环移位前，先对 N 进行模 8 操作（N 除以 8 后取余数），其结果 0～7 为实际移动位数。

2）如果操作数是字，当移位次数 N≥16 时，则在执行循环移位前，先对 N 进行模 16 操作（N 除以 16 后取余数），其结果 0～15 为实际移动位数。

3）如果操作数是双字，当移位次数 N≥32 时，则在执行循环移位前，先对 N 进行模 32 操作（N 除以 32 后取余数），其结果 0～31 为实际移动位数。

举例： 程序应用举例，将 AC0 中的字循环右移 2 位，将 VW200 中的字左移 3 位。程序及运行结果如图 4-8 所示。

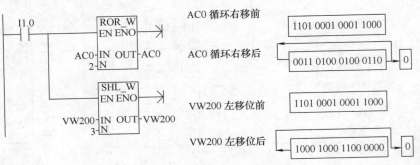

图 4-8　程序及运行结果

举例： 用 I0.0 控制接在 Q0.0～Q0.7 上的 8 个彩灯循环移位，从左到右以 0.5s 的速度依次点亮，保持任意时刻只有一个指示灯亮，到达最右端后，再从左到右依次点亮。

分析： 8 个彩灯循环移位控制，可以用字节的循环移位指令。根据控制要求，首先应置彩灯的初始状态为 QB0＝1，即左边第一盏灯亮；接着灯从左到右以 0.5s 的速度依次点亮，即要求字节 QB0 中的"1"用循环左移位指令每 0.5s 移动一位，因此须在 ROL_B 指令的 EN 端接一个 0.5s 的移位脉冲（可用定时器指令实现）。梯形图和语句表程序如图 4-9 所示。

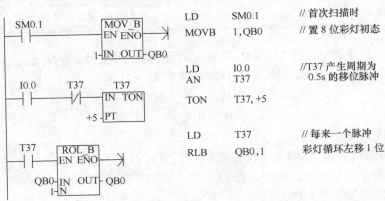

图 4-9　梯形图和语句表程序

三、移位寄存器指令(SHRB)

移位寄存器指令是可以指定移位寄存器的长度和移位方向的移位指令,其指令格式如图4-10所示。

说明:

1)移位寄存器指令SHRB将DATA数值移入移位寄存器。在图4-10所示的梯形图中,EN为使能输入端,连接移位脉冲信号,每次使能有效时,整个移位寄存器移动1位;DATA为数据输入端,连接移入移位寄存器的二进制数值,执行指令时将该位的值移入寄存器;S_BIT指定移位寄存器的最低位;N指定移位寄存器的长度和移位方向,移位寄存器的最大长度为64位。N为正值表示左移位,输入数据(DATA)移入移位寄存器的最低位(S_BIT),并移出移位寄存器的最高位,移出的数据被放置在溢出内存位(SM1.1)中;N为负值表示右移位,输入数据移入移位寄存器的最高位中,并移出最低位(S_BIT),移出的数据被放置在溢出内存位(SM1.1)中。

2)DATA和S-BIT的操作数为I、Q、M、SM、T、C、V、S、L,数据类型为BOOL变量。N的操作数为VB、IB、QB、MB、SB、SMB、LB、AC、常量,数据类型为字节。

3)移位指令影响特殊内部标志位:SM1.1(为移出的位值设置溢出位)。

举例:移位寄存器应用举例。梯形图、语句表、时序图及运行结果如图4-11所示。

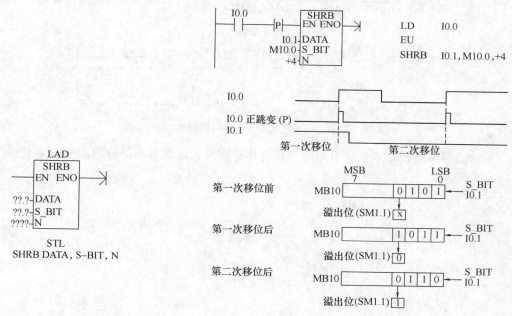

图4-10　移位寄存器指令格式　　　　图4-11　梯形图、语句表、时序图及运行结果

任务实施

一、工具、材料准备

控制柜一台、计算机一台和导线若干。

二、任务分析

1）要完成天塔之光的控制，需要 2 个输入点和 9 个输出点，输入/输出的分配见表 4-9。

表 4-9　天塔之光的输入/输出分配

输　　入		输　　出	
输入继电器	作用	输出继电器	作用
I1.0	起动按钮	Q0.0 ~ Q0.7，Q1.0	外接 L1 ~ L9
I1.1	停止按钮		

2）设置 I0.0 为起动按钮，I0.1 为停止按钮。L1、L2、…、L9 九个灯接于 Q0.0 ~ Q0.7，Q1.0 九个输出端。具体的输入/输出接线如图 4-12 所示。

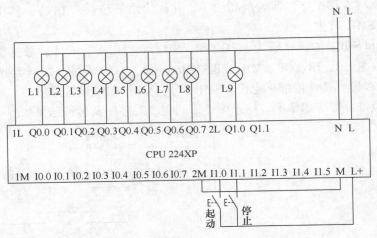

图 4-12　天塔之光 PLC 的输入/输出接线图

3）编写梯形图。本任务可用循环移位指令实现，由此得出的梯形图如图 4-13 所示。

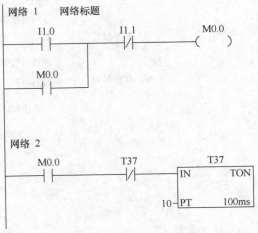

图 4-13　天塔之光梯形图

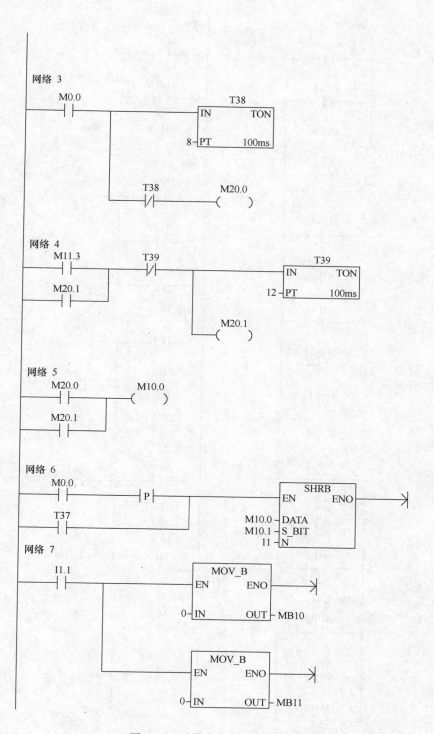

图 4-13　天塔之光梯形图(续)

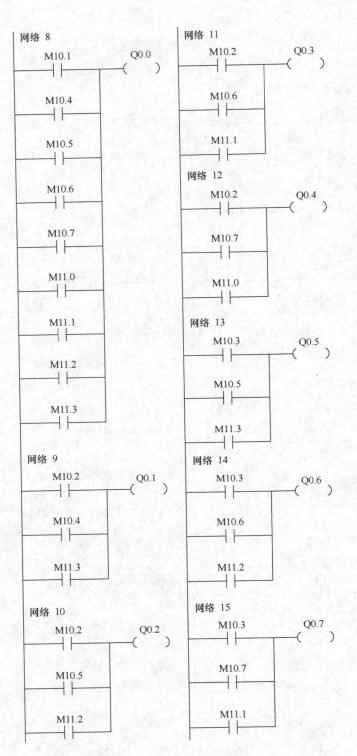

图4-13　天塔之光梯形图（续）

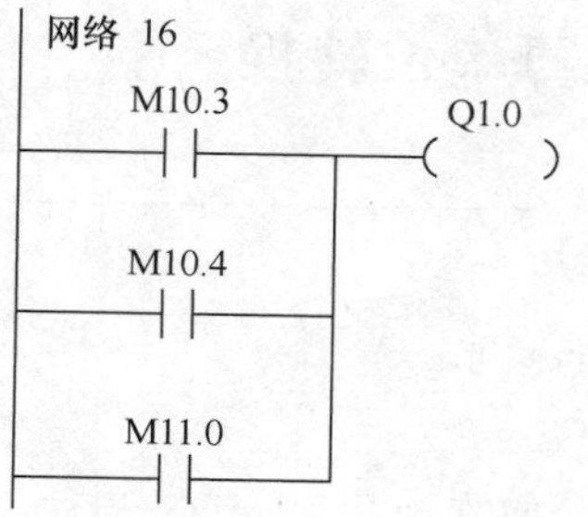

网络 16

```
    M10.3              Q1.0
 ────┤├──────────────( )
    M10.4
 ────┤├──
    M11.0
 ────┤├──
```

图 4-13 天塔之光梯形图(续)

三、操作方法

1）按照图 4-12 进行接线，确保所有接线无误。
2）输入图 4-13 所示的梯形图，检查无误后运行程序。
3）按下起动按钮，观察 Q0.0 ~ Q0.7，Q1.0 九个输出继电器的状态。

四、注意事项

1）注意输出继电器的状态变化。
2）注意各个移位指令的比较。

思考与练习

1. 用 PLC 构成喷泉的控制。用灯 L1 ~ L12 分别代表喷泉的 12 个喷水注。

控制要求：按下起动按钮后，隔灯闪烁，L1 亮 0.5s 后灭，接着 L2 亮 0.5s 后灭，接着 L3 亮 0.5s 后灭，接着 L4 亮 0.5s 后灭，接着 L5、L9 亮 0.5s 后灭，接着 L6、L10 亮 0.5s 后灭，接着 L7、L11 亮 0.5s 后灭，接着 L8、L12 亮 0.5s 后灭，L1 亮 0.5s 后灭，如此循环下去，直至按下停止按钮。喷泉控制示意图如图 4-14 所示。

试写出程序并调试。

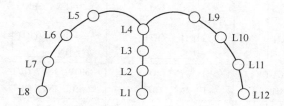

图 4-14 喷泉控制示意图

2. 舞台灯光的模拟控制。控制要求：L1、L2、L9→L1、L5、L8→L1、L4、L7→L1、L3、L6→L1→L2、L3、L4、L5→L6、L7、L8、L9→L1、L2、L6→L1、L3、L7→L1、L4、L8→L1、L5、L9→L1→L2、L3、L4、L5→L6、L7、L8、L9→L1、L2、L9→……，依次循环下去。

3. 编程实现下列控制功能，假设有 8 个指示灯，从右到左以 0.5s 的时间间隔依次点亮，任意时刻只有一个指示灯亮，到达最左端，再从右往左依次点亮。

任务三　运算单位转换

知识点：
- 掌握算术运算指令和数据转换指令的应用。

技能点：
- 掌握建立状态表及通过强制调试程序的方法。
- 掌握在工程控制中进行运算单位转换的方法及步骤。

任务提出

将英寸转换成厘米（已知 C10 的当前值为英寸的计数值，$1\text{in} = 2.54\text{cm}$）。

知识链接

一、算术运算、逻辑运算指令

（一）算术运算指令

1. 整数与双整数加减法指令

整数加法指令（ADD-I）和减法指令（SUB-I）：使能输入有效时，将两个 16 位符号整数相加或相减，并产生一个 16 位的结果输出到 OUT。

双整数加法指令（ADD-DI）和减法指令（SUB-DI）：使能输入有效时，将两个 32 位符号整数相加或相减，并产生一个 32 位的结果输出到 OUT。

整数与双整数加减法指令格式见表 4-10。

表 4-10　整数与双整数加减法指令格式

	ADD_I	SUB_I	ADD_DI	SUB_DI
LAD	EN ENO IN1 OUT IN2	EN ENO IN1 OUT IN2	EN ENO IN1 OUT IN2	EN ENO IN1 OUT IN2
STL	MOVW IN1，OUT +I　IN2，OUT	MOVW IN1，OUT -I　IN2，OUT	MOVD IN1，OUT +D　IN2，OUT	MOVD IN1，OUT -D　IN2，OUT
功能	IN1 + IN2 = OUT	IN1 - IN2 = OUT	IN1 + IN2 = OUT	IN1 - IN2 = OUT
操作数及数据类型	IN1/IN2：VW、IW、QW、MW、SW、SMW、T、C、AC、LW、AIW、常量、*VD、*LD、*AC OUT：VW、IW、QW、MW、SW、SMW、T、C、LW、AC、*VD、*LD、*AC IN/OUT 数据类型：整数		IN1/IN2：VD、ID、QD、MD、SMD、SD、LD、AC、HC、常量、*VD、*LD、*AC OUT：VD、ID、QD、MD、SMD、SD、LD、AC、*VD、*LD、*AC IN/OUT 数据类型：双整数	

说明：

1）当 IN1、IN2 和 OUT 操作数的地址不同时，在 STL 指令中，首先用数据传送指令将

IN1 中的数值送入 OUT，然后再执行加、减运算，即 OUT + IN2 = OUT、OUT − IN2 = OUT。为了节省内存，在整数加法的梯形图指令中，可以指定 IN1 或 IN2 = OUT，这样，可以不用数据传送指令。若指定 INI = OUT，则语句表指令为"+I IN2，OUT"；若指定 IN2 = OUT，则语句表指令为"+I IN1，OUT"。在整数减法的梯形图指令中，可以指定 IN1 = OUT，则语句表指令为"−I IN2，OUT"。这个原则适用于所有的算术运算指令，且乘法和加法对应，减法和除法对应。

2）整数与双整数加减法指令影响算术标志位 SM1.0(零标志位)、SM1.1(溢出标志位)和 SM1.2(负数标志位)。

举例：求 5000 加 400 的和，5000 在数据存储器 VW200 中，结果放入 AC0，程序如图 4-15 所示。

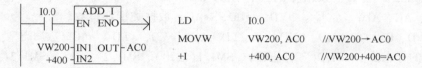

图 4-15 加法指令应用程序举例

2. 整数与双整数乘除法指令

整数乘法指令(MUL-I)：使能输入有效时，将两个 16 位符号整数相乘，并产生一个 16 位积，从 OUT 指定的存储单元输出。

整数除法指令(DIV-I)：使能输入有效时，将两个 16 位符号整数相除，并产生一个 16 位商，从 OUT 指定的存储单元输出，不保留余数。如果输出结果大于一个字，则溢出位 SM1.1 置位为 1。

双整数乘法指令(MUL-D)：使能输入有效时，将两个 32 位符号整数相乘，并产生一个 32 位乘积，从 OUT 指定的存储单元输出。

双整数除法指令(DIV-D)：使能输入有效时，将两个 32 位整数相除，并产生一个 32 位商，从 OUT 指定的存储单元输出，不保留余数。

整数乘法产生双整数指令(MUL)：使能输入有效时，将两个 16 位整数相乘，得出一个 32 位乘积，从 OUT 指定的存储单元输出。

整数除法产生双整数指令(DIV)：使能输入有效时，将两个 16 位整数相除，得出一个 32 位结果，从 OUT 指定的存储单元输出。其中高 16 位放余数，低 16 位放商。

整数与双整数乘除法指令格式见表 4-11。

表 4-11 整数与双整数乘除法指令格式

	MUL_I —EN ENO— —IN1 OUT— —IN2	DIV_I —EN ENO— —IN1 OUT— —IN2	MUL_DI —EN ENO— —IN1 OUT— —IN2
LAD			
STL	MOVW IN1，OUT *I IN2，OUT	MOVW IN1，OUT /I IN2，OUT	MOVD IN1，OUT *D IN2，OUT
功能	IN1 * IN2 = OUT	IN1/IN2 = OUT	IN1 * IN2 = OUT

（续）

LAD	MUL_DI ─EN ENO─ ─IN1 OUT─ ─IN2	MUL ─EN ENO─ ─IN1 OUT─ ─IN2	DIV ─EN ENO─ ─IN1 OUT─ ─IN2
STL	MOVD IN1，OUT ／D IN2，OUT	MOVW IN1，OUT MUL IN2，OUT	MOVW IN1，OUT DIV IN2，OUT
功能	IN1/IN2 = OUT	IN1 * IN2 = OUT	IN1/IN2 = OUT

整数与双整数乘除法指令的操作数及数据类型和加减运算的相同。

整数乘除法产生双整数指令的操作数为 IN1/IN2：VW、IW、QW、MW、SW、SMW、T、C、LW、AC、AIW、常量、*VD、*LD、*AC。数据类型：整数。

OUT：VD、ID、QD、MD、SMD、SD、LD、AC、*VD、*LD、*AC。数据类型：双整数。

受影响的标志位：SM1.0(零标志位)、SM1.1(溢出)、SM1.2(负数)、SM1.3(被 0 除)。

举例：乘除法指令应用举例，程序如图 4-16 所示。

注意：因为 VD100 包含 VW100 和 VW102 两个字，VD200 包含 VW200 和 VW202 两个字，所以在语句表指令中不需要使用数据传送指令。

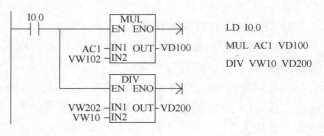

图 4-16 乘除法指令应用举例程序

3. 实数加减乘除指令

实数加法指令(ADD-R)、减法指令(SUB-R)：将两个 32 位实数相加或相减，并产生一个 32 位实数结果，从 OUT 指定的存储单元输出。

实数乘法指令(MUL-R)、除法指令(DIV-R)：使能输入有效时，将两个 32 位实数相乘或相除，并产生一个 32 位积(商)，从 OUT 指定的存储单元输出。

操作数为 IN1/IN2：VD、ID、QD、MD、SMD、SD、LD、AC、常量、*VD、*LD、*AC。OUT：VD、ID、QD、MD、SMD、SD、LD、AC、*VD、*LD、*AC。数据类型：实数。

实数加减乘除指令格式见表 4-12。

表 4-12　实数加减乘除指令格式

LAD	ADD_R ─EN ENO─ ─IN1 OUT─ ─IN2	SUB_R ─EN ENO─ ─IN1 OUT─ ─IN2	MUL_R ─EN ENO─ ─IN1 OUT─ ─IN2	DIV_R ─EN ENO─ ─IN1 OUT─ ─IN2
STL	MOVD IN1，OUT +R IN2，OUT	MOVD IN1，OUT −R IN2，OUT	MOVD IN1，OUT *R IN2，OUT	MOVD IN1，OUT ／R IN2，OUT
功能	IN1 + IN2 = OUT	IN1 − IN2 = OUT	IN1 * IN2 = OUT	IN1/IN2 = OUT
受影响的标志位	SM1.0(零)、SM1.1(溢出)、SM1.2(负数)、SM1.3(被 0 除)			

举例：实数运算指令的应用，程序如图4-17所示。

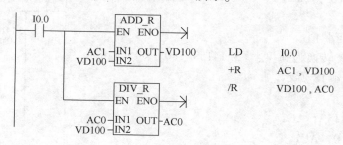

图 4-17 实数运算指令应用程序

4. 数学函数变换指令

数学函数变换指令包括平方根指令、自然对数指令、自然指数指令、三角函数指令等。

（1）平方根指令（SQRT） 对32位实数（IN）取平方根，并产生一个32位实数结果，从OUT指定的存储单元输出。

（2）自然对数指令（LN） 对IN中的数值进行自然对数计算，并将结果置于OUT指定的存储单元中。

求以10为底数的对数时，用自然对数除以2.302585（约等于10的自然对数）。

（3）自然指数指令（EXP） 将LN取以e为底的指数，并将结果置于OUT指定的存储单元中。

将"自然指数"指令与"自然对数"指令相结合，可以实现以任意数为底、任意数为指数的计算。例如求 y^x，可以输入以下指令：EXP（x $*$ LN（y））。

例如： $2^3 = EXP(3 * LN(2)) = 8$，$27^{1/3} = EXP(1/3 * LN(27)) = 3$。

（4）三角函数指令 将一个实数的弧度值IN分别求sin、cos、tan，得到实数运算结果，从OUT指定的存储单元输出。

函数变换指令格式及功能见表4-13。

表 4-13 函数变换指令格式及功能

LAD	SQRT -EN ENO- -IN OUT-	LN -EN ENO- -IN OUT-	EXP -EN ENO- -IN OUT-
STL	SQRT IN，OUT	LN IN，OUT	EXP IN，OUT
功能	SQRT(IN) = OUT	LN(IN) = OUT	EXP(IN) = OUT
LAD	SIN -EN ENO- -IN OUT-	COS -EN ENO- -IN OUT-	TAN -EN ENO- -IN OUT-
STL	SIN IN，OUT	COS IN，OUT	TAN IN，OUT
功能	SIN(IN) = OUT	COS(IN) = OUT	TAN(IN) = OUT
操作数及数据类型	IN：VD、ID、QD、MD、SMD、SD、LD、AC、常量、 $*$ VD、 $*$ LD、 $*$ AC OUT：VD、ID、QD、MD、SMD、SD、LD、AC、 $*$ VD、 $*$ LD、 $*$ AC 数据类型：实数		

受影响的标志位：SM1.0（零）、SM1.1（溢出）、SM1.2（负数）。

举例：求 45°正弦值。

分析：先将 45°转换为弧度：（3.14159/180）×45，再求正弦值。程序如图 4-18 所示。

```
LD      I0.1
MOVR    3.14159, AC1
/R      180.0, AC1
*R      45.0, AC1
SIN     AC1, AC0
```

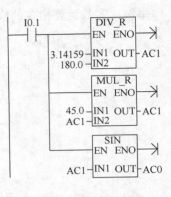

图 4-18 求 45° 正弦值程序

（二）逻辑运算指令

逻辑运算是对无符号数按位进行与、或、异或和取反等操作。操作数的长度有 B、W、DW。逻辑运算指令格式见表 4-14。

表 4-14 逻辑运算指令格式

		WAND_B WOR_B WXOR_B INV_B / WAND_W WOR_W WXOR_W INV_W / WAND_DW WOR_DW WXOR_DW INV_DW			
LAD		（梯形图指令框）			
STL		ANDB IN1, OUT ANDW IN1, OUT ANDD IN1, OUT	ORB IN1, OUT ORW IN1, OUT ORD IN1, OUT	XORB IN1, OUT XORW IN1, OUT XORD IN1, OUT	INVB OUT INVW OUT INVD OUT
功能		IN1、IN2 按位相与	IN1、IN2 按位相或	IN1、IN2 按位异或	对 IN 取反
操作数	B	IN1/IN2：VB、IB、QB、MB、SB、SMB、LB、AC、常量、*VD、*AC、*LD OUT：VB、IB、QB、MB、SB、SMB、LB、AC、*VD、*AC、*LD			
	W	IN1/IN2：VW、IW、QW、MW、SW、SMW、T、C、AC、LW、AIW、常量、*VD、*AC、*LD OUT：VW、IW、QW、MW、SW、SMW、T、C、LW、AC、*VD、*AC、*LD			
	DW	IN1/IN2：VD、ID、QD、MD、SMD、AC、LD、HC、常量、*VD、*AC、SD、*LD OUT：VD、ID、QD、MD、SMD、LD、AC、*VD、*AC、SD、*LD			

说明：

1）在表 4-14 中，若梯形图指令中设置 IN2 和 OUT 所指定的存储单元相同，这样对应的语句表指令如表中所示。若在梯形图指令中，IN2（或 IN1）和 OUT 所指定的存储单元不同，则在语句表指令中需使用数据传送指令，将其中一个输入端的数据先送入 OUT，再进行逻辑运算，如

　　MOVB　　IN1，OUT

　　ANDB　　IN2，OUT

2）受影响的标志位：SM1.0（零）。

举例：逻辑运算编程举例，程序如图 4-19 所示。

//字节与操作

LD　　　I0.0

ANDB　　VB1，VB2

//字或操作

MOVW　　VW100，VW300

ORW　　　VW200，VW300

//双字异或操作

XORD　　AC0，AC1

//字节取反操作

MOVB　　VB5，VB6

INVB　　VB6

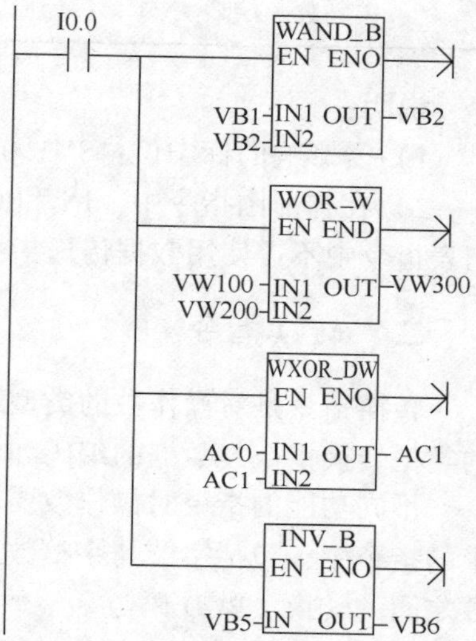

运算过程如下：

VB1　　　　　　　　VB2　　　VB2

0001 1100　　WAND　1100 1101→0000 1100

VW100

0001 1101 1111 1010 WOR　110 0000 1101 1100→1111 1101 1111 1110

VB5　　　　　　　VB6

0000 1111　INV　1111 0000

图 4-19　逻辑运算编程举例

（三）递增、递减指令

递增、递减指令用于对输入的无符号数字节、符号数字、符号数双字进行加1或减1的操作。递增、递减指令格式见表 4-15。

表4-15　递增、递减指令格式

LAD	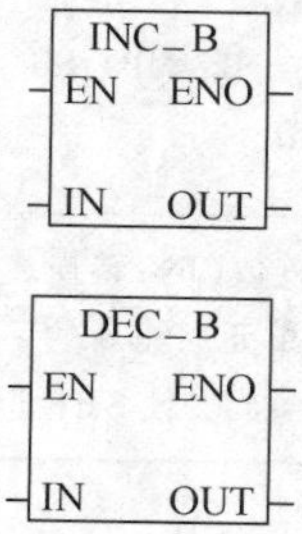 INC_B / DEC_B		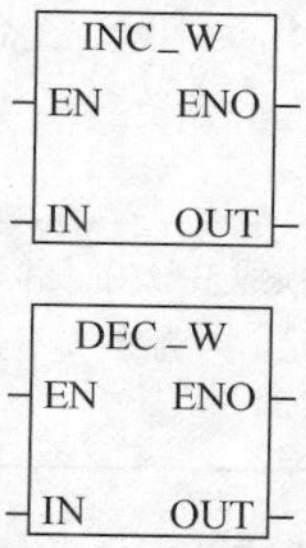 INC_W / DEC_W		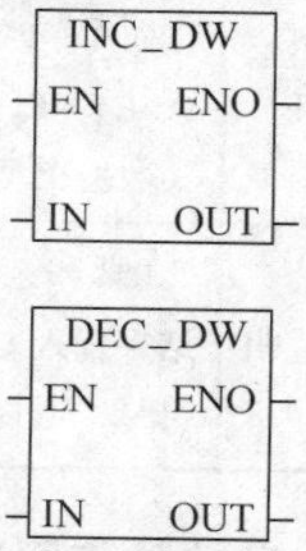 INC_DW / DEC_DW	
STL	INCB OUT	DECB OUT	INCW OUT	DECW OUT	INCD OUT	DECD OUT
功能	字节加1	字节减1	字加1	字减1	双字加1	双字减1

（续）

操作及数据类型	IN：VB、IB、QB、MB、SB、SMB、LB、AC、常量、*VD、*LD、*AC OUT：VB、IB、QB、MB、SB、SMB、LB、AC、*VD、*LD、*AC IN/OUT 数据类型：字节	IN：VW、IW、QW、MW、SW、SMW、AC、AIW、LW、T、C、常量、*VD、*LD、*AC OUT：VW、IW、QW、MW、SW、SMW、LW、AC、T、C、*VD、*LD、*AC 数据类型：整数	IN：VD、ID、QD、MD、SD、SMD、LD、AC、HC、常量、*VD、*LD、*AC OUT：VD、ID、QD、MD、SD、SMD、LD、AC、*VD、*LD、*AC 数据类型：双整数

说明：

1）受影响的标志位：SM1.0（零）、SM1.1（溢出）、SM1.2（负数）。

2）在梯形图指令中，IN 和 OUT 可以指定为同一存储单元，这样可以节省内存，在语句表指令中不需使用数据传送指令。

二、转换指令

转换指令是对操作数的类型进行转换，并输出到指定目标地址中去。转换指令包括数据的类型转换指令、数据的编码和译码指令以及字符串类型转换指令。

不同功能的指令对操作数要求不同。类型转换指令可将固定的一个数据用到不同类型要求的指令中，包括字节与字整数之间的转换、字整数与双字整数之间的转换、双字整数与实数之间的转换、BCD 码与字整数之间的转换等。

1. 字节与字整数之间的转换

字节与字整数之间转换的指令格式见表 4-16。

表 4-16　字节与字整数之间转换的指令格式

LAD	B_I EN　ENO ????—IN　OUT—????	I_B EN　ENO ????—IN　OUT—????
STL	BTI　IN, OUT	ITB　IN, OUT
操作数及数据类型	IN：VB、IB、QB、MB、SB、SMB、LB、AC、常量 数据类型：字节 OUT：VW、IW、QW、MW、SW、SMW、LW、T、C、AC 数据类型：整数	IN：VW、IW、QW、MW、SW、SMW、LW、T、C、AIW、AC、常量 数据类型：整数 OUT：VB、IB、QB、MB、SB、SMB、LB、AC 数据类型：字节
功能及说明	BTI 指令将字节数值（IN）转换成整数值，并将结果置入 OUT 指定的存储单元。因为字节不带符号，所以无符号扩展	ITB 指令将字整数（IN）转换成字节，并将结果置入 OUT 指定的存储单元。输入的字整数 0～255 被转换，超出部分会导致溢出，使 SM1.1 = 1，输出不受影响

2. 字整数与双字整数之间的转换

字整数与双字整数之间的转换格式、功能及说明见表 4-17。

表 4-17　字整数与双字整数之间的转换格式、功能及说明

LAD	I_DI EN　ENO ????－IN　OUT－????	DI_I EN　ENO ????－IN　OUT－????
STL	ITD　IN, OUT	DTI　IN, OUT
操作数及数据类型	IN：VW、IW、QW、MW、SW、SMW、LW、T、C、AIW、AC、常量 数据类型：整数 OUT：VD、ID、QD、MD、SD、SMD、LD、AC 数据类型：双整数	IN：VD、ID、QD、MD、SD、SMD、LD、HC、AC、常量 数据类型：双整数 OUT：VW、IW、QW、MW、SW、SMW、LW、T、C、AC 数据类型：整数
功能及说明	ITD 指令将整数值（IN）转换成双整数值，并将结果置入 OUT 指定的存储单元。符号被扩展	DTI 指令将双整数值（IN）转换成整数值，并将结果置入 OUT 指定的存储单元。如果转换的数值过大，则无法在输出中表示，产生溢出使 SM1.1 = 1，输出不受影响

3. 双字整数与实数之间的转换

双字整数与实数之间的转换格式、功能及说明见表 4-18。

表 4-18　双字整数与实数之间的转换格式、功能及说明

LAD	DI_R EN ENO ????－IN　OUT－????	ROUND EN ENO ????－IN　OUT－????	TRUNC EN ENO ????－IN OUT－????
STL	DTR　IN, OUT	ROUND　IN, OUT	TRUNC　IN, OUT
操作数及数据类型	IN：VD、ID、QD、MD、SD、SMD、LD、HC、AC、常量 数据类型：双整数 OUT：VD、ID、QD、MD、SD、SMD、LD、AC 数据类型：实数	IN：VD、ID、QD、MD、SD、SMD、LD、AC、常量 数据类型：实数 OUT：VD、ID、QD、MD、SD、SMD、LD、AC 数据类型：双整数	IN：VD、ID、QD、MD、SD、SMD、LD、AC、常量 数据类型：实数 OUT：VD、ID、QD、MD、SD、SMD、LD、AC 数据类型：双整数
功能及说明	DTR 指令将 32 位带符号整数 IN 转换成 32 位实数，并将结果置入 OUT 指定的存储单元	ROUND 指令按小数部分四舍五入的原则，将实数（IN）转换成双整数值，并将结果置入 OUT 指定的存储单元	TRUNC（截位取整）指令按将小数部分直接舍去的原则，将 32 位实数（IN）转换成 32 位双整数，并将结果置入 OUT 指定的存储单元

值得注意的是：不论是四舍五入取整，还是截位取整，如果转换的实数数值过大，无法在输出中表示，则产生溢出，即影响溢出标志位，使 SM1.1 = 1，输出不受影响。

4. BCD 码与整数之间的转换

BCD 码与整数之间转换的指令格式、功能及说明见表 4-19。

表 4-19 BCD 码与整数之间转换的指令格式、功能及说明

LAD	BCD_I EN ENO ????-IN OUT-????	I_BCD EN ENO ????-IN OUT-????
STL	BCDI OUT	IBCD OUT
操作数及数据类型	IN：VW、IW、QW、MW、SW、SMW、LW、T、C、AIW、AC、常量 OUT：VW、IW、QW、MW、SW、SMW、LW、T、C、AC IN/OUT 数据类型：字	
功能及说明	BCDI 指令将二进制编码的十进制数 IN 转换成整数，并将结果送入 OUT 指定的存储单元。IN 的有效范围是 BCD 码 0 ~ 9999	IBCD 指令将输入整数 IN 转换成二进制编码的十进制数，并将结果送入 OUT 指定的存储单元。IN 的有效范围为 0 ~ 9999

注意：

1）数据长度为字的数据有效范围为 0 ~ 9999（十进制）、0000 ~ 270F（十六进制）、0000 0000 0000 0000 ~ 1001 1001 1001 1001（BCD 码）。

2）指令影响特殊标志位 SM1.6（无效 BCD）。

3）在表 4-19 的 LAD 和 STL 指令中，IN 和 OUT 的操作数地址相同。若 IN 和 OUT 操作数地址不是同一个存储器，则对应的语句表指令为

MOV IN，OUT

BCDI OUT

5. 译码和编码指令

译码和编码指令的格式和功能见表 4-20。

表 4-20 译码和编码指令的格式和功能

LAD	DECO EN ENO ????-IN OUT-????	ENCO EN ENO ????-IN OUT-????
STL	DECO IN，OUT	ENCO IN，OUT
操作数及数据类型	IN：VB、IB、QB、MB、SMB、LB、SB、AC、常量 数据类型：字节 OUT：VW、IW、QW、MW、SMW、LW、SW、AQW、T、C、AC 数据类型：字	IN：VW、IW、QW、MW、SMW、LW、SW、AIW、T、C、AC、常量 数据类型：字 OUT：VB、IB、QB、MB、SMB、LB、SB、AC 数据类型：字节
功能及说明	译码指令根据输入字节（IN）的低 4 位表示的输出字的位号，将输出字的相对应的位置位为 1，输出字的其他位置均位为 0	编码指令将输入字（IN）最低有效位（其值为 1）的位号写入输出字节（OUT）的低 4 位中

举例：译码和编码指令应用举例，如图 4-20 所示。

若（AC2）= 2，执行译码指令，则将输出字 VW40 的第二位置 1，VW40 中的二进制数为 2#0000 0000 0000 0100；若（AC3）= 2#0000 0000 0000 0100，执行编码指令，则输出字节

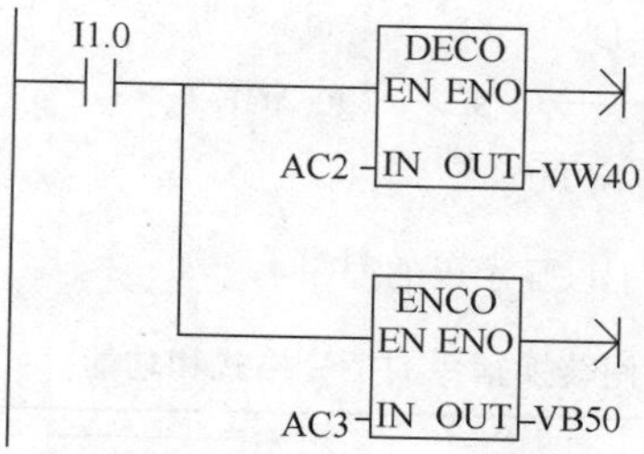

```
        I1.0
  ─────┤ ├─────┌──────────┐
                │   DECO   │
                │ EN   ENO ├──
                │          │
           AC2 ─┤ IN   OUT ├─VW40
                └──────────┘
                ┌──────────┐
                │   ENCO   │
                │ EN   ENO ├──
                │          │
           AC3 ─┤ IN   OUT ├─VB50
                └──────────┘
```

LD	T1.0	
DECO	AC2,VW40	//译码
ENCO	AC3,VB50	//编码

图 4-20　译码和编码指令应用举例

VB50 中的错误码为 2。

6. 七段译码指令

七段显示器的 a、b、c、d、e、f、g 段分别对应于字节的第 0 ~ 6 位，字节的某位为 1 时，其对应的段亮；输出字节的某位为 0 时，其对应的段暗。将字节的第 7 位补 0，则构成与七段显示器相对应的 8 位编码，称为七段显示码。数字 0 ~ 9、字母 A ~ F 与七段显示码的对应如图 4-21 所示。

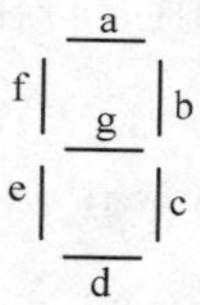

IN	段显示	(OUT) – gfe dcba	IN	段显示	(OUT) – gfe dcba
0		0011 1111	8		0111 1111
1		0000 0110	9		0110 0111
2		0101 1011	A		0111 0111
3		0100 1111	B		0111 1100
4		0110 0110	C		0011 1001
5		0110 1101	D		0101 1110
6		0111 1101	E		0111 1001
7		0000 0111	F		0111 0001

图 4-21　与七段显示码对应的代码

七段译码指令 SEG 将输入字节 16#0 ~ F 转换成七段显示码，指令格式见表 4-21。

表 4-21　七段译码指令格式

LAD	STL	功能及操作数
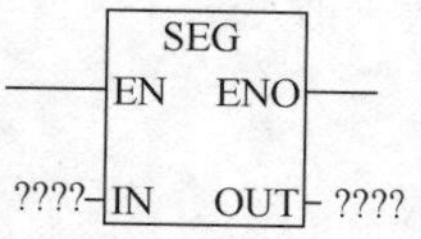 ![SEG] SEG EN ENO ????- IN OUT - ????	SEG IN, OUT	功能：将输入字节（IN）的低 4 位确定的十六进制数（16#0 ~ F）产生相应的七段显示码，送入输出字节 OUT IN：VB、IB、QB、MB、SB、SMB、LB、AC、常量 OUT：VB、IB、QB、MB、SMB、LB、AC IN/OUT 数据类型：字节

举例：编写显示数字 0 的七段显示码的程序，程序实现如图 4-22 所示。

程序运行结果：AC1 中的值为 16#3F（2#0011 1111）。

7. ASCII 码与十六进制数之间的转换指令

ASCII 码与十六进制数之间转换指令的指令格式和功能见表 4-22。

图 4-22　显示数字 0 的七段显示码的程序

表 4-22　ASCII 码与十六进制数之间转换指令的指令格式和功能

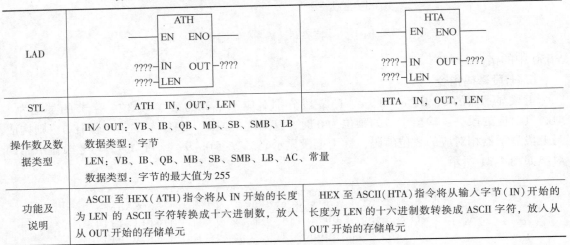

	ATH	HTA
LAD	EN ENO ????─IN OUT─???? ????─LEN	EN ENO ????─IN OUT─???? ????─LEN
STL	ATH IN, OUT, LEN	HTA IN, OUT, LEN
操作数及数据类型	IN/ OUT: VB、IB、QB、MB、SB、SMB、LB 数据类型：字节 LEN: VB、IB、QB、MB、SB、SMB、LB、AC、常量 数据类型：字节的最大值为 255	
功能及说明	ASCII 至 HEX（ATH）指令将从 IN 开始的长度为 LEN 的 ASCII 字符转换成十六进制数，放入从 OUT 开始的存储单元	HEX 至 ASCII（HTA）指令将从输入字节（IN）开始的长度为 LEN 的十六进制数转换成 ASCII 字符，放入从 OUT 开始的存储单元

注意：合法的 ASCII 码对应的十六进制数包括 30H～39H、41H～46H。若在 ATH 指令的输入中包含非法的 ASCII 码，则终止转换操作，特殊内部标志位 SM1.7 置位为 1。

举例：将 VB10～VB12 中存放的三个 ASCII 码 33、45、41 转换成十六进制数。

梯形图和语句表程序如图 4-23 所示。

程序运行结果如下：

可见是将 VB10～VB12 中存放的三个 ASCII 码 33、45、41 转换成十六进制数 3E 和 Ax，分别放在 VB20 和 VB21 中，"x"表示 VB21 的"半字节"，即低四位的值未改变。

任务实施

一、工具、材料准备

控制柜一台、计算机一台和导线若干。

二、任务分析

将英寸转换为厘米的步骤如下：C10 中的整数值英寸→双整数英寸→实数英寸→实数厘米→整数厘米。参考程序如图 4-24 所示。

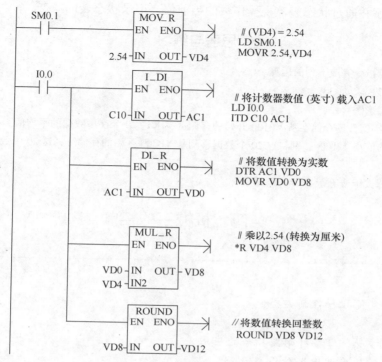

图4-24 将英寸转换为厘米的参考程序

注意：在程序中，VD0、VD4、VD8、VD12都是以双字(4个字节)编址的。

三、操作方法

1）在I0.0端接入一个启动按钮。

2）输入图4-24所示的梯形图，检查无误后运行程序。

3）按下启动按钮，采用状态监控的方式观察PLC内部的变量寄存器VD12的变化。

4）采用状态表方式进行监控，建立状态表，通过强制，调试运行程序，观察输出的变化。

① 创建状态表。用鼠标右键单击目录树中的状态表图标或单击已经打开的状态表，将弹出一个窗口，在窗口中选择"插入状态表"选项，可创建状态表。在状态表的地址列输入地址I0.0、C10、AC1、VD0、VD4、VD8、VD12。

② 启动状态表。与可编程序控制器的通信连接成功后，用菜单"调试→状态表"或单击工具条上的状态表图标 📇 ，可启动状态表，再操作一次关闭状态表。状态表被启动后，编程软件从PLC读取状态信息。

③ 用状态表强制改变数值。通过强制C，模拟逻辑条件，方法是显示状态表后，在状态表的地址列中选中"C"操作数，在"新数值"列写入模拟数值，然后单击工具条的"强制"图标 🔒 ，被强制的数值旁边将显示锁定图标 🔒 。

④ 在完成对"C"的"新数值"列的改动后，可以使用"全部写入"，将所有需要的改动发送至PLC。

⑤ 运行程序并通过状态表监视操作数的当前值，记录状态表的数据。

思考与练习

1. 用算术运算指令完成下列的运算。

（1）5^3 （2）求 $\cos 30°$

2. 编写一段梯形图程序，要求：

（1）有 20 个字型数据存储在从 VB100 开始的存储区，求这 20 个字型数据的平均值。

（2）如果平均值小于 1000，则将这 20 个数据移到从 VB200 开始的存储区，这 20 个数据的相对位置在移动前后不变。

（3）若平均值大于或等于 1000，则绿灯亮。

任务四　机械手的控制

知识点：
- 了解其他程序控制类指令。

技能点：
- 进一步熟练掌握梯形图指令的应用。
- 掌握子程序调用指令的应用。

任务提出

在实际生产中，许多工业设备设置有多种工作方式，如手动和自动工作方式，自动又包括连续、单周期、单步和回原点工作方式。

某机械手的动作示意图如图 4-25 所示，它是一个水平/垂直位移的机械设备，用来将工件由左工作台搬到右工作台。该过程并不复杂，一共有 6 个动作，分为三组，即上升/下降、左移/右移和放松/夹紧。机械手的动作流程图如图 4-26 所示。

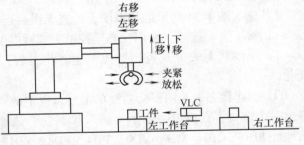

图 4-25　机械手的动作示意图

1. 工艺过程

机械手的全部动作由气缸驱动，而气缸又由相应的电磁阀控制。其中，上升/下降和左移/右移分别由三位两通电磁阀控制。例如，当下降电磁阀通电时，机械手下降；当下降电磁阀断电时，机械手下降停止。只有当上升电磁阀通电时，机械手才上升；当上升电磁阀断电时，机械手上升停止。同样，左移/右移分别由左移电磁阀和右移电磁阀控制。机

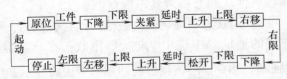

图 4-26　机械手的动作流程图

械手的放松/夹紧由一个单线圈两位置电磁阀(称为夹紧电磁阀)控制。当该线圈通电时,机械手夹紧;当该线圈断电时,机械手放松。

当机械手右移到位并准备下降时,为了确保安全,必须在右工作台无工件时才允许机械手下降。也就是说,若上一次搬运到右工作台的工件尚未搬走时,机械手应自动停止下降,用光电开关进行有无工件检测。

2. 控制要求

系统的控制要求如下:

机械手的操作方式分为手动操作方式和自动操作方式。自动操作方式又分为单周期和连续操作方式。

手动操作:就是用按钮操作对机械手的每一步运动单独进行控制。例如,当选择上/下运动时,按下起动按钮,机械手下降;按下停止按钮,机械手上升。当选择左/右运动时,按下起动按钮,机械手右移;按下停止按钮,机械手左移。当选择夹紧/放松运动时,按下起动按钮,机械手夹紧;按下停止按钮,机械手放松。

单周期操作:机械手从原点开始,按一下起动按钮,机械手自动完成一个周期的动作后停止。

连续操作:机械手从原点开始,按一下起动按钮,机械手的动作将自动地、连续不断地周期性循环。在工作中若按一下停止按钮,机械手将继续完成一个周期的动作后,回到原点自动停止。

3. 控制面板布置

机械手控制面板布置如图 4-27 所示。

图中用"单操作"表示手动操作方式。按照加载选择开关所选择的位置,用起动/停止按钮选择加载操作。例如,当加载选择开关打到"左/右"位置时,按下起动按钮,机械手左行;按下停止按钮,机械手右行。用上述方法,可使机械手停在原点。

单周期操作方式:机械手在原点时,按下起动按钮,自动操作一个周期。

连续操作方式:机械手在原点时,按下起动按钮,自动、连续地执行周期性循环;按下停止按钮,机械手完成当前周期动作后自动回到原点停车。

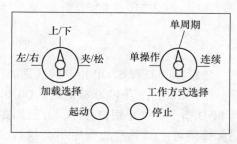

图 4-27　机械手控制面板布置

知识链接

程序控制类指令用于程序运行状态的控制,主要包括系统控制、跳转、循环、子程序调用等指令。

一、END、STOP、WDR 指令

1. 结束指令

(1) END　条件结束指令,执行条件成立(左侧逻辑值为 1)时结束主程序,返回主程序的第一条指令执行,在梯形图中该指令不连在左侧母线上。END 指令只能用于主程序,不

能在子程序和中断程序中使用，END 指令无操作数。指令格式如图 4-28 所示。

（2） MEND 无条件结束指令，指无条件结束主程序，返回主程序的第一条指令执行，在梯形图中无条件结束指令直接连接左侧母线。用户必须以无条件结束指令结束主程序（在西门子编程软件中程序会自动添加，用户无需插入）。

条件结束指令：用在无条件结束指令前结束主程序。

在调试程序时，在程序的适当位置插入 MEND 指令可以实现程序的分段调试。结束指令格式如图 4-28 所示。

```
    M0.0                     LD   M0.0                   ─(END)        MEND
  ──┤ ├──(END)              END
```

图 4-28 END/MEND 指令格式

必须指出，STEP 7-Micro/WIN 编程软件会在主程序的结尾自动生成无条件结束指令（MEND），用户不得再另行输入，否则编译时会出错。

2. 停止指令

STOP：停止指令，执行条件成立，停止执行用户程序，令 CPU 的工作方式由 RUN 转到 STOP。在中断程序中执行 STOP 指令，该中断立即终止，并且忽略所有挂起的中断，继续扫描程序的剩余部分，在本次扫描的最后，将 CPU 由 RUN 切换到 STOP。STOP 指令格式如图 4-29 所示。

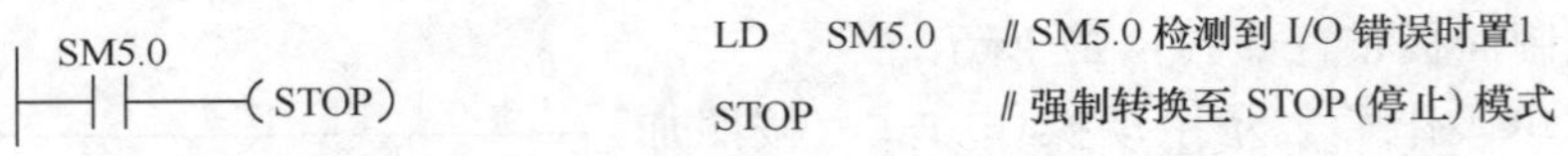

```
    SM5.0                    LD   SM5.0    // SM5.0 检测到 I/O 错误时置1
  ──┤ ├──(STOP)             STOP          // 强制转换至 STOP（停止）模式
```

图 4-29 STOP 指令格式

注意：END 和 STOP 指令的区别如图 4-30 所示。

图 4-30 中，当 I0.0 接通时，Q0.0 有输出，若 I0.1 接通，执行 END 指令，终止用户程序，并返回主程序的起点，这样，Q0.0 仍保持接通，但下面的程序不会执行。若 I0.0 断开，接通 I0.2，则 Q0.1 有输出，若将 I0.3 接通，则执行 STOP 指令，立即终止程序执行，Q0.0 与 Q0.1 均复位，CPU 转为 STOP 方式。

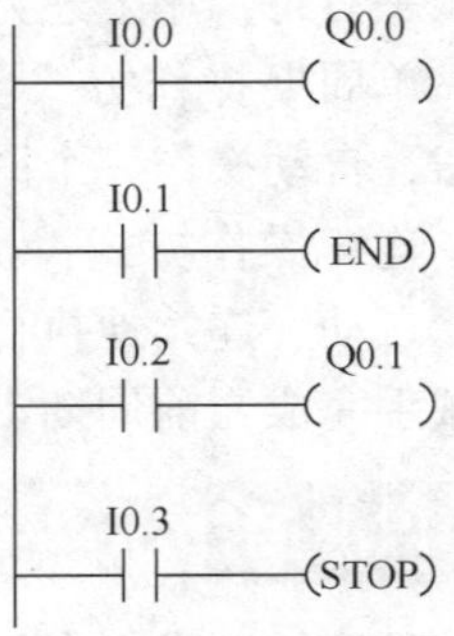

3. 警戒时钟刷新指令 WDR（又称看门狗定时器复位指令）

警戒时钟的定时时间为 300ms，每次扫描它都被自动复位一次，正常工作时，如果扫描周期小于 300ms，警戒时钟不起作用。如果强烈的外部干扰使可编程序控制器偏离正常的程序执行路线，警戒时钟就不再被周期性地复位，直至定时时间到，可编程序控制器将停止运行。若程序扫描的时间超过 300ms，为了防止在正常的情况下警戒时钟动作，可将警戒时钟刷新指令（WDR）插入到程序中适当的地方，使警戒时钟复位。这样，可以增加一次扫描时间。WDR 指令格式如图 4-31 所示。

```
    I0.0              Q0.0
  ──┤ ├──────────────( )

    I0.1
  ──┤ ├──────────────(END)

    I0.2              Q0.1
  ──┤ ├──────────────( )

    I0.3
  ──┤ ├──────────────(STOP)
```

图 4-30 END 和 STOP 指令的区别

工作原理：当使能输入有效时，警戒时钟复位，可以增加一次扫描时间。若使能输入无效，警戒时钟定时时间到，程序将终止当前指令的执行，重新启动，返回到第一条指令重新

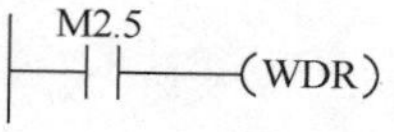

```
  M2.5
───┤ ├───(WDR)          LD    M2.5    // M2.5接通时
                        WDR           // 重新触发WDR，允许扩展扫描时间
```

图 4-31 WDR 指令格式

执行。注意：如果使用循环指令阻止扫描完成或严重延迟扫描完成，下列程序只有在扫描循环完成后才能执行：通信（自由口方式除外）、I/O 更新（立即 I/O 除外）、强制更新、SM 更新、运行时间诊断、中断程序中的 STOP 指令。10ms 和 100ms 计时器对于超过 25s 的扫描不能正确地累计时间。

注意： 如果预计扫描时间将超过 500ms，或者预计会发生大量中断活动，可能阻止返回主程序扫描超过 500ms，应使用 WDR 指令，重新触发看门狗定时器。

二、循环、跳转指令

1. 循环指令

（1）指令格式 程序循环结构用于描述一段程序的重复循环执行。由 FOR 和 NEXT 指令构成程序的循环体。FOR 指令标记循环的开始，NEXT 指令为循环体的结束指令。FOR/NEXT 指令格式如图 4-32 所示。

在 LAD 中，FOR 指令为指令盒格式，EN 为使能输入端。

INDX 为当前值计数器，操作数：VW、IW、QW、MW、SW、SMW、LW、T、C、AC。

INIT 为循环次数初始值，操作数：VW、IW、QW、MW、SW、SMW、LW、T、C、AC、AIW、常数。

FINAL 为循环计数终止值，操作数：VW、IW、QW、MW、SW、SMW、LW、T、C、AC、AIW、常数。

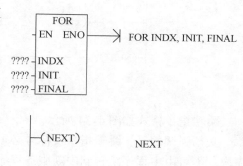

图 4-32 FOR/NEXT 指令格式

工作原理：使能输入 EN 有效时，循环体开始执行，执行到 NEXT 指令时返回，每执行一次循环体，当前值计数器 INDX 增 1，达到终止值 FINAL 时，循环结束。

使能输入无效时，循环体程序不执行。每次使能输入有效，指令自动将各参数复位。FOR/NEXT 指令必须成对使用，循环可以嵌套，最多为 8 层。

（2）循环指令示例 在图 4-33 中，当 I0.0 为 ON 时，①所示的外循环执行 3 次，由 VW200 累计循环次数。当 I0.1 为 ON 时，外循环每执行一次，②所示的内循环执行 3 次，且由 VW210 累计循环次数。

2. 跳转指令及标号

（1）指令格式

JMP：跳转指令，使能输入有效时，把程序的执行跳转到同一程序指定的标号（n）处执行。

LBL：指定跳转的目标标号。

操作数 n：0 ~ 255。

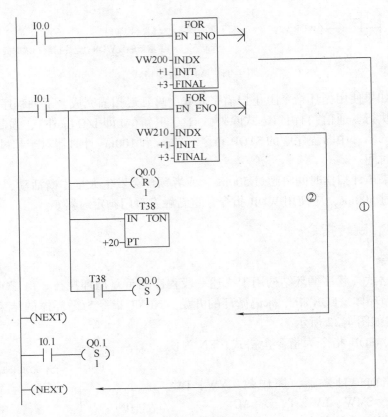

图 4-33　循环指令示例

跳转指令格式如图 4-34 所示。

必须强调的是：跳转指令及标号必须同在主程序内或在同一子程序内，同一中断服务程序内，不可由主程序跳转到中断服务程序或子程序，也不可由中断服务程序或子程序跳转到主程序。

（2）跳转指令示例　在图 4-35 中，当 JMP 条件满足（即 I0.0 为 ON）时，程序跳转执行 LBL 标号以后的指令，而在 JMP 和 LBL 之间的指令一概不执行，在这个过程中，即使 I0.1 接通也不会有 Q0.1 输出。当 JMP 条件不满足时，则当 I0.1 接通时 Q0.1 有输出。

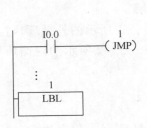

图 4-34　跳转指令格式

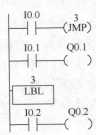

图 4-35　跳转指令示例

（3）应用举例　JMP、LBL 指令在工业现场控制中，常用于工作方式的选择。例如，有 3 台电动机 M1 ~ M3，具有两种起停工作方式：

1）手动操作方式：分别用每个电动机各自的起停按钮控制 M1～M3 的起停状态。

2）自动操作方式：按下起动按钮，M1～M3 每隔 5s 依次起动；按下停止按钮，M1～M3 同时停止。

PLC 控制的外部接线图、程序结构和梯形图如图 4-36 所示。

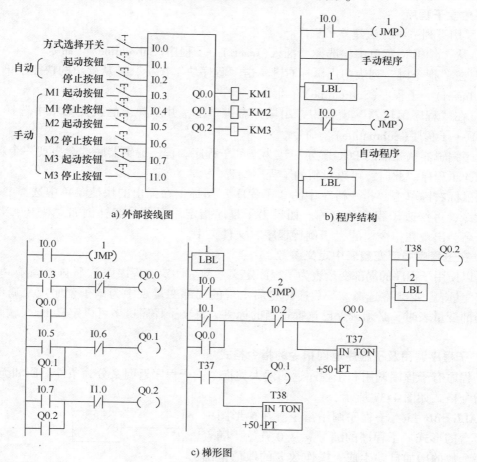

图 4-36　电动机的手动/自动控制

从控制要求可以看出，需要在程序中体现两种可以任意选择的控制方式，所以运用跳转指令的程序结构可以满足控制要求。如图 4-36b 所示，当操作方式选择开关闭合时，I0.0 的常开触点闭合，跳过手动程序段不执行；I0.0 常闭触点断开，选择自动方式的程序段执行。而操作方式选择开关断开时的情况与此相反，跳过自动方式程序段不执行，选择手动方式程序段执行。

三、子程序调用及子程序返回指令

通常将具有特定功能、并且多次使用的程序段作为子程序。主程序中用指令决定具体子程序的执行情况。当主程序调用子程序并执行时，子程序执行全部指令直至结束。然后，系统将返回至调用子程序的主程序。子程序用于为程序分段和分块，使其称为较小的、更易于管理的块。在程序中调试和维护时，通过使用较小的程序块，对这些区域和整个程序简单地进行调试和排除故障。只在需要时才调用程序块，可以更有效地使用 PLC，因为所有的程序块可能无需每次都要执行扫描。

在程序中使用子程序，必须执行下列 3 项任务：建立子程序；在子程序局部变量表中定义参数（如果有的话）；从适当的 POU（从主程序或另一个子程序）调用子程序。

1. 建立子程序

可采用下列一种方法建立子程序：

1）从"编辑"菜单中，选择"插入（Insert）→子程序（Subroutine）"命令。

2）在"指令树"列表中用鼠标右键单击"程序块"图标，并从弹出的快捷菜单中选择"插入（Insert）→子程序（Subroutine）"命令。

3）在"程序编辑器"窗口中，用鼠标右键单击，并从弹出的快捷菜单中选择"插入（Insert）→ 子程序（Subroutine）"命令。

程序编辑器从先前的 POU 显示更改为新的子程序。程序编辑器底部会出现一个新标签，代表新的子程序。此时，可以对新的子程序编程。

用鼠标右键单击"指令树"中的"子程序"图标，在弹出的快捷菜单中选择"重新命名"命令，可修改子程序的名称。如果为子程序指定一个符号名，例如"USR_NAME"，该符号名会出现在指令树的"子例行程序"文件夹中。

2. 在子程序局部变量表中定义参数

可以使用子程序的局部变量表为子程序定义参数。注意：程序中每个 POU 都有一个独立的局部变量表，必须在选择该子程序标签后出现的局部变量表中为该子程序定义局部变量。编辑局部变量表时，必须确保已选择适当的标签。每个子程序最多可以定义 16 个输入/输出参数。

3. 子程序调用及子程序返回指令的指令格式

子程序有子程序调用和子程序返回两大类指令，子程序返回又分为条件返回和无条件返回。指令格式如图 4-37 所示。

CALL SBR_n：子程序调用指令。在梯形图中为指令盒的形式。子程序的编号 n 从 0 开始，随着子程序个数的增加自动生成。操作数 n 的取值范围为 0~63。

CRET：子程序条件返回指令，条件成立时结束该子程序，返回原调用处的指令 CALL 的下一条指令。

图 4-37　子程序调用及子程序返回指令格式

RET：子程序无条件返回指令，子程序必须以本指令作结束，由编程软件自动生成。

需要说明的是：

1）子程序可以多次被调用，也可以嵌套（最多 8 层）使用，还可以自己调用自己。

2）子程序调用指令用在主程序和其他调用子程序的程序中，子程序的无条件返回指令在子程序的最后网络段，梯形图指令系统能够自动生成子程序的无条件返回指令，用户无需输入该指令。

4. 带参数的子程序调用指令

（1）带参数的子程序的概念及用途　子程序可能有要传递的参数（变量和数据），这时可以在子程序调用指令中包含相应参数，它可以在子程序与调用程序之间传送。如果子程序仅用要传递的参数和局部变量,则为带参数的子程序(可移动子程序)。为了移动子程序,应避免使用任何全局变量/符号(I、Q、M、SM、AI、AQ、V、T、C、S、AC 内存中的绝对地址),这样可以导出子程序并将其导入另一个项目。子程序中的参数必须有一个符号名(最多为 23 个字符)、一个变量类型和一个数据类型。子程序最多可传递 16 个参数。传递的参数在子程序局部变量表中定义,见表 4-23。

表 4-23 局部变量表

	Name	Var Type	Data Type	Comment
	EN	IN	BOOL	
L0.0	IN1	IN	BOOL	
LB1	IN2	IN	BYTE	
L2.0	IN3	IN	BOOL	
LD3	IN4	IN	DWORD	
		IN		
LD7	INOUT	IN_OUT	REAL	
		IN_OUT		
LD11	OUT	OUT	REAL	
		OUT		

(2)变量的类型 局部变量表中的变量有 IN、OUT、IN_OUT 和 TEMP 4 种类型。

IN(输入)型:将指定位置的参数传入子程序。如果参数是直接寻址(如 VB10),在指定位置的数值被传入子程序。如果参数是间接寻址(如 *AC1),地址指针指定地址的数值被传入子程序。如果参数是数据常量(如 16#1234)或地址(如 &VB100),常量或地址数值被传入子程序。

IN_OUT(输入-输出)型:将指定参数位置的数值传入子程序,并将子程序的执行结果的数值返回至相同的位置。输入/输出型的参数不允许使用常量(如 16#1234)和地址(如 &VB100)。

OUT(输出)型:将子程序的结果数值返回至指定的参数位置。常量(如 16#1234)和地址(如 &VB100)不允许用作输出参数。

在子程序中可以使用 IN、IN_OUT、OUT 类型的变量和在调用子程序 POU 之间传递参数。

TEMP 型:是局部存储变量,只能用于子程序内部暂时存储中间运算结果,不能用来传递参数。

(3)数据类型 局部变量表中的数据类型包括布尔(位)、字节、字、双字、整数、双整数和实数。

布尔:该数据类型用于位输入和输出。如图 4-38 中的 IN3 是布尔输入。

字节、字、双字:这些数据类型分别用于 1、2 或 4 个字节不带符号的输入或输出参数。

整数、双整数:这些数据类型分别用于 2 或 4 个字节带符号的输入或输出参数。

实数:该数据类型用于单精度(4 个字节)IEEE 浮点数值。

(4)建立带参数子程序的局部变量表 局部变量表隐藏在程序显示区,将梯形图显示区向下拖动,可以露出局部变量表,在局部变量表中输入变量名称、变量类型、数据类型等参数以后,双击"指令树"中的"子程序"图标(或按 < F9 > 键,在弹出的菜单中选择"子程序"项),在梯形图显示区显示出带参数的子程序调用指令盒。

局部变量表变量类型的修改方法:用光标选中变量类型区,单击鼠标右键打开一个下拉菜单,单击选中的变量类型,在变量类型区光标所在处就可以得到选中的类型。

子程序传递的参数放在子程序的局部存储器(L)中，局部变量表最左列是系统指定的每个被传递参数的局部存储器地址。

（5）带参数子程序调用指令格式　对于梯形图程序，在子程序局部变量表中为该子程序定义参数后(见表4-23)，将生成客户化的调用指令块(见图4-38)，指令块中自动包含子程序的输入参数和输出参数。在LAD程序的POU中插入调用指令：第一步，打开程序编辑器窗口中所需的POU，光标滚动至调用子程序的网络处；第二步，在指令树中，打开"子程序"文件夹，然后双击对应的"子程序"图标；第三步，为调用指令参数指定有效的操作数。有效操作数为存储器的地址、常量、全局变量以及调用指令所在的POU中的局部变量(并非被调用子程序中的局部变量)。

注意：

1）如果在使用子程序调用指令后，再修改该子程序的局部变量表，调用指令则无效。必须删除无效调用，并用反映正确参数的最新调用指令代替该调用。

2）子程序和调用程序共用累加器，不会因使用子程序对累加器执行保存或恢复操作。

带参数子程序调用的LAD指令格式如图4-38所示。图4-38中的STL主程序是由编程软件STEP-7 Micro/WIN从LAD程序建立的STL代码。注意：系统保留局部变量存储器L内存的4个字节(LB60-LB63)，用于调用参数。在图4-38中，L内存(如L60.0、L63.7)被用于保存布尔输入参数，此类参数在LAD中被显示为能流输入。图4-38中梯形图对应的STL代码可以通过Micro/WIN软件切换视图方式为"STL"看到。

若用STL编辑器输入与图4-38相同的子程序，语句表编程的调用程序如下：

LD I0.0

CALL SBR _ 0　I0.1，VB10，I1.0，&VB100，*AC1，VD200

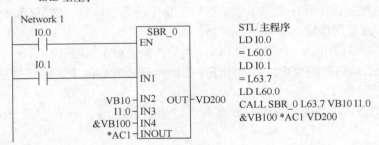

图4-38　带参数子程序的调用

需要说明的是：该程序只能在STL编辑器中显示，因为用作能流输入的布尔参数未在L内存中保存。

子程序调用时，输入参数被复制到局部存储器。子程序完成时，从局部存储器复制输出参数到指令的输出参数地址。

在带参数的"调用子程序"指令中，参数必须与子程序局部变量表中定义的变量完全匹配。参数顺序必须以输入参数开始，其次是输入/输出参数，然后是输出参数。当将鼠标的光标置于编程软件的"指令树"中对应的"调用子程序"下的某一子程序的名称后，将会显示这个子程序中定义的各参数的名称。

任务实施

一、工具、材料准备

控制柜一台、计算机一台和导线若干。

二、任务分析

1. I/O 分配及外部接线图

I/O 分配及外部接线图如图 4-39 所示。该机械手控制系统所采用的 PLC 是德国西门子公司生产的 S7-200 CPU 224。图 4-39 是 S7-200 CPU 224 输入/输出端子地址分配图，该机械手控制系统共使用了 13 个输入点、6 个输出点。

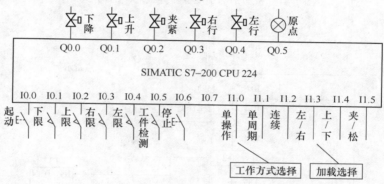

图 4-39　I/O 分配及外部接线图

2. 程序结构图

机械手的整体程序结构图如图 4-40 所示。

（1）手动操作方式的梯形图程序　机械手的手动操作方式对应的梯形图如图 4-41 所示。

（2）自动操作方式的顺序功能图以及梯形图　机械手自动操作方式对应的顺序功能图及梯形图如图 4-42 所示。

三、操作方法

1）按照图 4-39 所示的输入/输出端子地址分配图进行连线，检查电路，确保无误。

2）输入图 4-40 ~ 图 4-42b 所示的梯形图程序。

3）调试并运行程序，观察在不

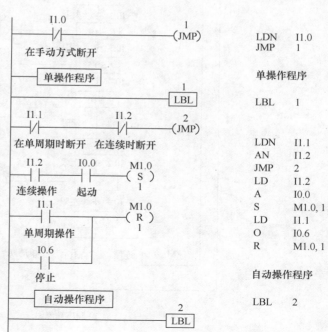

图 4-40　机械手的整体程序结构图

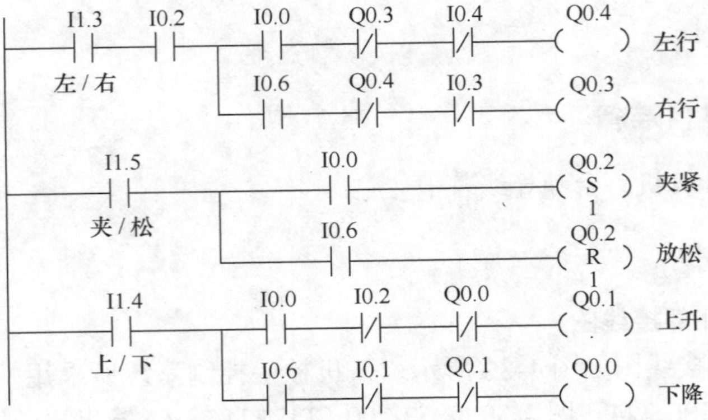

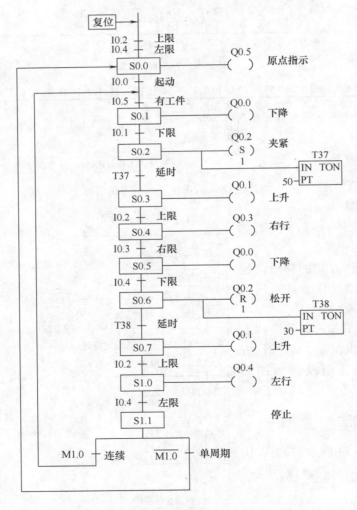

图 4-41　机械手的手动操作方式对应的梯形图

a) 顺序功能图

图 4-42　机械手自动操作方式对应的顺序功能图及梯形图

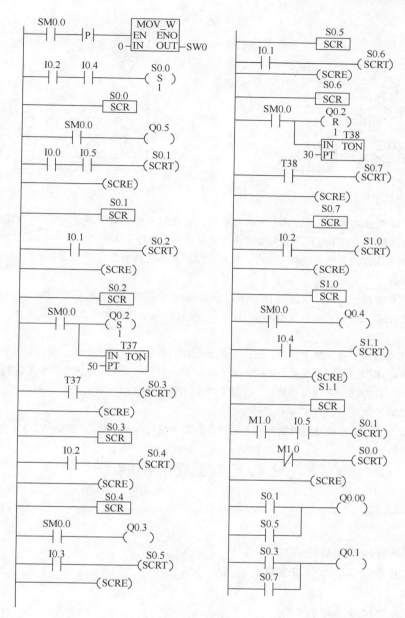

b) 梯形图

图 4-42 机械手自动操作方式对应的顺序功能图及梯形图(续)

同的操作方式下各功能是否能够实现，并查看动作时序是否符合控制要求。

思考与练习

试用 PLC 实现具有多种工作方式的大小球分选系统。

某机械手用来分选钢质大球和小球(见图4-43)，控制面板如图4-44所示，输出继电器 Q0.4 为 ON 时钢球被电磁铁吸住，Q0.4 为 OFF 时被释放。机械手的 5 种工作方式由工作方式选择开关进行选择，操作面板上设有 6 个手动按钮。"紧急停车"按钮是为了保证在紧急情况下(包括 PLC 发生故障时)能可靠地切断 PLC 的负载电源而设置的。

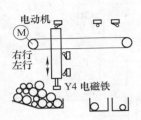

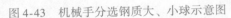

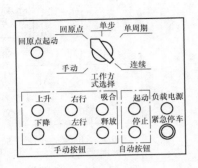

图 4-43 机械手分选钢质大、小球示意图　　　图 4-44 机械手控制面板

系统设有手动和自动两种工作方式。手动方式时，系统的每一个动作都要靠 6 个手动按钮控制，接到输入继电器的各限位开关都不起作用。自动工作方式又分以下 4 种工作形式。

（1）单周期工作方式　按下起动按钮后，从初始步开始，机械手按规定完成一个周期的工作后，返回并停留在初始步。

（2）连续工作方式　在初始状态按下起动按钮后，机械手从初始步开始一个周期一个周期地反复连续工作，按下停止按钮，机械手并不马上停止工作，完成最后一个周期的工作后，系统才返回并停留在初始步。

（3）单步工作方式　从初始步开始，按一下起动按钮，系统转换到下一步，完成该步的任务后，自动停止工作并停留在该步，再按一下起动按钮，才转换到下一步。单步工作方式常用于系统的调试。

（4）回原点工作方式　在选择单周期、连续和单步工作方式之前，系统应处于原点状态；如果不满足这一条件，可选择回原点工作方式。

机械手在最上面、最左边且电磁铁线圈断电时，称为系统处于原点状态(初始状态)。

任务五　温度的控制

知识点：

* 掌握模拟量模块的应用。
* 掌握中断指令与中断程序的应用。

技能点：

* 掌握模拟量编程的方法。
* 能够进行简单的模拟量程序设计及调试操作。

任务提出

在工业控制中经常要用到恒温控制，那么如何对工业现场的温度进行检测和控制呢？本任务主要是利用 PLC 来实现温度的检测与控制。本任务的控制要求如下：当加热开关合上时，系统开始加热。当加热后的实际温度超出设定温度 ±3℃（即偏差温度超出 ±3℃）时，则报警灯闪，报警扬声器响；按报警确认按钮，报警扬声器不响，报警灯仍然闪，直到偏差温度在 ±3℃以内。

一、模拟量和数字量

数字量包括 0 和 1 两种信号；而模拟量是连续变化量，例如压力、电压、温度等。

PLC 能直接处理的是数字量 0 和 1，要对过程控制中的模拟量进行处理，就要使用模拟量扩展模块。

模拟量首先被传感器和变送器转换为标准的电流或电压信号，如 4~20mA、0~5V、0~10V 等；再用 A-D 转换器将它们转换成数字量后输入 PLC。这些数字量可能是二进制的，也可能是十六进制的，带负号的电流或电压在 A-D 转换后用二进制补码表示。

D-A 转换器将可编程序控制器的数字输出量转换为模拟电压或电流信号，再去控制执行机构。模拟量 I/O 模块的主要任务就是实现 A-D 转换（模拟量输入）和 D-A 转换（模拟量输出）。

二、S7-200 系列 PLC 模拟量 I/O 模块

S7-200 系列 PLC 模拟量 I/O 模块主要有 EM 231 模拟量 4 路输入、EM 232 模拟量 2 路输出和 EM 235 模拟量 4 输入/1 输出混合模块 3 种，以及专门用于温度控制的 EM 231 模拟量输入热电偶模块和 EM 231 模拟量输入热电阻模块。另外，CPU 224XP 自带模拟量 2 输入/1 输出。

1. S7-200 PLC 模拟量扩展模块的种类

S7-200 PLC 模拟量扩展模块有 3 种类型，每种扩展模块中 A-D 转换器、D-A 转换器的位数均为 12 位。模拟量输入/输出有多种量程供用户选用，如 0~10V、0~5V、0~20mA、0~100mA、±10V、±5V、±100 mV 等。量程为 0~10V 时的分辨力为 2.5mV。

2. 模拟量扩展模块的寻址

模拟量输入和输出为一个字长，所以地址必须从偶数字节开始，模拟量精度为 12 位。模拟量数值为 0~32000，其寻址格式：AIW[起始字节地址]，如 AIW6；AQW[起始字节地址]，如 AQW0。

一个模拟量的输入首先被传感器和变送器转换成标准的电流或电压，如 0~10V，然后经 A-D 转换器转换成一个字长（16 位）数字量，存储在模拟量存储区 AI 中（如 AIW0）。对于模拟量的输出，S7-200 将一个字长的数字量（如 AQW0）用 D-A 转换器转换成模拟量。模拟量的输入/输出都是一个字长，应从偶数地址存放（AIW0、AIW2、…、AQW0、AQW2、…）。

对于每个模拟量输入模块，按模块的先后顺序，其地址以固定的增量依次向后排，例如 AIW0、AIW2、AIW4、AIW6。每个模拟量输出模块占两个通道，即使第一个模块只有一个输出 AQW0（如 EM 235 只有一个模拟量输出），第二个模块的模拟量输出地址也应从 AQW4 开始寻址，依次类推。

3. 模拟量扩展模块与 PLC 的连接方法

西门子 S7-200 系列 PLC 上一般只集成了开关量输入信号和开关量输出信号（CPU 224XP 型的除外）。如果在一个 S7-200 PLC 组成的系统中接入模拟量输入和模拟量输出信号，那么就需要增加模拟量输入和输出的扩展模块。模拟量输入/输出模块的扩展方法如图 4-45 所示。

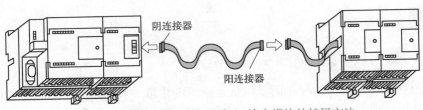

图 4-45 CPU 22X 的模拟量输入/输出模块的扩展方法

4. 模拟量输入扩展模块

下面以模拟量输入扩展模块 EM 231 和模块 EM 235 为例来说明其模拟量输入部分的电路原理示意图和外部接线方法。模拟量输入电路原理示意图如图 4-46 所示。

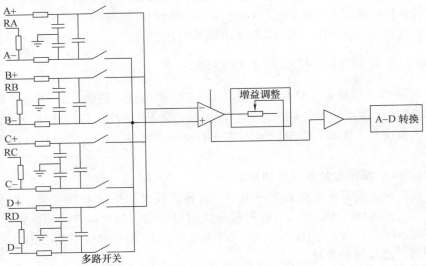

图 4-46 模拟量输入电路原理示意图

西门子 S7-200 系列 PLC 模拟量输入扩展模块 EM 231 有 4 路输入电路，可以外接 4 路模拟量输入信号。外接信号经过滤波后，由多路开关控制，依次由运算放大器进行放大后，送给模块的 A-D 转换部分，转换成 CPU 可以识别的数字信号。

一般来说，输入信号有电压信号和电流信号两种，电压信号是可以被直接检测并处理的，但是电流信号一般是不能直接被测量的。因此电流通常会被转换成电压信号进行采集，最常用的方法就是在电流的回路上串联一定阻值的电阻，检测电阻两端的压降来代替电流的测量。

由上面的分析可以知道：电压信号的检测方法与电流信号的检测方法是不同的，因此在模块的接线方法上必定有所区别。下面来说明电压信号和电流信号的模块接线方法，如图 4-47 所示。

（1）电压信号接线 电压信号可以直接接入到模拟量输入扩展模块上，电压变送器的正向输出端接入到输入通道的正端，电压变送器的负向输出端接入到输入通道的负端。在图 4-47 中，电压变送器的输出信号接到 A 通道的 A＋和 A－两端，RA 悬空。

（2）电流信号接线 电流变送器的正向输出端接入到输入通道的正端，电流变送器的负向输出端接入到输入通道的负端。在图 4-47 中，电流变送器的输出信号接到 C 通道的 C＋和 C－两端，RC 端与 C＋端短接。这样，正向端 C＋流入的电流同样由 RC 端流入，由

C－端流出，从而在 RC 与 C－之间形成了电压差，这个电压差与输入电流的大小具有一定的比例关系，可以被后面的电路检测、放大和转换。

（3）空闲通道的接线　模块上的空闲通道需要将正向输入端与负向输入端短接，以保证正向端与反向端之间不存在电压差。

5. 模拟量输出扩展模块

模拟量输出扩展模块的功能与模拟量输入扩展模块正好相反，它的作用是将 PLC 处理后的数字量转换为可用于模拟量控制的模拟量输出信号，然后通过工业现场的有关执行部件进行调节控制。输出的模拟量有 2 路、4 路等规格。模拟量输出扩展模块由锁存器、多路选择开关、光电隔离、D-A 转换和驱动电路组成。当 PLC 程序执行到输出模拟量指令时，由程序指定通道中的数字量经过 D-A 转换后，由 PLC 接线端子送出。

模拟量输出扩展模块一般可以分为电压和电流输出两种形式，其范围为 0～5V、1～5V、－10～10V、0～20mA、4～20mA、－20～20mA 等。

由于模拟量输出扩展模块内部电路比较复杂，因此在本书中就不再进行内部电路原理的说明了，有兴趣的读者可以参考西门子 S7-200 系列 PLC 模拟量输出扩展模块的手册。

图 4-48 所示为模拟量输出扩展模块 EM 232 的外部接线示意图。

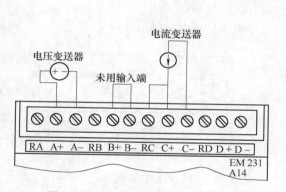

图 4-47　EM 231 的模拟量信号接线

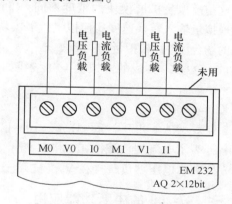

图 4-48　EM 232 的外部接线示意图

6. CPU 224XP 的集成模拟量 I/O

CPU 224XP 在 CPU 上集成了两个模拟量输入端口和一个模拟量输出端口。模拟量 I/O 有自己的一组端子，如果不用，端子可以移走。CPU 224XP 模拟量输入规范见表 4-24，模拟量输出规范见表 4-25。

表 4-24　CPU 224XP 模拟量输入规范

常规参数及性能指标	模拟量输入（CPU 224XP）	常规参数及性能指标	模拟量输入（CPU 224XP）
输入数量	2 点	隔离	无
模拟量输入字节	2 个字节	精度	
电压范围	±10V		
满量程范围	－32000～32000	最差情况：0°～55°	±2.5% 满量程
DC 输入阻抗	>100kΩ	典型情况：25°	±1.0% 满量程
最大输入电压	DC 30V	重复性	±0.05% 满量程
分辨力	11 位，加 1 符号位	模拟到数字转换时间	125ms
LSB 值	4.88mV	步响应	最大 250ms

163

表 4-25　CPU 224XP 模拟量输出规范

常规参数及性能指标	模拟量输出（CPU 224XP）	常规参数及性能指标	模拟量输出（CPU 224XP）
信号范围 　电压 　电流	 0~10V（有线电源） 0~20mA（有线电源）	精度 　最差情况：0°~55° 　　电压输出 　　电流输出	 ±2% 满量程 ±3% 满量程
满量程范围	0~32000	典型情况：25°	
分辨力	12 位	电压输出 　　电流输出	±1% 满量程 ±1% 满量程
LSB 值 　电压 　电流	 2.44mV 4.88μA	设置时间 　电压输出 　电流输出	 <50μs <100μs
隔离	无	最大输出驱动 　电压输出 　电流输出	 负载≥5000Ω 时，最小 负载≤500Ω 时，最大

CPU 224XP 的模拟量输入/输出通道的精度为 10 位，这与模拟量扩展模块的精度不同。CPU 224XP 上的模拟量输入转换速度比模拟量扩展模块慢，要求高的场合请使用模拟量扩展模块。

CPU 224XP 集成的模拟量 I/O 接线如图 4-49 所示。

图 4-49 中：

a 处表示 A+ 和 B+ 都可以接 ±10V 信号。

b 处表示电流型负载接在 I 和 M 端子之间。

c 处表示电压型负载接在 V 和 M 端子之间。

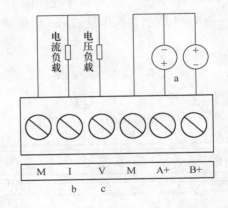

图 4-49　CPU 224XP 集成的模拟量 I/O 接线

三、S7-200 的中断功能应用

S7-200 设置了中断功能，用于实时控制、高速处理通信和网络等复杂和特殊的控制任务。中断就是终止当前正在运行的程序，去执行为立即响应的信号而编制的中断服务程序，执行完毕后再返回原先被终止的程序并继续运行。

1. 中断源

中断源即发出中断请求的事件，又叫中断事件。为了便于识别，系统给每个中断源都分配一个编号，称为中断事件号。S7-200 系列可编程序控制器最多有 34 个中断源，分为三大类：通信中断、I/O 中断和时基中断。

（1）通信中断　在自由口通信模式下，用户可通过编程来设置波特率、奇偶校验和通信协议等参数。用户通过编程控制通信端口的事件为通信中断。

（2）I/O 中断　I/O 中断包括外部输入上升/下降沿中断、高速计数器中断和高速脉冲输出中断。S7-200 用输入（I0.0、I0.1、I0.2 或 I0.3）上升/下降沿产生中断。这些输入点用于捕获在发生时必须立即处理的事件。高速计数器中断指对高速计数器运行时产生的事件实时响应，包括当前值等于预设值时产生的中断、计数方向改变时产生的中断和计数器外部复位产生的中断。脉冲输出中断是指预定数目脉冲输出完成而产生的中断。

（3）时基中断　时基中断包括定时中断和定时器 T32/T96 中断。

定时中断用于支持一个周期性的活动。周期时间为 1～255ms，时基是 1ms。使用定时中断 0，必须在 SMB34 中写入周期时间；使用定时中断 1，必须在 SMB35 中写入周期时间。将中断程序连接在定时中断事件上，若定时中断被允许，则计时开始，每当达到定时时间值时，执行中断程序。

定时中断可以用来对模拟量输入进行采样或定期执行 PID 回路。定时器 T32/T96 中断只允许对定时时间间隔产生中断。这类中断只能用时基为 1ms 的定时器 T32/T96 构成。当中断被启用后，若当前值等于预置值，在 S7-200 执行的正常 1ms 定时器更新的过程中，PLC执行连接的中断程序。

表 4-26 列出了各中断事件及优先级顺序。

表 4-26　中断事件及优先级顺序

事　件		优　先　级　别	
号码	中断说明	群组	组别
8	端口 0：接收字符	通信 （最高）	0
9	端口 0：传输完成		0
23	端口 0：接收信息完成		0
24	端口 1：接收信息完成		1
25	端口 1：接收字符		1
26	端口 1：传输完成		1
19	PTO 0 完全中断		0
20	PTO 1 完全中断		1
0	上升边缘，I0.0	离散 （中等）	2
2	上升边缘，I0.1		3
4	上升边缘，I0.2		4
6	下降边缘，I0.3		5
1	下降边缘，I0.0		6
3	下降边缘，I0.1		7
5	下降边缘，I0.2		8
7	下降边缘，I0.3		9
12	HSC0 CV = PV		10
27	HSC0 方向改变		11
28	HSC0 外部复原/Zphase		12
13	HSC1 CV = PV		13
14	HSC1 方向改变		14
15	HSC1 外部复原		15
16	HSC2 CV = PV		16
17	HSC2 方向改变		17

（续）

事 件		优 先 级 别	
号码	中断说明	群组	组别
18	HSC2 外部复原	离散 （中等）	18
32	HSC3 CV = PV		19
29	HSC4 CV = PV		20
30	HSC1 方向改变		21
31	HSC1 外部复原/Zphase		22
33	HSC2 CV = PV		23
10	定时中断 0	定时 （最低）	0
11	定时中断 1		1
21	定时器 T32 CT = PT 中断		2
22	定时器 T96 CT = PT 中断		3

在 PLC 应用系统中通常有多个中断源。当多个中断源同时向 CPU 申请中断时，要求 CPU 能将全部中断源按中断性质和处理的轻重缓急进行排队，并给予优先权。给中断源指定处理的次序就是给中断源确定中断优先级。

SIMENS 公司 CPU 规定的中断优先级由高到低依次是：通信中断、输入/输出中断、定时中断。每类中断的不同中断事件又有不同的优先权。详细内容请查阅 SIMENS 公司的有关技术规定。

2. 中断指令

中断指令有 4 条，包括开、关中断指令，中断连接、分离指令。指令格式见表 4-27。

表 4-27　中断指令格式

LAD	-(ENI)	-(DISI)	ATCH EN ENO ????– INT ????– EVNT	DTCH EN ENO ????– EVNT
STL	ENI	DISI	ATCH INT, EVNT	DTCH EVNT
操作数及数据类型	无	无	INT：常量，0 ~ 127 EVNT：常量，0 ~ 33 INT/EVNT 数据类型：字节	EVNT：常量，0 ~ 33 数据类型：字节

（1）开、关中断指令　开中断指令（ENI）全局性允许所有中断事件。关中断指令（DISI）全局性禁止所有中断事件，中断事件的每次出现均被排队等候，直至使用全局开中断指令重新启用中断。

PLC 转换到 RUN（运行）模式时，中断开始时被禁用，可以通过执行开中断指令，允许所有中断事件。执行关中断指令会禁止处理中断，但是现用中断事件将继续排队等候。

（2）中断连接、分离指令　中断连接指令（ATCH）将中断事件（EVNT）与中断程序号码（INT）相连接，并启用中断事件。

分离中断指令(DTCH)取消某中断事件(EVNT)与所有中断程序之间的连接,并禁用该中断事件。

注意: 一个中断事件只能连接一个中断程序,但多个中断事件可以调用一个中断程序。

3. 中断程序

中断程序是为处理中断事件而事先编好的程序。中断程序不是由程序调用,而是在中断事件发生时由操作系统调用。在中断程序中不能改写其他程序使用的存储器,所以最好使用局部变量。中断程序应实现特定的任务,应"越短越好",中断程序由中断程序号开始,以无条件返回指令(CRETI)结束。在中断程序中禁止使用 DISI、ENI、HDEF、LSCR 和 END 指令。

建立中断程序的方法如下:

方法一:从"编辑"菜单中选择"插入(Insert)→ 中断(Interrupt)"命令。

方法二:在"指令树"中用鼠标右键单击"程序块"图标,并从弹出的快捷菜单中选择"插入(Insert)→ 中断(Interrupt)"命令。

方法三:在"程序编辑器"窗口弹出的菜单中,用鼠标右键单击"插入(Insert)→ 中断(Interrupt)"命令。

程序编辑器从先前的 POU 显示更改为新中断程序,在程序编辑器的底部会出现一个新标记,代表新的中断程序。

举例: 编写由 I0.1 的上升沿产生的中断事件的初始化程序。示意程序如图 4-50 所示。

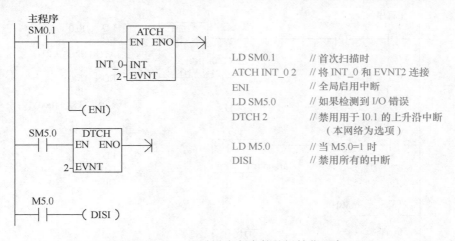

图 4-50　I0.1 上升沿中断事件的初始化程序

分析: I0.1 上升沿产生的中断事件号为 2,因此在主程序中用 ATCH 指令将事件号 2 和中断程序 INT＿0 连接起来,并全局开中断。

举例: 编程完成采样工作,要求每 10ms 采样一次。

分析: 完成每 10ms 采样一次,需用定时中断,通过查手册可知,定时中断 0 的中断事件号为 10。因此在主程序中将采样周期(10ms)即定时中断的时间间隔写入定时中断 0 的特殊存储器 SMB34,并将中断事件号 10 和中断程序 INT＿0 连接,全局开中断。在中断程序 0 中,将模拟量输入信号读入,程序如图 4-51 所示。

举例: 利用定时中断功能编制一个程序,实现如下功能:当 I0.0 由 OFF→ON,Q0.0 亮1s,灭 1s,如此循环反复直至 I0.0 由 ON→OFF,Q0.0 变为 OFF。程序如图 4-52 所示。

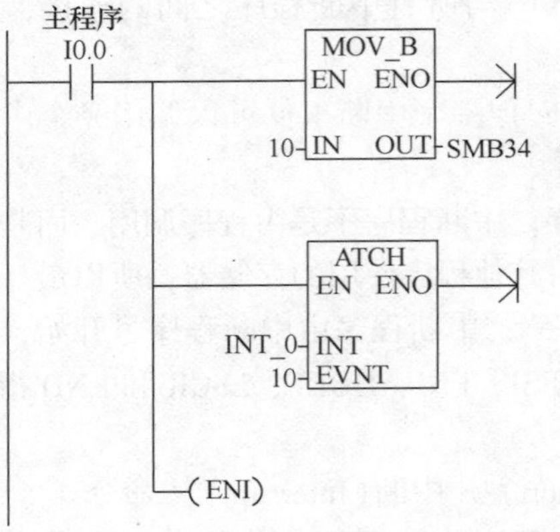

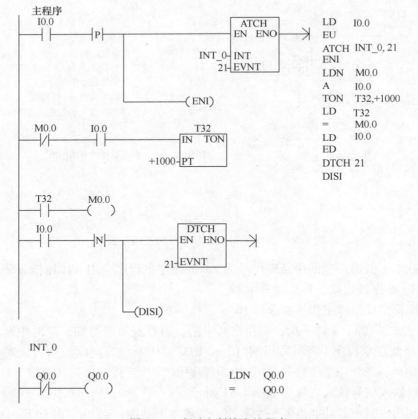

主程序
I0.0

```
LD      I0.0
MOVB    10,SMB34    // 将采样周期设为 10ms
ATCH    INT_0,10    // 将事件 10 连接 INT_0
ENI                 // 全局开中断
```

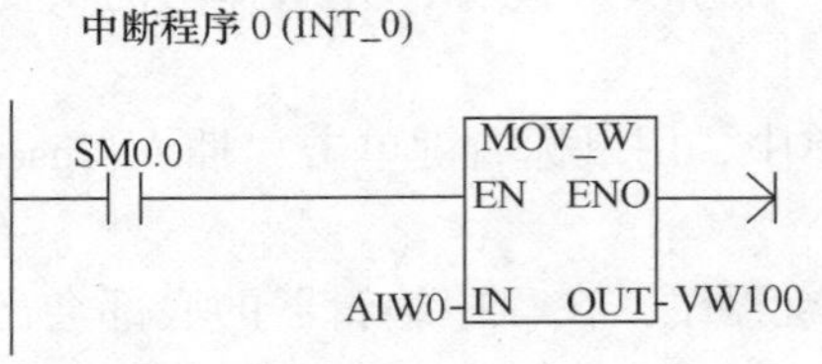

中断程序 0 (INT_0)

```
LD      SM0.0
MOVW    AIW0,VW100    // 读入模拟量 AIW0
```

图 4-51　定时中断采样的程序

主程序
I0.0

```
LD      I0.0
EU
ATCH    INT_0, 21
ENI
LDN     M0.0
A       I0.0
TON     T32,+1000
LD      T32
=       M0.0
LD      I0.0
ED
DTCH    21
DISI
```

INT_0

```
LDN     Q0.0
=       Q0.0
```

图 4-52　定时中断输出的程序

任务实施

一、工具、材料准备

控制柜一台、计算机一台和导线若干。

二、任务分析

控温系统流程如下：测量温度→转换成电信号→在 PLC 内与设定温度比较→控制加热，从而实现恒温控制。这个任务的关键在于当前温度值如何获取，这里使用 0 ~ 100℃ 对应 0 ~ 10V 的温度变送器，PLC 选择自带模拟量输入/输出的 CPU 224XP。通过 PLC 的模拟量输入模块接收温度变送器送入的信号，然后进行 A-D 转换可以实现温度信号的采集。

三、操作方法

1. 变量与 PLC 的地址分配

根据任务分析，PLC 需要 2 个输入点：加热开关 I0.0、报警确认键 I0.1；需要 3 个输出点：加热输出 Q0.0、报警灯 Q0.1、报警扬声器 Q0.2。PLC 的地址分配见表 4-28。

表 4-28　PLC 的地址分配

输入		输出		输入		输出	
名称	PLC 地址	名称	PLC 地址	名称	PLC 地址	名称	PLC 地址
加热开关	I0.0	加热输出	Q0.0	设定温度	VD4	报警扬声器	Q0.2
报警确认键	I0.1	报警灯	Q0.1			实际温度	VD0

2. 绘制 PLC 硬件接线图并接线

1）根据任务分析及 I/O 分配，绘制 PLC 硬件接线图，如图 4-53 所示。图中，M、A + 两个端子是 S7-200 CPU 224 XP 的模拟量输入端。

2）按图 4-53 所示的接线图进行 PLC 硬件接线，检查电路正确性，确保无误。

3. PLC 编程

1）创建 PLC 工程项目。双击 STEP 7-Micro/WIN 图标，创建一个新的工程项目并命名为"温度控制"。

2）编辑符号表。编辑符号表见表 4-29。

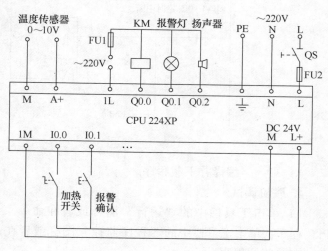

图 4-53　PLC 硬件接线图

表4-29　编辑符号表

符　号	地　址	符　号	地　址
加热开关	I0.0	报警扬声器	Q0.2
报警确认键	I0.1	实际温度	VD0
加热输出	Q0.0	设定温度	VD4
报警灯	Q0.1	偏差温度	VD10

3）设计梯形图程序。梯形图程序如图4-54～图4-56所示，图4-54为主程序，它调用了一个子程序，将中断INT_0与定时器T32连接。在中断程序中，将模拟量温度信号转换成数字量温度信号，并完成加热输出、温度报警功能。

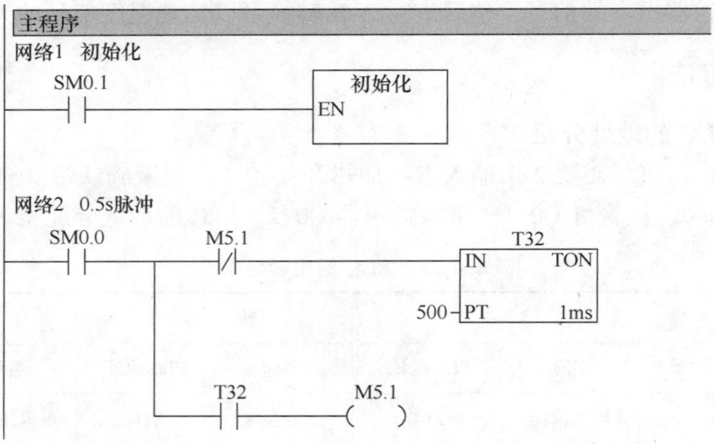

图4-54　温度控制主程序

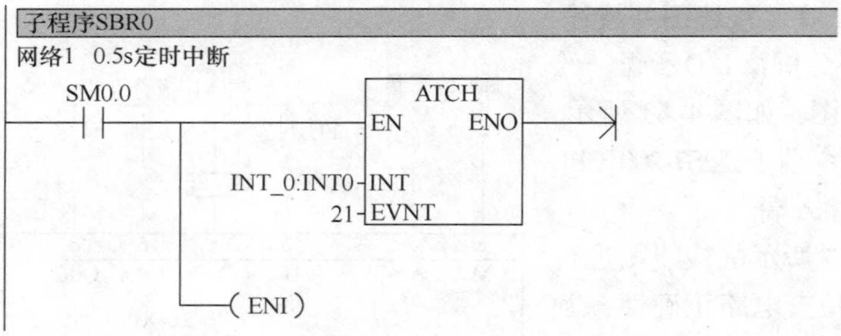

图4-55　温度控制子程序

4）录入、编译并下载程序。

4. 联机调试

1）单击工具栏中的"运行"图标或者在命令菜单中选择"PLC→运行"命令，运行PLC程序；单击工具栏中的"程序监控"图标或者在命令菜单中选择"开始程序监控"命令，在线监控程序。

2）通过状态表，设置设定温度对应的寄存器VD4为50℃。

3）把"加热开关"合上，若实际温度小于设定温度，就会有加热输出；若实际温度大

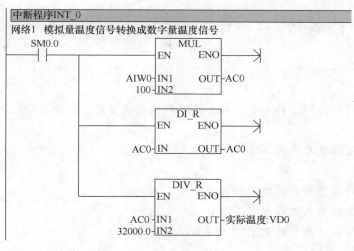

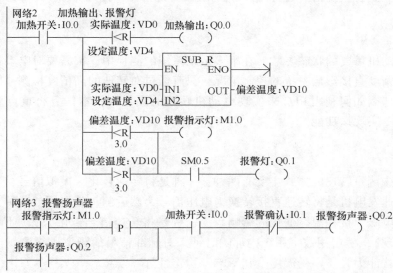

图 4-56 温度控制中断程序

于或等于设定温度，则不会有加热输出。

思考与练习

1. 某频率变送器的量程为 45～55Hz，输出信号为 DC 0～10V，模拟量输入模块输入的 0～10V 电压被转换为 0～32000 的整数。在 I0.0 的上升沿，根据 AIW0 中 A-D 转换后的数据 N，用整数运算指令计算出以 0.01Hz 为单位的频率值。当频率大于 52Hz 或小于 48Hz 时，通过 Q0.0 发出报警信号，试编写程序。

2. 某热水箱中需要对水位和水温进行控制：当水箱中的水位低于下警戒水位时，打开进水阀给水箱中加水；当水箱中的水位高于上警戒水位时，关闭进水阀；当水箱中的水温低于设定温度下限时，打开加热器给水箱中的水加热；当水箱中的水温高于设定温度上限时，停止加热；在加热器没有工作且进水阀关闭时打开出水阀，以便向外供水。

其中水箱中的上警戒水位和下警戒水位、温度上下限可以任意设定，试编写 PLC 控制程序。

任务六　三相异步电动机的转速测量

> **知识点：**
> ● 了解高速处理类指令的组成、相关特殊存储器的设置、指令的输入及指令执行后的结果。
> ● 了解高速处理类指令的工作原理。
>
> **技能点：**
> ● 熟悉高速处理类指令的作用和使用方法。
> ● 了解高速计数器在工程中的应用。
> ● 掌握电动机转速测量的 PLC 程序实现。

任务提出

转速是电动机重要的状态参数，在很多运动系统的测控中，都需要对电动机的转速进行测量，测量的精度直接影响系统的控制情况，只有通过对转速的高精度检测才能得到高精度的控制系统。那么如何利用 PLC 来实现电动机转速的测量呢？本任务将重点介绍利用 PLC 的高速计数指令实现该功能。

知识链接

目前工业中测量转速的方式主要有两种：一种是将转速转化为模拟信号，对模拟信号进行测量，如测速发电机是将转速直接转换为电压信号，然后测量其电压。这种方法的缺点是被测信号易受电磁干扰和温度变化的影响。另一种是将转速信号转化为脉冲信号（常采用光电编码器来实现），然后用数字系统内部的时钟来对脉冲信号的频率进行测量。这种方法的优点在于抗干扰能力强、不受温度变化影响、稳定性好。

工业现场往往存在许多的干扰因素，因此工业测控系统中普遍采用数字式转速测量方法。目前，PLC 因其高可靠性已经成为工业控制的一个重要设备。采用 PLC 测量电动机转速可以保证测量的稳定性和高精度。

一、光电编码器的工作原理

光电编码器是一种通过光电转换将输出轴上的机械几何位移量转换成脉冲或数字量的传感器。一般的光电编码器主要由光栅盘和光电检测装置组成，光栅盘是在一定直径的圆板上等分地开通若干个长方形孔。在伺服系统中，由于光电编码器与电动机同轴，电动机旋转时，光栅盘与电动机同速旋转，经发光二极管等电子元件组成的检测装置检测输出若干脉冲信号，光电编码器原理及输出如图 4-57 所示。

通过计算每秒光电编码器输出脉冲的个数就能反映当前电动机的转速。此外，为判断旋转方向，码盘还可提供相位相差 90° 的两个通道的光码输出，如果 A 相脉冲比 B 相脉冲超前，则光电编码器为正转，否则为反转。

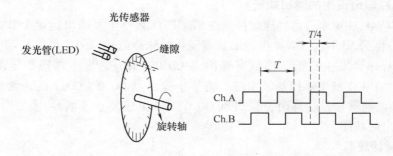

图 4-57　光电编码器原理及输出

根据检测原理，编码器可分为光学式、磁式、感应式和电容式。根据其刻度方法及信号输出形式，可分为增量式、绝对式及混合式 3 种。

二、高速计数指令

高速计数器 HSC（High Speed Counter）在现代自动控制的精确定位控制领域有重要的应用价值。前面讲的计数器指令的计数速度受扫描周期的影响，对比 CPU 扫描频率高的脉冲输入，就不能满足控制要求了。为此，SIMATIC S7-200 系列 PLC 设计了高速计数功能（HSC），其计数自动进行，不受扫描周期的影响，最高计数频率取决于 CPU 的类型，CPU 22X 系列最高计数频率为 30kHz，用于捕捉比 CPU 扫描速度更快的事件，并产生中断，执行中断程序，完成预定的操作。高速计数器最多可设置 12 种不同的操作模式，用高速计数器可实现高速运动的精确控制。SIMATIC S7-200 CPU 22X 系列 PLC 还设有高速脉冲输出，输出频率可达 20kHz，用于 PTO（输出一个频率可调、占空比为 50% 的脉冲）和 PWM（输出占空比可调的脉冲），高速脉冲输出的功能可用于对电动机进行速度控制及位置控制，还可控制变频器使电动机调速。

（一）占用输入/输出端子

1. 高速计数器占用的输入端子

CPU 224XP 有 6 个高速计数器，其占用的输入端子见表 4-30。

表 4-30　高速计数器占用的输入端子

高速计数器	使用的输入端子	高速计数器	使用的输入端子
HSC0	I0.0、I0.1、I0.2	HSC3	I0.1
HSC1	I0.6、I0.7、I1.0、I1.1	HSC4	I0.3、I0.4、I0.5
HSC2	I1.2、I1.3、I1.4、I1.5	HSC5	I0.4

各高速计数器的不同输入端有专用的功能，如时钟脉冲端、方向控制端、复位端、启动端。

注意：同一个输入端不能用于两种不同的功能，但是高速计数器当前模式未使用的输入端均可用于其他用途，如作为中断输入端或作为数字量输入端。例如，如果在模式 2 中使用高速计数器 HSC0，模式 2 使用 I0.0 和 I0.2，则 I0.1 可用于边缘中断或用于 HSC3。

2. 高速脉冲输出占用的输出端子

S7-200 有 PTO、PWM 两台高速脉冲发生器。PTO 脉冲串可输出指定个数、指定周期的方波脉冲（占空比为 50%）；PWM 可输出脉宽变化的脉冲信号，用户可以指定脉冲的周期和脉冲的宽度。若一台发生器指定给数字输出点 Q0.0，另一台发生器则指定给数字输出点 Q0.1。当 PTO、PWM 发生器控制输出时，将禁止输出点 Q0.0、Q0.1 的正常使用；当不使用 PTO、PWM 高速脉冲发生器时，输出点 Q0.0、Q0.1 恢复正常的使用，即由输出映像寄存器决定其输出的状态。

（二）高速计数器

1. 高速计数器的计数方式

1）单路脉冲输入的内部方向控制加减计数，即只有一个脉冲输入端，通过高速计数器的控制字节的第 3 位来控制加计数或者减计数。该位为 1 时，为加计数；该位为 0 时，为减计数。图 4-58 所示为内部方向控制的单路加减计数。

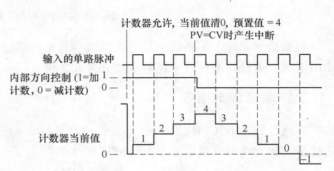

图 4-58　内部方向控制的单路加减计数

2）单路脉冲输入的外部方向控制加减计数，即有一个脉冲输入端，有一个方向控制端。方向输入信号等于 1 时，加计数；方向输入信号等于 0 时，减计数。图 4-59 所示为外部方向控制的单路加减计数。

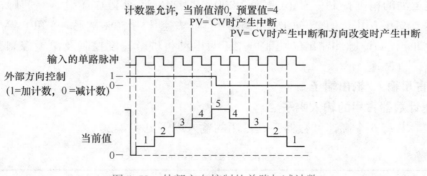

图 4-59　外部方向控制的单路加减计数

3）两路脉冲输入的单相加减计数，即有两个脉冲输入端，一个是加计数脉冲，一个是减计数脉冲，计数值为两个输入端脉冲的代数和，如图 4-60 所示。

4）两路脉冲输入的双相正交计数，即有两个脉冲输入端，输入的两路脉冲 A 相与 B 相相位互差 90°（正交）。A 相超前 B 相 90°时，加计数；A 相滞后 B 相 90°时，减计数。在这种计数方式下，可选择 1×模式（单倍频，一个时钟脉冲计一个数）和 4×模式（四倍频，一个时钟脉冲计四个数），如图 4-61 和图 4-62 所示。

2. 高速计数器的工作模式

高速计数器有 12 种工作模式，模式 0～模式 2 采用单路脉冲输入的内部方向控制加减计数；模式 3～模式 5 采用单路脉冲输入的外部方向控制加减计数；模式 6～模式 8 采用两

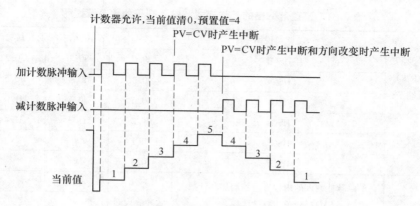

图 4-60　两路脉冲输入的单相加减计数

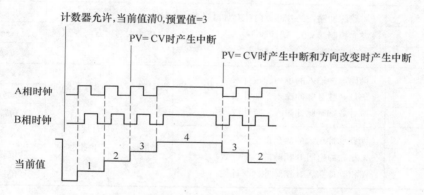

图 4-61　两路脉冲输入的双相正交计数 1× 模式

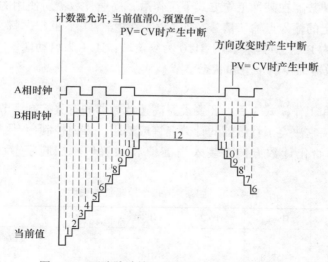

图 4-62　两路脉冲输入的双相正交计数 4× 模式

路脉冲输入的加减计数；模式 9 ~ 模式 11 采用两路脉冲输入的双相正交计数。

S7-200 CPU 224 有 HSC0 ~ HSC5 六个高速计数器，每个高速计数器有多种不同的工作模式，其占用的输入端子也不同，见表 4-31。

表 4-31　高速计数器的工作模式和输入端子的关系及说明

	功能及说明		占用的输入端子及其功能			
HSC 编号及其对应的输入端子	HSC0		I0.0	I0.1	I0.2	×
	HSC4		I0.3	I0.4	I0.5	×
	HSC1		I0.6	I0.7	I1.0	I1.1
	HSC2		I1.2	I1.3	I1.4	I1.5
HSC 模式	HSC3		I0.1	×	×	×
	HSC5		I0.4	×	×	×
0	单路脉冲输入的内部方向控制加减计数			×	×	×
1	控制字 SM37.3 = 0，减计数	脉冲输入端		×	复位端	×
2	SM37.3 = 1，加计数			×	复位端	启动
3	单路脉冲输入的外部方向控制加减计数				×	×
4	方向控制端 = 0，减计数	脉冲输入端	方向控制端		复位端	×
5	方向控制端 = 1，加计数				复位端	启动
6	两路脉冲输入的单相加减计数				×	×
7	加计数端有脉冲输入，加计数	加计数脉冲输入端	减计数脉冲输入端		复位端	×
8	减计数端有脉冲输入，减计数				复位端	启动
9	两路脉冲输入的双相正交计数				×	×
10	A 相脉冲超前 B 相脉冲，加计数	A 相脉冲输入端	B 相脉冲输入端		复位端	×
11	A 相脉冲滞后 B 相脉冲，减计数				复位端	启动

注：表中"×"表示没有。

选用某个高速计数器在某种工作方式下工作后，高速计数器所使用的输入不是任意选择的，必须按系统指定的输入点输入信号。如 HSC1 在模式 11 下工作，就必须用 I0.6 为 A 相脉冲输入端，I0.7 为 B 相脉冲输入端，I1.0 为复位端，I1.1 为启动端。

（三）高速计数器的控制字节和状态字节

1. 控制字节

定义了计数器和工作模式之后，还要设置高速计数器的有关控制字节。每个高速计数器均有一个控制字节，它决定了计数器的计数允许或禁用、方向控制（仅限模式 0、1 和 2）或对所有其他模式的初始化计数方向、装入当前值和预置值。控制字节每个控制位的说明见表 4-32。

表 4-32　控制字节每个控制位的说明

HSC0	HSC1	HSC2	HSC3	HSC4	HSC5	说　明
SM37.0	SM47.0	SM57.0		SM147.0		复位有效电平控制 0 = 复位信号高电平有效 1 = 低电平有效
	SM47.1	SM57.1				启动有效电平控制 0 = 启动信号高电平有效 1 = 低电平有效

（续）

HSC0	HSC1	HSC2	HSC3	HSC4	HSC5	说　明
SM37. 2	SM47. 2	SM57. 2		SM147. 2		正交计数器计数速率选择 0 = 4×计数速率 1 = 1×计数速率
SM37. 3	SM47. 3	SM57. 3	SM137. 3	SM147. 3	SM157. 3	计数方向控制位 0 = 减计数 1 = 加计数
SM37. 4	SM47. 4	SM57. 4	SM137. 4	SM147. 4	SM157. 4	向 HSC 写入计数方向 0 = 无更新 1 = 更新计数方向
SM37. 5	SM47. 5	SM57. 5	SM137. 5	SM147. 5	SM157. 5	向 HSC 写入新预置值 0 = 无更新 1 = 更新预置值
SM37. 6	SM47. 6	SM57. 6	SM137. 6	SM147. 6	SM157. 6	向 HSC 写入新的当前值 0 = 无更新 1 = 更新当前值
SM37. 7	SM47. 7	SM57. 7	SM137. 7	SM147. 7	SM157. 7	HSC 允许 0 = 禁用 HSC 1 = 启用 HSC

2. 状态字节

每个高速计数器都有一个状态字节，状态位表示当前计数方向以及当前值是否大于或等于预置值。每个高速计数器状态字节的状态位见表4-33。

表 4-33　高速计数器状态字节的状态位

HSC0	HSC1	HSC2	HSC3	HSC4	HSC5	说　明
SM36. 5	SM46. 5	SM56. 5	SM136. 5	SM146. 5	SM156. 5	当前计数方向状态位 0 = 减计数 1 = 加计数
SM36. 6	SM46. 6	SM56. 6	SM136. 6	SM146. 6	SM156. 6	当前值等于预设值状态位 0 = 不相等 1 = 等于
SM36. 7	SM46. 7	SM56. 7	SM136. 7	SM146. 7	SM156. 7	当前值大于预设值状态位： 0 = 小于或等于 1 = 大于

（四）高速计数器指令及举例

1. 高速计数器指令

高速计数器指令有两条：高速计数器定义指令 HDEF 和高速计数器启用指令 HSC，高速计数器指令格式见表4-34。

表 4-34　高速计数器指令格式

LAD	HDEF ─┤ EN　ENO ├─ ????─HSC ????─MODE		HSC ─┤ EN　ENO ├─ ????─N
STL	HDEF　HSC, MODE		HSC　N
功能说明	高速计数器定义指令 HDEF		高速计数器指令 HSC
操作数	HSC：高速计数器的编号，为常量(0~5) 数据类型：字节 MODE：工作模式，为常量(0~11) 数据类型：字节		N：高速计数器的编号，为常量(0~5) 数据类型：字

1）高速计数器定义指令 HDEF，该指令指定高速计数器(HSCx)的工作模式。工作模式的选择即选择高速计数器的输入脉冲、计数方向、复位和启动功能。每个高速计数器只能用一条"高速计数器定义"指令。

2）高速计数器启用指令 HSC。根据高速计数器控制位的状态和按照 HDEF 指令指定的工作模式，控制高速计数器。参数 N 指定高速计数器的编号。

2. 高速计数器指令的使用

1）每个高速计数器都有一个 32 位当前值和一个 32 位预置值，当前值和预置值均为带符号的整数值。要设置高速计数器的新当前值和新预置值，必须设置控制字节(见表 4-32)，令其第五位和第六位为 1，允许更新预置值和当前值，新当前值和新预置值写入特殊内部标志位存储区。然后执行 HSC 指令，将新数值传输到高速计数器。当前值和预置值占用的特殊内部标志位存储区见表 4-35。除控制字节以及新预置值和当前值保持字节外，还可以使用数据类型 HC。

表 4-35　HSC0~HSC5 当前值和预置值占用的特殊内部标志位存储区

要装入的数值	HSC0	HSC1	HSC2	HSC3	HSC4	HSC5
新的当前值	SMD38	SMD48	SMD58	SMD138	SMD148	SMD158
新的预置值	SMD42	SMD52	SMD62	SMD142	SMD152	SMD162

2）执行 HDEF 指令之前，必须将高速计数器控制字节的位设置成需要的状态，否则将采用默认设置。默认设置为：复位和启动输入高电平有效，正交计数速率选择 4× 模式。执行 HDEF 指令后，就不能再改变计数器的设置，除非 CPU 进入停止模式。

3）执行 HSC 指令时，CPU 检查控制字节、有关的当前值和预置值。

3. 高速计数器指令的初始化

高速计数器指令的初始化步骤如下：

1）用首次扫描时接通一个扫描周期的特殊内部存储器 SM0.1 去调用一个子程序，完成初始化操作。因为采用了子程序，在随后的扫描中，不必再调用这个子程序，以减少扫描时间，使程序结构更好。

2）在初始化的子程序中，根据希望的控制设置控制字(SMB37、SMB47、SMB137、SMB147、SMB157)，如设置 SMB47=16#F8，则为允许计数，写入新当前值，写入新预置值，更新计数方向为加计数，计数速率为 4×，复位和启动设置为高电平有效。

3）执行 HDEF 指令，设置 HSC 的编号（0～5），设置工作模式（0～11），如 HSC 的编号设置为 1，工作模式输入设置为 11，则为既有复位又有启动的正交计数工作模式。

4）用新的当前值写入 32 位当前值寄存器（SMD38、SMD48、SMD58、SMD138、SMD148、SMD158），如写入 0，则清除当前值，用指令"MOVD　0，SMD48"实现。

5）用新的预置值写入 32 位预置值寄存器（SMD42、SMD52、SMD62、SMD142、SMD152、SMD162），如执行指令"MOVD 1000，SMD52"，则设置预置值为 1000。若写入预置值为 16#00，则高速计数器处于不工作状态。

6）为了捕捉当前值等于预置值的事件，将条件 CV = PV 中断事件（事件 13）与一个中断程序相联系。

7）为了捕捉计数方向的改变，将方向改变的中断事件（事件 14）与一个中断程序相联系。

8）为了捕捉外部复位，将外部复位中断事件（事件 15）与一个中断程序相联系。

9）执行全局中断允许指令（ENI）允许 HSC 中断。

10）执行 HSC 指令使 S7-200 对高速计数器进行编程。

11）结束子程序。

举例：高速计数器的应用举例。

1）主程序。高速计数器应用举例如图 4-63 所示，用首次扫描时接通一个扫描周期的特殊内部存储器 SM0.1 去调用一个子程序，完成初始化操作。

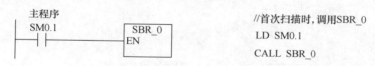

图 4-63　高速计数器应用举例

2）初始化子程序，如图 4-64 所示，定义 HSC1 的工作模式为模式 11（两路脉冲输入的双相正交计数，具有复位和启动输入功能），设置 SMB47 = 16#F8（允许计数，更新新当前值，更新新预置值，更新计数方向为加计数，计数速率为 4×，复位和启动设置为高电平有效）。HSC1 的当前值 SMD48 清零，预置值 SMD52 = 50，当当前值 = 预置值时，产生中断（中断事件 13），中断事件 13 连接中断程序 INT _ 0。

3）中断程序 INT _ 0，如图 4-65 所示。

三、高速脉冲输出

1. 脉冲输出指令（PLS）

脉冲输出指令（PLS）功能为：使能有效时，检查用于脉冲输出（Q0.0 或 Q0.1）的特殊存储器位（SM），然后执行特殊存储器位定义的脉冲操作。指令格式见表 4-36。

表 4-36　脉冲输出指令（PLS）格式

LAD	STL	操作数及数据类型
PLS ─EN ENO─ ????─Q0.X	PLS　Q	Q：常量（0 或 1） 数据类型：字

子程序 0 (配置HSC1)
SM0.1
MOV_B
EN ENO
16#F8-IN OUT-SMB47
HDEF
EN ENO
1-HSC
11-MODE
MOV_DW
EN ENO
+0-IN OUT-SMD48
MOV_DW
EN ENO
+50-IN OUT-SMD52
ATCH
EN ENO
INT_0-INT
13-EVNT
(ENI)
HSC
EN ENO
1-N

```
子程序 0 (配置HSC1)
LD      SM0.1            //首次扫描时
MOVB    16#F8 SMB47      //设置HSC1控制字
HDEF    1 11             //将HSC1设置为模式11
MOVD    +0 SMD48         //HSC1的当前值清0
MOVD    +50 SMD52        //将HSC1预置值设为50
ATCH    INT_0 13         //CV=PV(中断事件13)，
                           调用中断程序INT_0
ENI                      //允许全局中断
HSC 1                    //执行HSC1指令
```

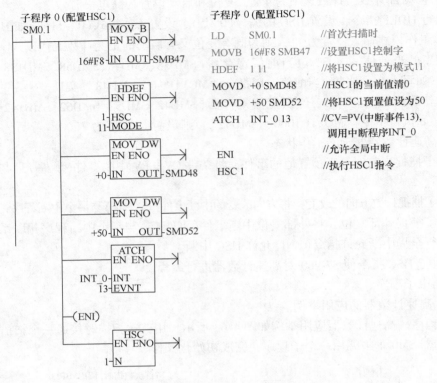

图 4-64　高速计数器应用子程序

SM0.0
MOV_DW
EN ENO
+0-IN OUT-SMD48
MOV_B
EN ENO
16#C0-IN OUT-SMB47
HSC
EN ENO
1-N

```
LD  SM0.0
MOVD  +0 SMD48           //HSC1的当前值清0

MOVB  16#C0  SMB47       //只写入一个新当前值，预
                           置值不变，计数方向不变，
                           HSC1允许计数
HSC1                     //执行HSC1指令
```

图 4-65　高速计数器应用中断程序

2. 用于脉冲输出（Q0.0 或 Q0.1）的特殊存储器

（1）控制字节和参数的特殊存储器　每个 PTO/PWM 发生器都有一个控制字节（8 位）、一个脉冲计数值（无符号的 32 位数值）、一个周期时间和脉宽值（无符号的 16 位数值）。这些值都放在特定的特殊存储区（SM），见表 4-37。执行 PLS 指令时，S7-200 首先读这些特殊存储器位（SM），然后执行特殊存储器位定义的脉冲操作，即对相应的 PTO/PWM 发生器进行编程。

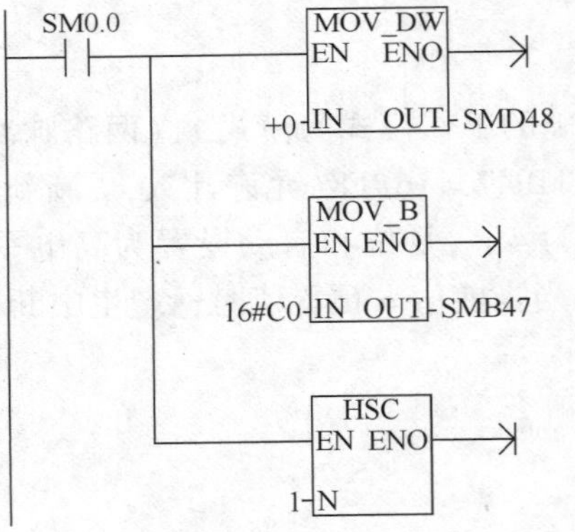

表 4-37 脉冲输出（Q0.0 或 Q0.1）的特殊存储器

Q0.0	Q0.1	说明	
		Q0.0 和 Q0.1 对 PTO/PWM 输出的控制字节	
SM67.0	SM77.0	PTO/PWM 刷新周期值	0：不刷新；1：刷新
SM67.1	SM77.1	PWM 刷新脉冲宽度值	0：不刷新；1：刷新
SM67.2	SM77.2	PTO 刷新脉冲计数值	0：不刷新；1：刷新
SM67.3	SM77.3	PTO/PWM 时基选择	0：1μs；1：1ms
SM67.4	SM77.4	PWM 更新方法	0：异步更新；1：同步更新
SM67.5	SM77.5	PTO 操作	0：单段操作；1：多段操作
SM67.6	SM77.6	PTO/PWM 模式选择	0：选择 PTO；1：选择 PWM
SM67.7	SM77.7	PTO/PWM 允许	0：禁止；1：允许
		Q0.0 和 Q0.1 对 PTO/PWM 输出的周期值	
Q0.0	Q0.1	说明	
SMW68	SMW78	PTO/PWM 周期时间值（范围：2～65535）	
		Q0.0 和 Q0.1 对 PTO/PWM 输出的脉宽值	
Q0.0	Q0.1	说明	
SMW70	SMW80	PWM 脉冲宽度值（范围：0～65535）	
		Q0.0 和 Q0.1 对 PTO 脉冲输出的计数值	
Q0.0	Q0.1	说明	
SMD72	SMD82	PTO 脉冲计数值（范围：1～4294967295）	
		Q0.0 和 Q0.1 对 PTO 脉冲输出的多段操作	
Q0.0	Q0.1	说明	
SMB166	SMB176	段号（仅用于多段 PTO 操作），即多段流水线 PTO 运行中的段的编号	
SMW168	SMW178	包络表起始位置，用距离 V0 的字节偏移量表示（仅用于多段 PTO 操作）	
		Q0.0 和 Q0.1 的状态位	
Q0.0	Q0.1	说明	
SM66.4	SM76.4	PTO 指令由于增量计算错误异常终止 0：无错；1：异常终止	
SM66.5	SM76.5	PTO 指令由于用户命令异常终止 0：无错；1：异常终止	
SM66.6	SM76.6	PTO 流水线溢出 0：无溢出；1：溢出	
SM66.7	SM76.7	PTO 空闲 0：运行中；1：PTO 空闲	

举例：设置控制字节。用 Q0.0 作为高速脉冲输出，则对应的控制字节为 SMB67，如果希望允许输出多段 PTO 脉冲串，并且能够设定其周期值（时基为毫秒）和脉冲个数，则应向 SMB67 写入 2#10101101，即 16#AD。

通过修改脉冲输出（Q0.0 或 Q0.1）的特殊存储器 SM 区（包括控制字节），即更改 PTO 或 PWM 的输出波形，然后再执行 PLS 指令。

注意：所有控制位、周期、脉冲宽度和脉冲计数值的默认值均为零。向控制字节（SM67.7 或 SM77.7）的 PTO/PWM 允许位写入零，然后执行 PLS 指令，将禁止 PTO 或 PWM 波形的生成。

（2）状态字节的特殊存储器　除了控制信息外，还有用于 PTO 功能的状态位，见表4-37。程序运行时，根据运行状态使某些位自动置位。可以通过程序来读取相关位的状态，用此状态作为判断条件，实现相应的操作。

3. 对输出的影响

PTO/PWM 生成器和输出映像寄存器共用 Q0.0 和 Q0.1。在 Q0.0 或 Q0.1 使用 PTO 或 PWM 功能时，PTO/PWM 发生器控制输出，并禁止输出点的正常使用，输出波形不受输出映像寄存器状态、输出强制、执行立即输出指令的影响；在 Q0.0 或 Q0.1 位置没有使用 PTO 或 PWM 功能时，输出映像寄存器控制输出，所以输出映像寄存器决定输出波形的初始和结束状态，即决定脉冲输出波形从高电平或低电平开始和结束，使输出波形有短暂的不连续，为了减小这种不连续的有害影响，应注意以下两点：

1）可在使用 PTO 或 PWM 操作之前，将用于 Q0.0 和 Q0.1 的输出映像寄存器设为 0。

2）PTO/PWM 输出必须至少有 10% 的额定负载，才能完成从关闭至打开以及从打开至关闭的顺利转换，即提供陡直的上升沿和下降沿。

4. PTO 的使用

PTO 是可以指定脉冲数和周期的占空比为 50% 的高速脉冲串的输出。状态字节中的最高位（空闲位）用来指示脉冲串输出是否完成。可在脉冲串完成时启动中断程序，若使用多段操作，则在包络表完成时启动中断程序。

（1）周期和脉冲数　周期范围为 50 ~ 65535μs 或 2 ~ 65535ms，为 16 位无符号数，时基有微秒（μs）和毫秒（ms）两种，通过控制字节的第三位选择。

注意：

1）如果周期小于 2 个时间单位，则周期的默认值为 2 个时间单位。

2）如果周期设定为奇数微秒或毫秒（如 75ms），会引起波形失真。

3）脉冲计数范围为 1 ~ 4294967295，为 32 位无符号数，如果设定脉冲计数为 0，则系统默认脉冲计数值为 1。

（2）PTO 的种类及特点　PTO 功能可输出多个脉冲串，现用脉冲串输出完成时，新的脉冲串输出立即开始，这样就保证了输出脉冲串的连续性。PTO 功能允许多个脉冲串排队，从而形成流水线。流水线分为两种：单段流水线和多段流水线。

单段流水线是指流水线中每次只能存储一个脉冲串的控制参数，初始 PTO 段一旦启动，必须按照对第二个波形的要求立即刷新 SM，并再次执行 PLS 指令，第一个脉冲串完成，第二个波形输出立即开始，重复这一步骤可以实现多个脉冲串的输出。

单段流水线中的各段脉冲串可以采用不同的时间基准，但有可能造脉冲串之间的不平稳过渡。输出多个高速脉冲时，编程复杂。

多段流水线是指在变量存储区 V 建立一个包络表。包络表存放每个脉冲串的参数，执行 PLS 指令时，S7-200 PLC 自动按包络表中的顺序及参数进行脉冲串输出。包络表中每段脉冲串的参数占用 8 个字节，由一个 16 位周期值（2 字节）、一个 16 位周期增量值 Δ（2 字节）和一个 32 位脉冲计数值（4 字节）组成。包络表的格式见表4-38。

表 4-38　包络表的格式

从包络表起始地址的字节偏移	段	说　明
VB_n		段数（1~255）；数值 0 产生非致命错误，无 PTO 输出
VB_{n+1}	段 1	初始周期（2~65535 个时基单位）
VB_{n+3}		每个脉冲的周期增量值 Δ（符号整数：-32768~32767 个时基单位）
VB_{n+5}		脉冲数（1~4294967295）
VB_{n+9}	段 2	初始周期（2~65535 个时基单位）
VB_{n+11}		每个脉冲的周期增量值 Δ（符号整数：-32768~32767 个时基单位）
VB_{n+13}		脉冲数（1~4294967295）
VB_{n+17}	段 3	初始周期（2~65535 个时基单位）
VB_{n+19}		每个脉冲的周期增量值 Δ（符号整数：-32768~32767 个时基单位）
VB_{n+21}		脉冲数（1~4294967295）

注：周期增量值 Δ 为整数微秒或毫秒。

多段流水线的特点是编程简单，能够通过指定脉冲的数量自动增加或减少周期，周期增量值 Δ 为正值会增加周期，周期增量值 Δ 为负值会减少周期，若 Δ 为零，则周期不变。在包络表中的所有脉冲串必须采用同一时基，在多段流水线执行时，包络表的各段参数不能改变。多段流水线常用于步进电动机的控制。

举例：根据控制要求列出 PTO 包络表。

步进电动机的控制要求如图 4-66 所示。从 A 到 B 为加速过程，从 B 到 C 为恒速运行，从 C 到 D 为减速过程。

在本例中，流水线可以分为 3 段，需建立 3 段脉冲的包络表。起始和终止脉冲频率为 2kHz，最大脉冲频率为 10kHz，所以起始和终止周期为 500μs，与最大频率对应的周期为 100μs。1 段：加速运行，应在约 200 个脉冲时达到最大脉冲频率；2 段：恒速运行，约 3600（4000-200-200）个脉冲；3 段：减速运行，应在约 200 个脉冲时完成。

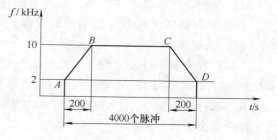

图 4-66　步进电动机的控制要求

某一段每个脉冲周期增量值 Δ 用下式确定：

$$周期增量值\ \Delta = \frac{该段结束时的周期时间 - 该段初始的周期时间}{该段的脉冲数}$$

由该式可计算出 1 段的周期增量值 Δ 为 -2μs，2 段的周期增量值 Δ 为 0，3 段的周期增量值 Δ 为 2μs。假设包络表位于从 VB200 开始的 V 存储区中，包络表见表 4-39。

表4-39 步进电动机控制用包络表

V变量存储器地址	段 号	参 数 值	说 明
VB200		3	段数
VB201		500μs	初始周期
VB203	段1	−2μs	每个脉冲的周期增量值 Δ
VB205		200	脉冲数
VB209		100μs	初始周期
VB211	段2	0	每个脉冲的周期增量值 Δ
VB213		3600	脉冲数
VB217		100μs	初始周期
VB219	段3	2μs	每个脉冲的周期增量值 Δ
VB221		200	脉冲数

在程序中，用指令可将表中的数据送入 V 变量存储区中。

（3）PTO 初始化和操作步骤　在用一个子程序实现 PTO 初始化的过程中，首次扫描（SM0.1）时从主程序调用初始化子程序，执行初始化操作。以后的扫描不需要再调用该子程序，这样可以减少扫描时间，使程序结构更好。

初始化操作步骤如下：

1）首次扫描（SM0.1）时将输出 Q0.0 或 Q0.1 复位（置 0），并调用完成初始化操作的子程序。

2）在初始化子程序中，根据控制要求设置控制字并写入 SMB67 或 SMB77 特殊存储器。例如，写入 16#A0（选择微秒递增）或 16#A8（选择毫秒递增），两个数值表示允许 PTO 功能、选择 PTO 操作、选择多段操作以及选择时基（微秒或毫秒）。

3）将包络表的首地址（16 位）写入 SMW168（或 SMW178）。

4）在变量存储区 V 中，写入包络表的各参数值。一定要在包络表的起始字节中写入段数。在变量存储区 V 中建立包络表的过程也可以在一个子程序中完成，在此只需调用设置包络表的子程序。

5）设置中断事件并全局开中断。如果想在 PTO 完成后立即执行相关功能，则需设置中断，将脉冲串完成事件（中断事件号 19）连接中断程序即可。

6）执行 PLS 指令，使 S7-200 为 PTO/PWM 发生器编程，高速脉冲串由 Q0.0 或 Q0.1 输出。

7）退出子程序。

举例： PTO 指令应用实例。编程实现图 4-66 中步进电动机的控制要求。

分析： 编程前首先选择高速脉冲发生器为 Q0.0，并确定 PTO 为 3 段流水线。设置控制字节 SMB67 为 16#A0，表示允许 PTO 功能、选择 PTO 操作、选择多段操作以及选择时基为微秒，不允许更新周期和脉冲数。建立 3 段的包络表（见表 4-39），并将包络表的首地址装入 SMW168。PTO 完成调用中断程序，使 Q1.0 接通。PTO 完成的中断事件号为 19。用中断调用指令 ATCH 将中断事件 19 与中断程序 INT _0 连接，并全局开中断。执行 PLS 指令，退出子程序。本例的主程序、初始化子程序和中断程序如图 4-67 所示。

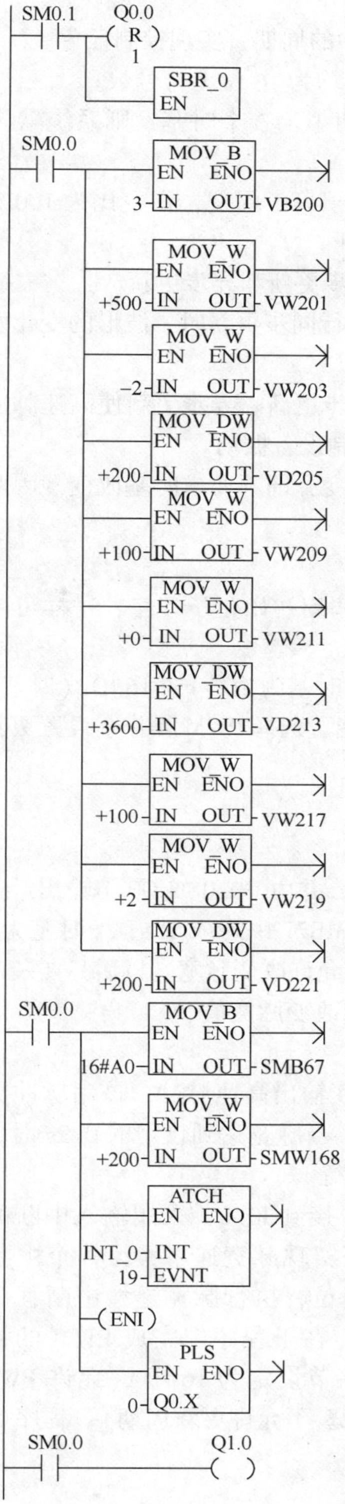

```
SM0.1        Q0.0                    主程序
 ┤├         ─(R)─                    LD SM0.1// 首次扫描时，将Q0.0复位
              1                       R Q0.0 1
            ┌─────────┐              CALL SBR_0//调用子程序0
            │ SBR_0   │
            │ EN      │
            └─────────┘

SM0.0       ┌─────────┐              子程序0
 ┤├         │ MOV_B   │              LD SM0.0                        //写入PTO
            │ EN  ENO ├──>
          3─┤ IN  OUT ├─ VB200       MOVB 3 VB200// 将包络表段数设为3
            └─────────┘

            ┌─────────┐              //段1
            │ MOV_W   │
            │ EN  ENO ├──>
       +500─┤ IN  OUT ├─ VW201       MOVW +500 VW201//段1的初始循环时间设为500ms
            └─────────┘

            ┌─────────┐              MOVW −2 VW203   //段1的 Δ 设为−2ms
            │ MOV_W   │
            │ EN  ENO ├──>
         −2─┤ IN  OUT ├─ VW203
            └─────────┘

            ┌─────────┐              MOVD +200 VD205//段1中的脉冲设为200
            │ MOV_DW  │
            │ EN  ENO ├──>
       +200─┤ IN  OUT ├─ VD205
            └─────────┘
            ┌─────────┐              //段2
            │ MOV_W   │
            │ EN  ENO ├──>           MOVW +100 VW209//段2的初始周期设为100ms
       +100─┤ IN  OUT ├─ VW209
            └─────────┘

            ┌─────────┐
            │ MOV_W   │
            │ EN  ENO ├──>           MOVW +0 VW211 //段2的 Δ 设为0ms
         +0─┤ IN  OUT ├─ VW211
            └─────────┘

            ┌─────────┐
            │ MOV_DW  │
            │ EN  ENO ├──>           MOVD +3600 VD213//段2中的脉冲数设为3600
      +3600─┤ IN  OUT ├─ VD213
            └─────────┘
            ┌─────────┐              //段3
            │ MOV_W   │
            │ EN  ENO ├──>           MOVW +100 VW217//段3的初始周期设为100ms
       +100─┤ IN  OUT ├─ VW217
            └─────────┘
            ┌─────────┐
            │ MOV_W   │
            │ EN  ENO ├──>           MOVW + 2 VW219     //段3的Δ设为2ms
         +2─┤ IN  OUT ├─ VW219
            └─────────┘
            ┌─────────┐
            │ MOV_DW  │
            │ EN  ENO ├──>           MOVD + 200 VD221//段3中的脉冲数设为200
       +200─┤ IN  OUT ├─ VD221
            └─────────┘

SM0.0       ┌─────────┐
 ┤├         │ MOV_B   │              LD        SM0.0
            │ EN  ENO ├──>
      16#A0─┤ IN  OUT ├─ SMB67       MOVB      16#A0,SMB67    //设置控制字节
            └─────────┘

            ┌─────────┐
            │ MOV_W   │
            │ EN  ENO ├──>           MOVW      +200, SMW168   //将包络表起始地址指定为V200
       +200─┤ IN  OUT ├─ SMW168
            └─────────┘

            ┌─────────┐
            │ ATCH    │
            │ EN  ENO ├──>           ATCH      INT_0,19       //设置中断
      INT_0─┤ INT     │
         19─┤ EVNT    │
            └─────────┘

           ─(ENI)─                   ENI                      //全局开中断

            ┌─────────┐
            │ PLS     │
            │ EN  ENO ├──>           PLS       0              //启动PTO，由Q0.0输出
          0─┤ Q0.X    │
            └─────────┘

SM0.0                 Q1.0           中断程序0
 ┤├                  ─( )─           LD SM0.0                 //PTO完成时，输出Q1.0
                                     = Q1.0
```

图 4-67 PTO 指令应用实例的主程序、初始化子程序和中断程序

5. PWM 的使用

PWM 是脉宽可调的高速脉冲，通过控制脉宽和脉冲的周期，实现控制任务。

（1）周期和脉宽 周期和脉宽时基为微秒或毫秒，均为 16 位无符号数。

周期的范围为 $50 \sim 65535\mu s$ 或 $2 \sim 65535ms$。若周期小于 2 个时基，则系统默认为 2 个时基。

脉宽范围为 $0 \sim 65535\mu s$ 或 $0 \sim 65535ms$。若脉宽大于等于周期，占空比为 100%，则输出连续接通。若脉宽等于 0，占空比为 0%，则输出断开。

（2）更新方式 有两种改变 PWM 波形的方法：同步更新和异步更新。

同步更新：不需改变时基时，可以用同步更新。执行同步更新时，波形的变化发生在周期的边缘，形成平滑转换。

异步更新：需要改变 PWM 的时基时，则应使用异步更新。异步更新使高速脉冲输出功能被瞬时禁用，与 PWM 波形不同步，这样可能造成控制设备振动。

常见的 PWM 操作是脉冲宽度不同，但周期保持不变，即不要求时基改变。因此先选择适合于所有周期的时基，尽量使用同步更新。

（3）PWM 初始化和操作步骤

1）用首次扫描位（SM0.1）使输出位复位为 0，并调用初始化子程序，这样可减少扫描时间，程序结构更合理。

2）在初始化子程序中设置控制字节，如将 16#D3（时基为微秒）或 16#DB（时基为毫秒）写入 SMB67 或 SMB77，控制功能为允许 PTO/PWM 功能、选择 PWM 操作、设置更新脉冲宽度和周期数值以及选择时基（微秒或毫秒）。

3）在 SMW68 或 SMW78 中写入一个字长的周期值。

4）在 SMW70 或 SMW80 中写入一个字长的脉宽值。

5）执行 PLS 指令，使 S7-200 为 PWM 发生器编程，并由 Q0.0 或 Q0.1 输出。

6）可为下一输出脉冲预设控制字。在 SMB67 或 SMB77 中写入 16#D2（时基为微秒）或 16#DA（时基为毫秒），控制字节中将禁止改变周期值，允许改变脉宽。以后只要装入一个新的脉宽值，不用改变控制字节，直接执行 PLS 指令就可改变脉宽值。

7）退出子程序。

举例：PWM 应用举例。设计程序，从 PLC 的 Q0.0 输出高速脉冲。该串脉冲脉宽的初始值为 0.1s，周期固定为 1s，其脉宽每周期递增 0.1s，当脉宽达到设定的 0.9s 时，脉宽改为每周期递减 0.1s，直到脉宽减为 0，以上过程重复执行。

分析：因为每个周期都有操作，所以必须把 Q0.0 接到 I0.0，采用输入中断的方法完成控制任务，并且编写两个中断程序，一个中断程序实现脉宽递增，另一个中断程序实现脉宽递减。并设置标志位，在初始化操作时使其置位，执行脉宽递增中断程序；当脉宽达到 0.9s 时，使其复位，执行脉宽递减中断程序。在子程序中完成 PWM 的初始化操作，选用输出端为 Q0.0，控制字节为 SMB67，控制字节设定为 16#DA（允许 PWM 输出，Q0.0 为 PWM 方式，同步更新，时基为毫秒，允许更新脉宽，不允许更新周期）。程序如图 4-68 所示。

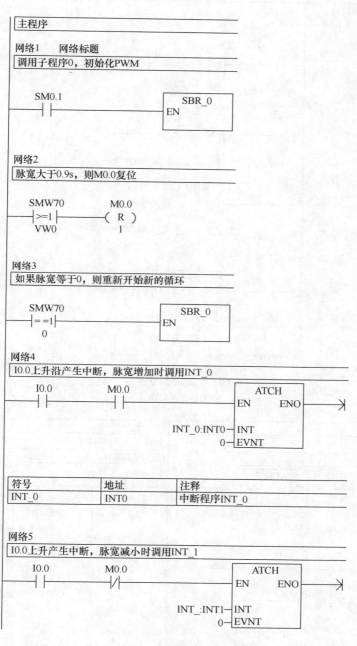

图 4-68 PWM 应用举例

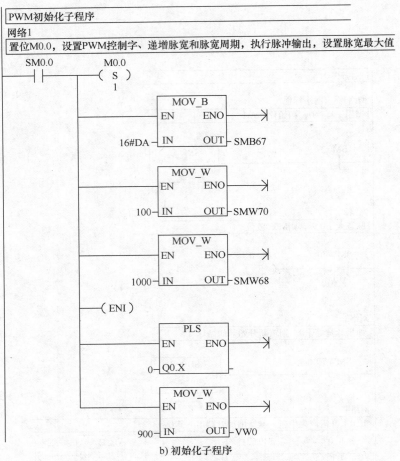

b) 初始化子程序

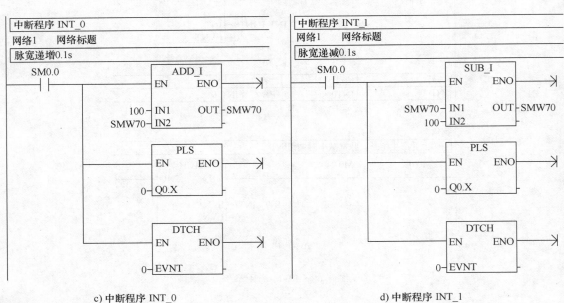

c) 中断程序 INT_0

d) 中断程序 INT_1

图 4-68 PWM 应用举例（续）

任务实施

一、工具、材料准备

控制柜一台、计算机一台和导线若干。

二、任务分析

1）为了在电动机运转时能够实时地检测出电动机的运转速度，这里采用两个输入按钮（起动与停止按钮）和一个接触器 KM 来控制交流异步电动机的运行与停止；采用光电编码器来实现转速到脉冲信号的转换，并利用 PLC 的高速计数器对其输入的脉冲进行计数，从而达到测速的目的。因此，根据系统配置可以确定，PLC 输入/输出点的分配见表 4-40，PLC 输入/输出端接线如图 4-69 所示。

表 4-40　PLC 输入/输出点的分配

输　　入			输　　出		
名称	PLC 地址	作用	名称	PLC 地址	组态软件变量
SB1	I0.4	起动	KM	Q0.0	电动机运行用接触器
SB2	I0.5	停止	实际输出	VW950	转速实际测量值
	I0.0	光电编码器脉冲输入			

2）PLC 转速测量程序实现流程。通过对任务的功能分析，根据高速计数器指令的应用流程，确定基于 PLC 的转速测量程序实现流程，如图 4-70 所示。

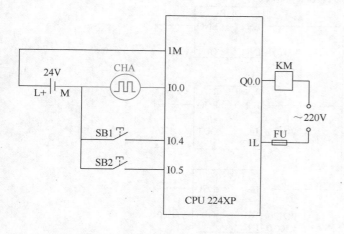

图 4-69　PLC 输入/输出端接线

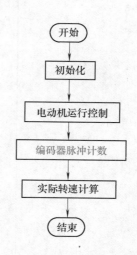

图 4-70　基于 PLC 的转速测量程序实现流程

3）梯形图的编写。

① 主程序，如图4-71所示，用首次扫描时接通一个扫描周期的特殊内部存储器SM0.1去调用一个子程序，完成初始化操作。

② 初始化的子程序SBR-0，如图4-72所示，定义HSC0的工作模式为模式0（单路脉冲输入的内部方向控制加/减计数，没有复位和启动输入功能），设置SMB37＝16#F8（允许计数，更新新当前值，更新新预置值，更新计数方向为加计数，若为正交计数设为4×，复位和启动设置为高电平有效）。HSC0的当前值SMD38清零，每200ms定时中断（中断事件11），中断事件11连接中断程序INT_0。

③ 中断程序INT_0，如图4-73所示。

三、操作方法

1）按照图4-69接线，确保所有接线无误。

2）读懂并输入图4-71～图4-73所示的程序，并在线监控VD500的变化。

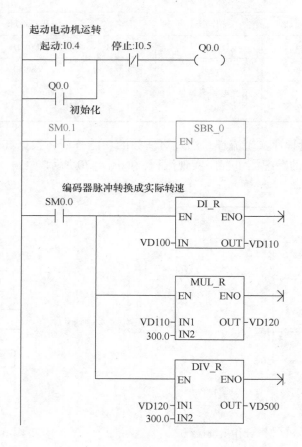

图4-71　高速计数器主程序

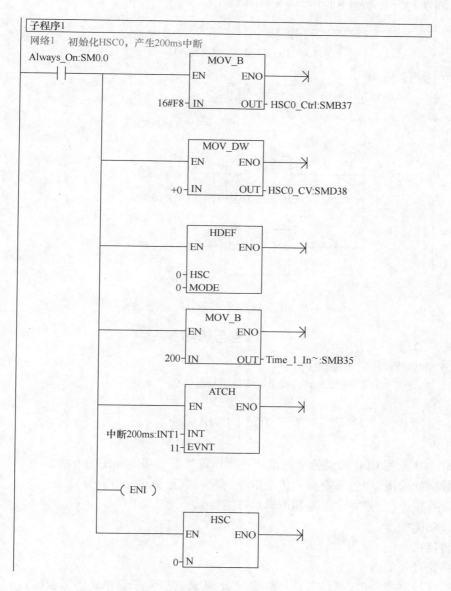

图 4-72   高速计数器子程序 SBR-0(初始化 HSC0)

四、注意事项

本任务采用的光电编码器是 NPN 型输出的，因此要注意输入端接线的方向。

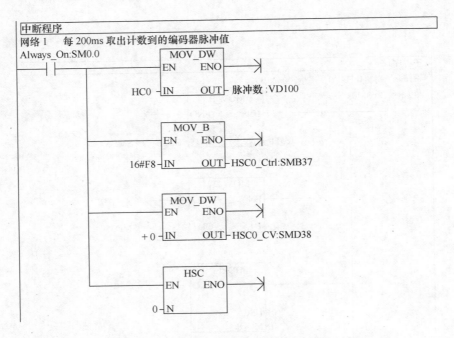

图 4-73　高速计数器中断程序（中断 200ms）

思考与练习

1. 简述光电编码器的工作原理。
2. 基于 PLC 的三相异步电动机转速测量的实现流程是什么?

项 目 小 结

1. S7-200 系列 CPU 功能指令的格式、操作数类型、功能和使用方法。
2. 数据处理指令(包括数据的传送指令、交换、填充和移位指令等)。
3. 运算指令(包括算术运算和逻辑运算指令)。
4. 表功能指令。
5. 转换指令。
6. 高速处理类指令。
7. 程序控制指令(包括结束、暂停、看门狗、跳转、循环、子程序调用指令等)。
8. 中断指令。
9. 模拟量输入/输出处理。

项目五　PLC通信指令的应用

任务一　S7-200 之间的 PPI 通信

知识点：
- 了解通信的基本知识。
- 了解 S7-200 PLC 支持的通信协议。
- 掌握网络读写指令的使用。

技能点：
- 会构建两台 S7-200 之间的通信网络。
- 会对 PPI 通信参数进行设置。

任务提出

随着工业生产规模的不断扩大，对生产管理的信息化、集成化的需求不断提高，PLC 控制系统也逐步从单机分散型控制向着多机协同的网络化控制系统发展，这就要求 PLC 系统具有灵活的通信能力。PPI 通信协议是西门子专门为 S7-200 系列 PLC 开发的通信协议，通过普通的两芯屏蔽双绞线进行联网，并且在 CPU 上集成的编程口同时也是 PPI 通信联网接口，因此利用 PPI 通信协议进行通信非常简单方便。

知识链接

一、通信基本知识

数据通信就是将数据信息通过适当的传送电路从一台机器传送到另一台机器。这里的机器可以是计算机、PLC 或具有数据通信功能的其他数字设备。数据通信系统一般由传送设备、传送控制设备和传送协议及通信软件等组成。

1. 基本概念和术语

（1）并行传输与串行传输　按照传输数据的时空顺序分类，数据通信的传输方式可以分为并行传输和串行传输两种。并行传输是指通信中同时传送构成一个字或字节的多位二进制数据，如图 5-1 所示。并行通行的通信速度高，不用过多考虑同步问题，适用于距离较近时的数据通信，一般用于 PLC 的内部通信中，如 PLC 内部元器件之间、PLC 与扩展模块之间的数据通信。串行传输是指通信中构成一个字或字节的多位二进制数据是一位一位地被传送的，如图 5-2 所示。串行通信易于实现，比较便宜，在长距离连接中比并行通信更可靠，但传输速率较慢，一般用于 PLC 与计算机之间、多台 PLC 之间的数据通信。

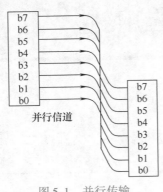

图 5-1　并行传输

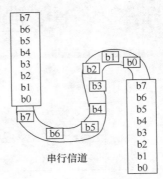

图 5-2　串行传输

（2）异步传输和同步传输　在串行通信中，数据是一位一位依次传输的，同步问题尤为重要，因为发送方和接收方步调的不一致很容易导致"漂移"现象，从而使数据传输出现差错。异步传输和同步传输是两种常见的同步方式。

异步传输方式中，字符与字符之间为异步，字符内部为同步。数据传输的单位是字符，每个字符作为一个独立的整体进行发送。发送的数据字符由一个起始位、7～8 个数据位、一个奇偶校验位（可有可无）和停止位（1 位、1.5 位或 2 位）组成。通信双方需要对所采用的信息格式和数据的传输速率做相同的约定。接收方检测到停止位和起始位之间的下降沿后，将它作为接收的起始点，在每一位的终点接收信息。由于一个字符中包含的位数不多，即使发送方和接收方的收发频率略有不同，也不会因两台机器之间时钟周期的误差积累而导致错位。异步通信传送附加的非有效信息较多，它的传输效率较低，一般用于低速通信，PLC 一般使用异步传输。

同步传输方式中，不仅字符内部为同步，字符与字符之间也要保持同步。信息以数据块为单位进行传输，发送双方必须以同频率连续工作，并且保持一定的相位关系，这就需要通信系统中有专门使发送装置和接收装置同步的时钟脉冲。在一组数据或一个报文之内不需要启停标志，但在传送中要分成组，每一组含有多个字符代码或多个独立的码元。在每组的开始和结束位需加上规定的码元序列作为标志序列。发送数据前，必须发送标志序列，接收端通过检验该标志序列实现同步。同步传输的特点是可获得较高的传输速率，但实现起来较复杂。

（3）基带传输与频带传输　根据数据传输系统在传输由终端形成的数据信号的过程中是否搬移信号的频谱以及是否进行调制，可将数据传输方式分为基带传输和频带传输两种。

基带传输就是在数字通信的信道上直接传送数据的基带信号，即按照数据波的原样进行传输，不包含有任何调制，它是最基本的数据传输方式。所谓基带就是电信号的基本频带，计算机、PLC 及其他数字设备产生的"0"和"1"的电信号脉冲序列就是基带信号。基带传输不需要调制解调，设备花费少，适用于较小范围的数据传输。

在进行远距离的数据传输时，通常将基带信号进行调制，再通过带通型模拟信道传输调制后的信号，接收方通过解调器得到原来的基带信号，这种传输方式称为频带传输。在 PLC 网络中，大多采用基带传输，一般不采用频带传输的方式。

（4）传输速率　传输速率是指单位时间内传输的信息量，它是衡量系统传输性能的主要指标，常用波特率（每秒传送的二进制位数）表示，单位是 bit/s。常用的波特率有 19200bit/s、9600bit/s、4800bit/s、2400bit/s、1200bit/s 等。

（5）信息交互方式　常用的信息交互方式有单工通信、半双工通信和全双工通信三种。其中单工通信是指信息始终保持一个方向传输，发送端和接收端是固定的，如图 5-3a 所示。例如无线电广播、电视广播等就属于这种类型。半双工通信是指数据可以在两个方向上传输，但同一时刻只限于一个方向传输，如图 5-3b 所示。例如对讲机就属于这种类型。全双工通信是指通信双方能够同时进行数据的发送和接收，如图 5-3c 所示。RS-232、RS-422 采用的都是全双工通信方式。在 PLC 通信中常采用半双工和全双工通信。

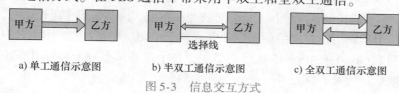

　　a）单工通信示意图　　　　　　b）半双工通信示意图　　　　　c）全双工通信示意图

图 5-3　信息交互方式

2. 传输介质

传输介质是网络中连接收、发双方的物理通路，也是通信中实际传送信息的载体。传输介质大致可分为有线介质和无线介质。常用的有线介质有双绞线、同轴电缆和光纤等。无线介质是指在空间传播的电磁波，红外线、微波等。在 PLC 网络中，普遍使用的是有线介质。

（1）双绞线　一对相互绝缘的线以螺旋形式绞合在一起就构成了双绞线，它是一种使用广泛且价格低廉的传输介质，分为非屏蔽双绞线和屏蔽双绞线两种。两根线螺旋排列的目的是为了减弱来自外部的电磁干扰及相邻双绞线引起的串音干扰。一个双绞线电缆中通常有一到几个这样的双绞线对，在双绞线对外面包裹上起保护作用的塑料外皮，就构成了非屏蔽双绞线。若在双绞线对与塑料外皮之间增加金属网以加强屏蔽效果，就形成了屏蔽双绞线，如图 5-4 所示。

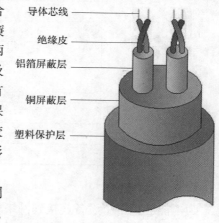

导体芯线
绝缘皮
铝箔屏蔽层
铜屏蔽层
塑料保护层

图 5-4　屏蔽双绞线示意图

（2）同轴电缆　同轴电缆由内导体铜质芯线（铜芯）、绝缘层、铝箔、屏蔽层和塑料保护层 5 部分构成，如图 5-5 所示。与双绞线相比，同轴电缆抗干扰能力强，能够应用于频率更高、数据传输速率更快的场合。

（3）光纤　光纤是一种传输光信号的传输媒介，其从中心到外层分别为光纤芯、包层、保护层，如图 5-6 所示。光纤芯是一种横截面积很小、质地脆、易断裂的光导纤维，制造这种纤维的材料可以是玻璃也可以是塑料。光纤芯的外层裹有一个包层，它由折射率比光纤芯小的

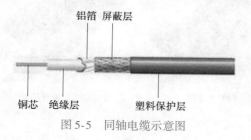

铝箔　屏蔽层

铜芯　绝缘层　　　　塑料保护层

图 5-5　同轴电缆示意图

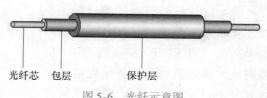

光纤芯　包层　　　保护层

图 5-6　光纤示意图

材料制成。正是由于在光纤芯与包层之间存在着折射率的差异，光信号到达包层的界面上发生全反射，从而保证了光纤的低衰减、长距离传输。

二、S7-200 PLC 通信部件介绍

1. 通信端口

S7-200 系列 PLC 内部集成的 PPI 接口的物理特性为 RS-485 串行端口，为 9 针 D 型连接器，该端口也符合欧洲标准 EN50170 中的 PROFIBUS 标准。表 5-1 给出了 S7-200 端口各引脚的名称及表示的意义。RS-485 只有一对平衡差分信号线用于发送和接收数据，使用 RS-485 通信端口和连接电路可以组成串行通信网络，实现分布式控制系统。网络中最多可以由 32 个子站组成。为提高网络的抗干扰能力，在网络的两端要并联两个电阻，阻值一般为 120Ω。RS-485 的通信距离可以达到 1200m。在 RS-485 通信网络中，每个设备都有一个编号用以区分其他设备，这个编号称为地址，地址必须是唯一的，否则会引起通信混乱。

表 5-1　S7-200 端口各引脚的名称及表示的意义

连接器	插针号	PROFIBUS 信号	端口 0/端口 1
	1	屏蔽	机壳接地
	2	24V 电源负极	逻辑地
	3	RS-485 信号 B	RS-485 信号 B
	4	请求或发送端	RTS(TTL)
针 1　针 6 针 5　针 9	5	5V 电源负极	逻辑地
	6	5V 电源正极	通过 100Ω 电阻串联至 5V 电源正极
	7	24V 电源正极	24V 电源正极
	8	RS-485 信号 A	RS-485 信号 A
	9	不适用	10 位协议选择(输入)

2. 网络连接器

为了能够把多个设备连接到网络中，西门子公司提供两种网络连接器：标准网络连接器和带编程接口的连接器，如图 5-7 所示。后者在不影响现有网络连接的情况下，可以再连接一个编程站或一个 HMI 设备到网络中。两种连接器都有两组螺钉端子，用来连接输入和输出电缆。两种连接器也都有选择开关，可以对网络进行偏置和终端匹配，当开关在 On 位置时，有偏置电阻和终端电阻，在 Off 位置时未接偏置电阻和终端电阻，如图 5-8 所示，图中 A、B 线之间的终端电阻是 220Ω，可以吸收网络上的反射波，增强信号强度；偏置电阻是 390Ω，用于在电气情况复杂时确保

a) 标准网络连接器　　　b) 带编程接口的连接器

图 5-7　网络连接器

A、B信号的相对关系，保证0、1信号的可靠性。

三、S7-200 PLC 的通信协议

西门子 S7-200 PLC 支持多种通信协议，根据所使用的机型，网络可以支持一个或多个协议，如点到点（Point-to-Point）接口协议（PPI）、多点（Multi-Point）接口协议（MPI）、自由口通信协议、现场总线协议（PROFIBUS）和工业以太网协议（TCP/IP）。

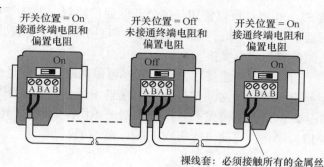

开关位置 = On
接通终端电阻和偏置电阻

开关位置 = Off
未接通终端电阻和偏置电阻

开关位置 = On
接通终端电阻和偏置电阻

裸线套：必须接触所有的金属丝

图 5-8　典型网络连接器使用

1. PPI 协议

PPI 是一种主-从协议：主站设备发送请求到从站设备，从站设备响应这个请求。从站设备不能发送信息，只能等待主站的请求并对请求做出响应。主站靠一个由 PPI 协议管理的共享连接与从站进行通信。PPI 并不限制与任意一个从站通信的主站数量，但是在一个网络中，主站的个数不能超过 32。PPI 通信协议用于 S7-200 与编程计算机之间、S7-200 PLC 之间、S7-200 PLC 与 HMI（人机界面）之间的通信。在此模式下可以使用网络读、写指令来读写其他设备中的数据。

2. MPI 协议

MPI 允许主-主通信和主-从通信，选择何种方式取决于设备类型。如果是 S7-300 PLC，由于所有的 S7-300 PLC 都必须是网络主站，所以应选择主-主通信方式。如果设备是 S7-200 PLC，那么就选择主-从通信方式，因为 S7-200 PLC 只能做 MPI 从站。

3. PROFIBUS 协议

PROFIBUS 是世界上第一个开放式现场总线标准，是用于车间级和现场级的国际标准，其传输速率最大为 12 Mbit/s，响应时间的典型值为 1ms，最多可接 127 个从站，其应用领域覆盖了从机械加工、过程控制、电力、交通到楼宇自动化的各个领域。在 S7-200 PLC 中，CPU 22X 都可以通过增加 EM 277 PROFIBUS-DP 扩展模块的方法接入 PROFIBUS 网络。

PROFIBUS 协议通常用于实现与分布式 I/O 的高速通信。PROFIBUS 网络通常有一个主站和若干个 I/O 从站，主站能够控制总线，并通过配置可以知道 I/O 从站的类型和站号。当主站获得总线控制权后，可以主动发送信息，从站可以接收信号并给予响应，但没有控制总线的权力。PROFIBUS 除了支持主/从模式，还支持多主/多从的模式。对于多主站的模式，在主站之间可按令牌传递顺序决定对总线的控制权，取得控制权的主站可以向从站发送和获取信息，实现点对点的通信。

4. TCP/IP 协议

为了实现企业管理自动化与工业控制自动化的无缝接合，工业以太网成为了工业控制系统中一种新的工业通信网络。通过工业以太网扩展模块（CP243-1）或互联网扩展模块（CP243-1 IT），S7-200 将能支持 TCP/IP 以太网通信。

5. 自由口通信协议

自由口通信协议方式（Freeport Mode）是 S7-200 PLC 的一个很有特色的功能。自由口通信协议的应用，使可通信的范围大大增加，控制系统配置更加灵活、方便。应用此种方式，

使 S7-200 PLC 可以使用任何公开的通信协议，并能与具有串口的外设智能设备和控制器进行通信，如打印机、条码阅读器、调制解调器、变频器和上位 PC 等，也可以用于两个 CPU 之间简单的数据交换。

与外部设备连接后，用户程序可以通过使用发送中断、接收中断、发送指令（XMT）和接收指令（RCV）对通信口操作。在自由通信口模式下，通信协议完全由用户程序控制。另外，自由口通信模式只有在 CPU 处于 RUN 模式时才允许。当 CPU 处于 STOP 模式时，自由通信口停止，通信口转换成正常的 PPI 协议操作。

四、网络读/写指令

S7-200 PLC 提供了网络读写指令，用于 S7-200 PLC 之间的通信，如图 5-9 所示。网络读写指令只能由在网络中充当主站的 PLC 执行，从站 PLC 不必进行通信编程，只需准备通信数据和简单设置。

1. 网络读指令

网络读指令（Network Read）如图 5-9a 所示，当 EN 为 ON 时，执行网络通信命令，初始化通信操作，通过指定端口（PORT）从远程设备上读取数据并存储在数据表（TBL）中。NETR 指令最多可以从远程站点上读取 16 个字节。

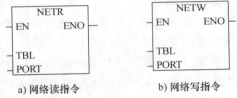

图 5-9　网络读/写指令

PORT 指定通信端口，如果只有一个通信端口，那么此值为 0。有两个通信端口时，此值可以是 0 或 1，分别对应使用的通信端口。

2. 网络写指令

网络写指令（Network Write）如图 5-9b 所示，当 EN 为 ON 时，执行网络通信命令，初始化通信操作，通过指定端口（PORT）向远程设备发送数据表（TBL）中的数据。

使用说明：

1）同一个 PLC 的用户程序中可以有任意多条网络读/写指令，但同一时刻最多只能有 8 条网络读/写指令被激活。

2）在 SIMATICS7 的网络中，S7-200 PLC 被默认为 PPI 的从站。要执行网络读/写指令，必须用程序把 PLC 设置为 PPI 主站模式。

3）通过设置 SMB30（端口 0）或 SMB130（端口 1）的低两位，使其取值为 2，将 PLC 的通信端口 0 或通信端口 1 设定为工作于 PPI 主站模式，就可以执行网络读/写指令。

3. TBL 表的参数定义

TBL：缓冲区的首地址，操作数为字节。TBL 表的参数定义见表 5-2。

表 5-2　TBL 表的参数定义

字节偏移量	名称	描述							
0	状态字节	D	A	E	0	E1	E2	E3	E4
1	远程站地址	被访问的 PLC 的从站地址							
2	指向远程站数据区的指针	指向远程 PLC 存储区数据的间接指针（双字）							
3									
4									
5									

（续）

字节偏移量	名称	描述
6	数据长度	远程站上被访问数据区的字节数(1~16)
7	数据字节 0	接收或发送数据区，保存数据的 1~16 个字节，其长度在数据长度中定义
22	数据字节 15	

状态字节各位的含义：

D 位：表示操作完成位。0：未完成，1：已完成。

A 位：表示操作是否激活。0：无效，1：有效。

E 位：表示错误信息。0：无错误；1：有错误。

E1、E2、E3、E4 位：表示错误码，如执行读写指令后 E 位为 1，则由这 4 位返回一个错误码。

任务实施

一、工具、材料准备

控制柜两台、计算机两台、网络连接器两个、PROFIBUS 电缆 2m 和导线若干。

二、任务分析

要在两台 S7-200 PLC 之间进行通信，我们主要应该做好两方面的工作：物理连接和通信协议。物理连接使用网络连接器和 PROFIBUS 电缆实现，通信协议使用 PPI 协议实现。通信协议主要是对两台 PLC 进行通信参数的设置，我们把两台 S7-200 PLC 站的地址分别设置为 2 号和 3 号站，其中 2 号为主站，3 号为从站，然后用 2 号站的 IB0 控制 3 号站的 QB0，用 3 号站的 IB0 控制 2 号站的 QB0。系统通信实现过程如下：

1. 通信参数设置

分别用 PC/PPI 电缆连接各 PLC。打开 STEP 7-Micro/WIN 编程软件，如图 5-10 所示。选中"通信"打开，双击其子项"通信端口"，打开"通信端口"设置界面，如图 5-11 所示。对 2 号站进行设置时，将"端口 0"的"PLC 地址"设置为 2，选择"波特率"为 9.6kbit/s 然后把设置好的参数下载到 CPU 中。用同样的方法设置 3 号站时，将"端口 0"的"PLC 地址"设置为 3，选择"波特率"为 9.6kbit/s。

2. 程序设计

通信程序是通过网络读/写指令完成的，其中 3 号站是从站，不需要进行通信程序的编写。我们只需将通过编译的程序下载到 2 号站中，并把两台 PLC 的工作方式开关置于 RUN 位置，分别改变两台 PLC 的输入信号状态，来观察通信结果。表 5-3 是 SMB30 和 SMB130 控制字各位的意义，其中 SMB30 是端口 0 通信口的控制字，SMB130 是端口 1 通信口的控制字。表 5-4 是网络读/写缓冲区的地址定义。图 5-12 所示是 2 号站的程序。

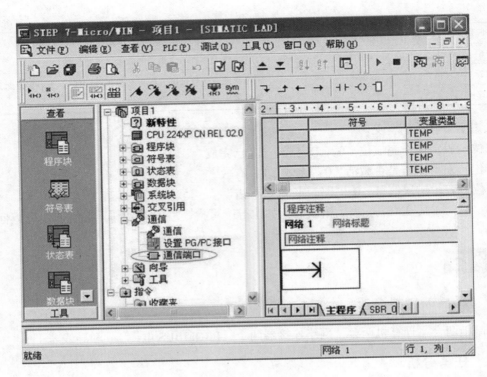

图 5-10　打开编程软件

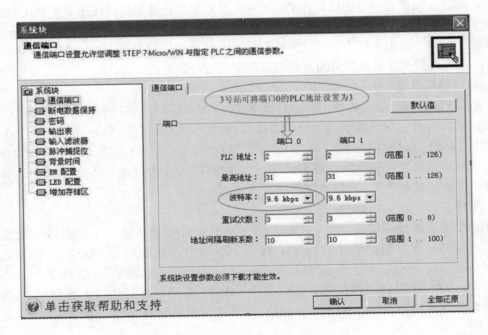

图 5-11　"通信端口"设置界面

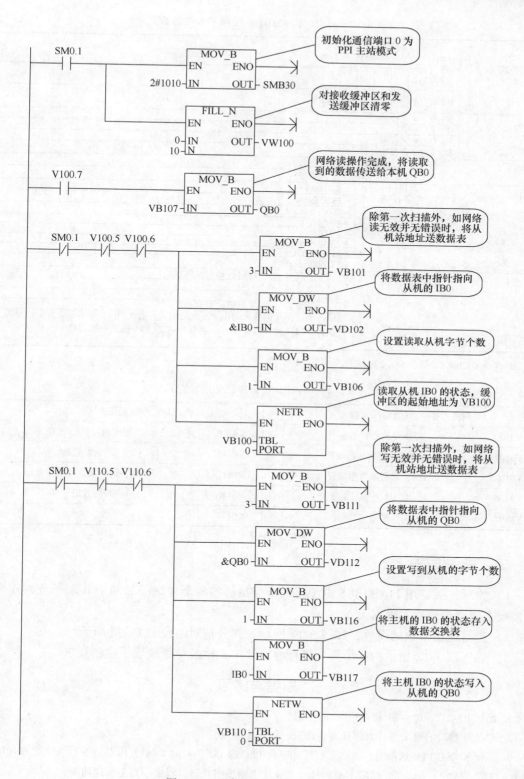

图 5-12　两台 S7-200 PPI 通信程序

表 5-3　SMB30 和 SMB130 控制字各位的意义

位格式	位格式 MSB						LSB	
	7						0	
	p	p	d	b	b	b	m	m
pp:	0	0	= 无校验					
	0	1	= 偶校验					
	1	0	= 无校验					
	1	1	= 奇校验					
d:	0		= 每个字符 8 个数据位					
	1		= 每个字符 7 个数据位					
bbb:			0	0	0	= 38400bit/s		
			0	0	1	= 19200bit/s		
			0	1	0	= 9600bit/s		
			0	1	1	= 4800bit/s		
			1	0	0	= 2400bit/s		
			1	0	1	= 1200bit/s		
			1	1	0	= 115. 200bit/s[①]		
			1	1	1	= 57. 600bit/s[①]		
mm:						0	0	= 点对点接口协议（PPI/从属模式）
						0	1	= 自由口通信协议
						1	0	= PPL/主站模式
						1	1	= 保留（PPI/从站模式默认值）
	注释：当选择代码 mm = 10（PPI 主站模式）时，CPU 在网络定义为主站设备，允许执行 NETR 和 NETW 指令。字节 2~7 在 PPI 模式中被忽略								

① 需要 S7-200CPU 版本为 1.2 或以上。

表 5-4　网络读/写缓冲区的地址定义

网络读指令数据缓冲区（接收）		网络写指令数据缓冲区（发送）	
VB100	指令执行状态字节	VB110	指令执行状态字节
VB101	3，读远程站的地址	VB111	3，写远程站的地址
VB102	&IB0，远程站数据区首地址	VB112	&QB0，远程站数据区首地址
VB106	1，读的数据长度	VB116	1，写的数据长度
VB107	数据字节	VB117	数据字节

三、操作方法

1）物理连接，用 PROFIBUS 电缆将网络连接器的两个 A 端子和两个 B 端子分别连在一起，检查电路正确性，确保无误。

2）进行通信参数的设置，如图 5-11 所示，并分别对两台 PLC 进行下载。

3）输入图 5-12 所示的梯形图，进行程序调试，检查是否实现了控制要求。

思考与练习

1. 比较 RS-232、RS-422 和 RS-485 的区别。

2. S7-200 PLC 的通信方式有哪几种？比较它们的不同点。

3. 两台 S7-200 PLC 通信时，PLC 运行后，甲机 PLC 的 Q0.0 ~ Q0.7 每隔 1s 依次亮，接着乙机 PLC 的 Q0.0 ~ Q0.7 每隔 1s 依次亮，然后不断循环。试设计出梯形图并调试程序，直至实现功能。

4. 三台 S7-200 PLC 如何实现 PPI 通信？

任务二　S7-200 与 S7-300 的通信

任务提出

S7-200 与 S7-300 PLC 之间的通信，可以使众多独立的 PLC 有机地连接在一起，组成工业自动化系统的"现场总线"网络（称为 PLC 链接网）。这一"现场总线"网络可以通过各种通信电路与上位计算机连接，以组成规模大、功能强、可靠性高的综合网络控制系统。

知识链接

一、S7-200 与 S7-300 的通信方式

1. S7-200 和 S7-300 进行 MPI 通信

S7-200 与 S7-300 之间采用 MPI 通信方式时，S7-200 PLC 中不需要编写任何与通信有关的程序，只需要将要交换的数据整理到一个连续的 V 存储区当中即可，而 S7-300 中需要在 OB1（或是定时中断组织块 OB35）当中调用系统功能 X_GET（SFC67）和 X_PUT（SFC68），实现 S7-300 与 S7-200 之间的通信。

首先根据 S7-300 的硬件配置，在 STEP7 当中组态 S7-300 站并且下载。注意，S7-200 和 S7-300 出厂默认的 MPI 地址都是 2，所以必须先修改其中一个 PLC 的站地址，我们可以将 S7-300 MPI 地址设定为 2，S7-200 地址设定为 3，另外要分别将 S7-300 和 S7-200 的通信速率设定一致，可设为 9.6kbit/s、19.2kbit/s、187.5 kbit/s 三种波特率。

2. S7-200 和 S7-300 进行以太网通信

S7-200 通过 CP243-1 接入工业以太网有以下几种方式：S7-200 之间的以太网通信、S7-200 与 S7-300/400 之间的以太网通信、S7-200 与 OPC 及 WINCC 的以太网通信。在 S7-200 与 S7-300/400 之间的以太网通信中，S7-200 既可以做 Server（服务器）端，也可以做 Client（客户）端。

3. S7-200 和 S7-300 进行 PROFIBUS 通信

S7-200 与 S7-300 通过 EM 277 进行 PROFIBUS-DP 通信，需要在 STEP7 中进行 S7-300 站组态，在 S7-200 系统中不需要对通信进行组态和编程，只需要将要进行通信的数据整

理存放在 V 存储区，然后在组态 S7-300 的 EM 277 模块时，硬件 I/O 地址与 S7-200 的通信存储区相对应就可以了。

二、EM 277 模块介绍

EM 277 模块是专门用于 PROFIBUS-DP 协议通信的智能扩展模块。它的外形如图 5-13
所示，EM 277 机壳上有一个 RS-485 接口，通过接口可将 S7-200 系列 CPU 连接至网络，它支持 PROFIBUS-DP 和 MPI 从站协议，其上的地址选择开关可进行地址设置，地址范围为 0~99。

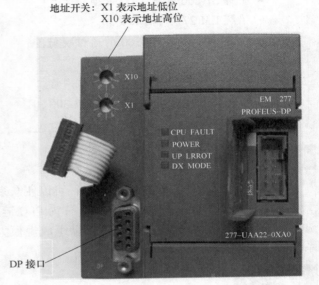

地址开关：X1 表示地址低位
X10 表示地址高位

S7-200 PLC 必须通过 PROFIBUS-DP 模块 EM 277 连接到网络，不能直接接入 PROFIBUS 网络进行通信。EM 277 经过串行 I/O 总线连接到 S7-200 PLC。PROFIBUS 网络经过其 DP 通信端口连接到 EM 277 模块。这个端口支持 9600bit/s~12Mbit/s 之间的任何传输速率。EM 277 模块在 PROFIBUS 网络中只能作为 PROFIBUS 从站出现。作为 DP 从站，EM 277 模块接受从主站来的多种不同的 I/O 配置，向主站发送和接收不同数量的数据。这种特性使用户能

图 5-13　EM 277 模块

修改所传输的数据量，以满足实际应用的需要。与许多 DP 站不同的是，EM 277 模块不仅仅传输 I/O 数据，还能读写 S7-200 PLC 中定义的变量数据块，这样使用户能与主站交换任何类型的数据。通信时，首先将数据移到 S7-200 PLC 中的变量存储区，就可将计数器值、定时器值或其他计算值传输到主站。类似地，从主站来的数据存储在 S7-200 CPU 中的变量存储区内，进而可移到其他数据区。

EM 277 模块的 DP 端口可连接到网络上的一个 DP 主站上，仍能作为一个 MPI 从站与同一网络上如 SIMATIC 编程器或 S7-300/400 PLC 等其他主站进行通信。为了将 EM 277 作为一个 DP 从站使用，用户必须设定与主站组态中的地址相匹配的 DP 端口地址。从站地址是使用 EM 277 模块上的旋转开关设定的。在变动旋转开关之后，用户必须重新启动 CPU 电源，以便使新的从站地址起作用。主站通过将其输出区来的信息发送给从站的输出缓冲区（称为接收信箱），与每个从站交换数据。从站将其输入缓冲区（称为发送信箱）的数据返回给主站的输入区，以响应从主站来的信息。

EM 277 可用 DP 主站组态，以接收从主站来的输出数据，并将输入数据返回给主站。输出和输入数据缓冲区驻留在 S7-200 PLC 的变量存储区（V 存储区）内。当用户组态 DP 主站时，应定义 V 存储区内的字节位置。从这个位置开始为输出数据缓冲区，它应作为 EM 277 的参数赋值信息的一个部分。用户也要定义 I/O 配置，它是写入到 S7-200 PLC 的输出数据总量和从 S7-200 PLC 返回的输入数据总量。EM 277 从 I/O 配置确定输入和输入缓冲区的

大小。DP 主站将参数赋值和 I/O 配置信息写入到 EM 277 模块 V 存储区地址并将输入及输出数据长度传输给 S7-200 PLC。输入和输出缓冲区的地址可配置在 S7-200 PLC 的 V 存储区中任何位置，输入和输出缓冲区的默认地址为 VB0，输入和输出缓冲地址是主站写入 S7-200 PLC 赋值参数的一部分。用户必须组态主站以识别所有的从站及将需要的参数和 I/O 配置写入每一个从站。

一旦 EM 277 模块已用一个 DP 主站成功地进行了组态，EM 277 和 DP 主站就进入数据交换模式。在数据交换模式中，主站将输出数据写入到 EM 277 模块，然后 EM 277 模块响应最新的 S7-200 PLC 输入数据。EM 277 模块不断地更新从 S7-200 PLC 来的输入数据，以便向 DP 主站提供最新的输入数据，然后该模块将输出数据传输给 S7-200 PLC。从主站来的输出数据放在 V 存储区中（输出缓冲区）由某地址开始的区域内，而该地址是在初始化期间由 DP 主站提供的。传输到主站的输入数据取自 V 存储区的存储单元（输入缓冲区），其地址是紧随输出缓冲区的。

在建立 S7-200 PLC 用户程序时，必须知道 V 存储区中的数据缓冲区的开始地址和缓冲区大小。从主站来的输出数据必须通过 S7-200 PLC 中的用户程序，从输出缓冲区转移到其他所用的数据区。类似地，传输到主站的输入数据也必须通过用户程序从各种数据区转移到输入缓冲区，进而发送到 DP 主站。

SMB200～SMB249 提供有关 EM 277 从站模块的状态信息（如果它是 I/O 链中的第一个智能模块）。如果 EM 277 是 I/O 链中的第二个智能模块，那么 EM 277 的状态就是从 SMB250～SMB299 获得的。如果 DP 尚未建立与主站的通信，那么这些 SM 存储单元就会显示默认值。当主站已将参数和 I/O 组态写入到 EM 277 模块后，这些 SM 存储单元就会显示 DP 主站的组态集。用户应检查 SMB224，并确保在使用 SMB225～SMB229 或 V 存储区中的信息之前，EM 277 已处于与主站交换数据的工作模式。

任务实施

一、工具、材料准备

控制柜两台、计算机两台、网络连接器两个、PROFIBUS 电缆 2m 和导线若干。

二、任务分析

在此任务中，S7-300 PLC 通过 PROFIBUS-DP 来读写 S7-200 PLC 中的数据。其中 S7-300 PLC 要有两个通信口（一个默认 MPI 口，另一个默认 DP 口）。S7-200 PLC 本身不带 DP 口，需要通过外挂 DP 的模块（EM 277）来转换，而 EM 277 是以第三方设备的形式出现在 PROFI-BUS-DP 网络中，支持 PROFIBUS-DP 协议的第三方设备都会有 GSD 文件，通常以 ∗. GSD 或 ∗. GSE 文件名出现。组态时将此文件加入就可以设置第三方设备的通信接口了，EM 277 的 GSD 文件为 "SIEM089D. GSD"。

1. 主站组态

1）STEP7 软件是 S7-300/400 的组态编程环境，打开 SIMATIC MANAGER 界面，单击"文件"菜单中的"新建"命令来建立一个项目，在"名称"文本框中输入项目名称，在下方的"存储位置（路径）"文本框中输入其存储位置；单击"确定"按钮完成项目的建立，如图 5-14 所示。

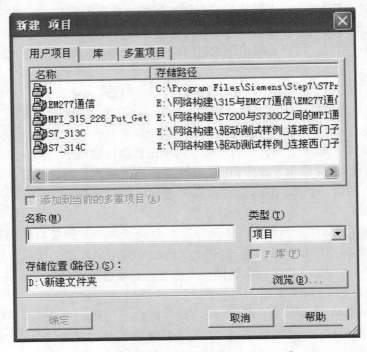

图 5-14　新建项目

2）在项目窗口的左侧选中该项目，右击该项目，在弹出的快捷菜单中单击"插入新对象"，选择"SIMATIC 300 站点"命令，如图 5-15 所示。

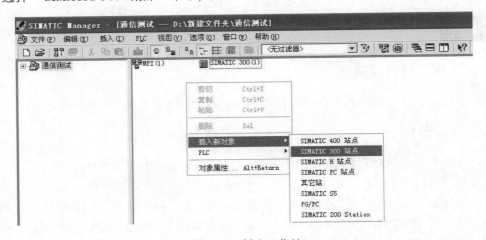

图 5-15　插入工作站

3）双击 SIMATIC 300(1)，出现"硬件"项，如图 5-16 所示。双击"硬件"图标，在弹出的 HW Config 窗口中进行组态，在右侧的硬件选项框中选择菜单"SIMATIC300/RACK 300"，展开后出现"Rail"，即 S7-300 PLC 的机架，双击"Rail"将其添加到硬件中，然后按订货号和硬件安装次序依次插入电源和 CPU 模块，如图 5-17 所示。

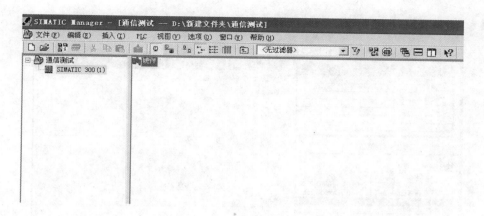

图 5-16　硬件目录窗口

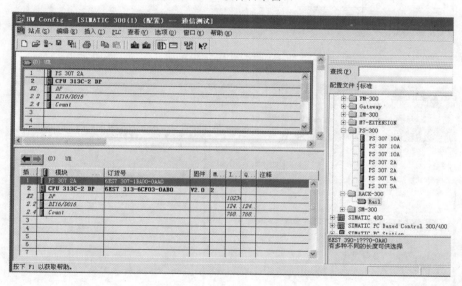

图 5-17　硬件组态

4）在配置 CPU 时，需要新建网络，双击 2 号槽 DP 模块，如图 5-18 所示，单击"属性"按钮，新建 PROFIBUS，然后对网络类型和传输速率进行设置，如图 5-19 所示。设置完成后，DP 后将延伸出一条总线，如图 5-20 所示。

2. EM 277 从站组态

（1）安装 EM 277 模块的 GSD 文件　将 S7-200 PLC 总线通信模块 EM 277 组态到网络中，是通过安装"GSD"文件实现的。打开硬件组态，如图 5-21 所示，单击"选项"菜单下的"安装 GSD 文件"命令。在弹出的对话框中选择 SIEM089D. GSD 文件，并单击"安装"按钮。这样，EM 277 模块的 GSD 文件就安装成功了。

（2）添加 EM 277　在 STEP7 软件中打开硬件组态，然后在右侧配置目录下选择"PRO-FIBUS-DP→Additional Field Devices→PLC→SIMATIC→EM 277 PROFIBUS-DP"项，弹出 PROFIBUS 接口属性参数对话框，在"地址"文本框中输入 3（要和 EM 277 实际地址设置相

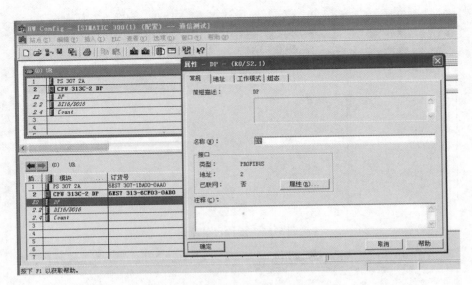

图 5-18　PROFIBUS-DP 的属性

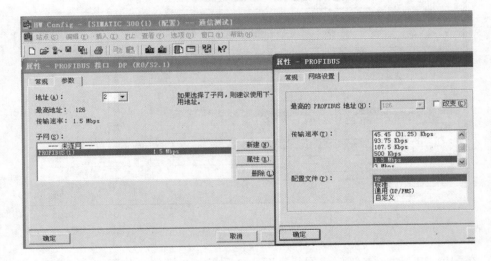

图 5-19　新建 PROFIBUS 网络

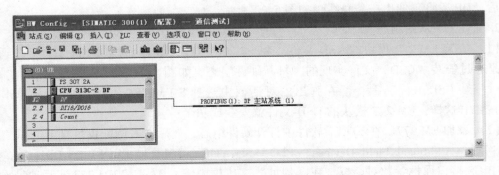

图 5-20　S7-300 的 PROFIBUS 网络

同)；根据需要设置通信的字节数，本例中选择了 8 字节入/8 字节出的方式，地址分配为
IB0 ~ IB7、QB0 ~ QB7，从站组态完成，如图 5-22 所示。

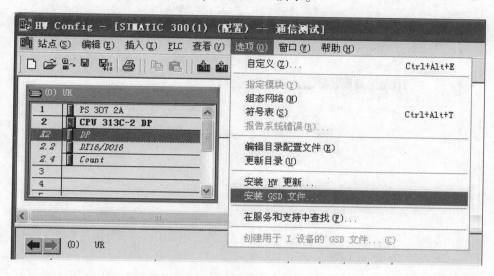

图 5-21　GSD 文件安装向导

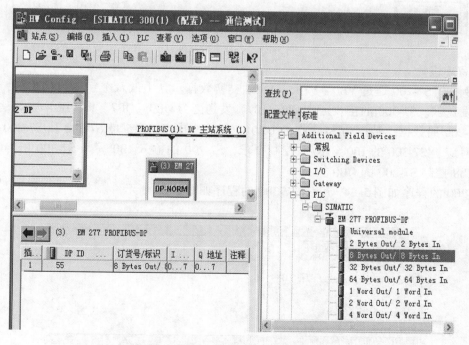

图 5-22　添加 EM 277 的结果

(3) 定义 EM 277 在 S7-200 中的地址　首先用鼠标右键单击 EM 277 图标，在弹出的快
捷菜单中选择"对象属性"命令，会弹出属性对话框，单击对话框中的"分配参数"选项
卡查看工作站点的参数，如图 5-23 所示。设置 I/O Offset in the V-memory (V 存储区中的 I/O
偏移量) 为 0，即用 S7-200 的 VB0 ~ VB15 与 S7-300 的 IB0 ~ IB7 和 QB0 ~ QB7 交换数据。

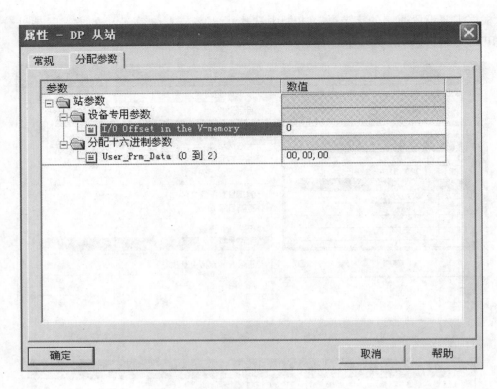

图 5-23 查看参数属性

3. 程序设计

本例中，S7-200 通过 VB0～VB15 与主站交换数据。其中低八个字节为接收区，高八个字节为发送区。S7-300 的接收区为 IB0～IB7，发送区为 QB0～QB7。即 VB0～VB7 是 S7-300 写到 S7-200 的数据，数据为 S7-300 的 QB0～QB7；VB8～VB15 是 S7-300 从 S7-200 读取的数据，对应于 S7-300 的 IB0～IB7。控制要求：S7-200 的输入 IB0 写入 S7-300 的 QB8，S7-300 的 IB8 控制 S7-200 的 QB0。

S7-200 的程序如图 5-24 所示，S7-300 的程序如图 5-25 所示。

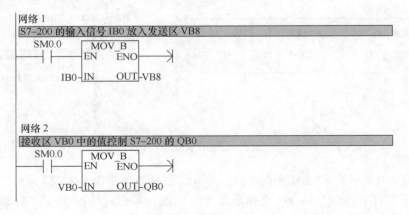

图 5-24 S7-200 的程序

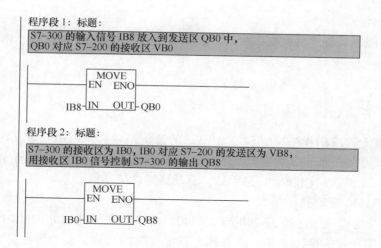

程序段1：标题：
S7-300 的输入信号 IB8 放入到发送区 QB0 中，
QB0 对应 S7-200 的接收区 VB0

```
        MOVE
      EN    ENO
IB8 — IN   OUT — QB0
```

程序段2：标题：
S7-300 的接收区为 IB0，IB0 对应 S7-200 的发送区为 VB8，
用接收区 IB0 信号控制 S7-300 的输出 QB8

```
        MOVE
      EN    ENO
IB0 — IN   OUT — QB8
```

图 5-25 S7-300 的程序

三、操作方法

1）物理连接，将 S7-300 和 EM 277 用 PROFIBUS 电缆连接在一起，检查电路正确性，确保无误。

2）进行 STEP7 网络组态。

3）编制程序，并分别进行下载，调试检查是否实现了控制要求。

思考与练习

1. 如何实现两台 S7-200 与 S7-300 进行 PROFIBUS-DP 通信？

2. S7-200 与 S7-300 的通信方式有哪几种？比较它们的不同点。

3. S7-200 与 S7-300 进行 PROFIBUS-DP 通信时，两机能互相读取对方的计数器值。设计出梯形图，并调试程序，直至实现功能。

任务三 S7-200 与变频器的通信

知识点：
- 掌握 PLC 与变频器之间 USS 协议的使用方法。
- 掌握 USS 协议中读/写程序的编写。

技能点：
- 会进行 PLC、触摸屏与变频器之间的通信连接。
- 会用 USS 协议进行 PLC 编程、变频器参数设置及联机调试。

任务提出

设计一个用 S7-200 PLC 与 MM440 变频器的 RS-485 之间的通信系统，实现如下功能：

1）正反转运行。

2）调速功能、具备读写参数功能。

一、USS 协议通信接线

自由口模式允许应用程序控制 S7-200 CPU 的通信端口，使用用户定义的通信协议就可以实现与多种类型的智能设备的通信。若使用 USS 协议就能实行 S7-200 与 MicroMaster 系列驱动设备通信，此时，S7-200 CPU 是主站，驱动器是从站。

1. 连接 MM440 驱动器

RS-485 电缆可以用于连接 S7-200 与 MM440，在 S7-200 端使用 PROFIBUS 连接器，将 A 端连至 MM440 驱动器的接线端 30，将 B 端连到接线端 29。如果驱动器在网络中组态为端点站，那么终端和偏置电阻必须正确地连接至连接终端上，图 5-26 所示为对 MM440 驱动器做的终端和偏置电阻连接。

2. 设置 MM440 驱动器

在将驱动器连接至 S7-200 之前，必须确保驱动器具有以下系统参数：

1）对所有参数的读/写访问：P0003 = 3（专家模式）。

2）USS PZD 长度：P2012 Index 0 = 2；USS PKW 长度：P2013 Index 0 = 127。

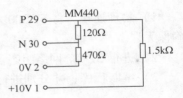

图 5-26 终端和偏置
电阻连接示例

3）本地/远程控制模式：P0700 Index0 = 5（COM 链接的 USS 设置）。

4）频率设定值：P1000 Index0 = 5（COM 链接的 USS 设置）。

5）设置串行链接参考频率：P2000 = 1 ~ 650Hz。

6）设置 USS 标准化：P2009 Index0 = 0（以 P2000 基准频率进行设置）。

7）设置 RS-485 串口波特率：P2010 Index0 = 4 ~ 12（2400bit/s、4800bit/s、9600bit/s、19200bit/s 等）。

8）输入从站地址：P2011 Index 0 = 0 ~ 31。

9）设置串行链接超时：P2014 Index 0 = 0 ~ 65535ms（0：超时禁止）。

10）从 RAM 向 EEPROM 传送数据：P0971 = 1（启动传送）将参数设置的改变存入 EEPROM。

二、USS 通信协议简介

USS（Universal Serial Interface，通用串行通信接口）是西门子专为驱动装置开发的通信协议。

注意： USS 提供了一种低成本的、比较简易的通信控制途径，由于其本身的设计，USS 不能用在对通信速率和数据传输量有较高要求的场合。在这些对通信要求高的场合，应当选择实时性更好的通信方式，如 PROFIBUS-DP 等。在进行系统设计时，必须考虑到 USS 的这一局限性。

例如，如果在一些速度同步要求比较高的应用场合(如造纸生产线)，对十几甚至数十台变频器采用 USS 通信控制，其效果可想而知。

USS 协议的基本特点如下：

1）支持多点通信(因而可以应用在 RS-485 等网络上)。

2）采用单主站的"主—从"访问机制。

3）一个网络上最多可以有 32 个节点(最多 31 个从站)。

4）简单可靠的报文格式，使数据传输灵活高效。

5）容易实现，成本较低。

USS 的工作机制是，通信总是由主站发起，USS 主站不断循环轮询各个从站，从站根据收到的指令，决定是否以及如何响应，从站永远不会主动发送数据。从站在以下条件满足时应答：

1）接收到的主站报文没有错误。

2）本从站在接收到的主站报文中被寻址。

如果上述条件不满足，或者主站发出的是广播报文，从站不会做任何响应。

对于主站来说，从站必须在接收到主站报文之后的一定时间内发回响应，否则主站将视为出错。

三、USS 字符帧格式

USS 的字符传输格式符合 UART 规范，即使用串行异步传输方式。USS 在串行数据总线上的字符传输帧为 11 位长度，包括：

起始位	数据位								校验位	停止位
1	0 LSB	1	2	3	4	5	6	7	偶 ×1	1

连续的字符帧组成 USS 报文。在一条报文中，字符帧之间的间隔延时要小于两个字符帧的传输时间(当然这个时间取决于传输速率)。

四、USS 报文帧格式

USS 协议的报文简洁可靠，高效灵活。报文由一连串的字符组成，协议中定义了它们的特定功能：

STX	LGE	ADR	净数据区					BCC
			1	2	3	...	n	

以上每小格代表一个字符(字节)。

STX：起始字符，总是 02H。

LGE：报文长度。

ADR：从站地址及报文类型。

BCC：BCC 校验符。

在 ADR 和 BCC 之间的数据字节，称为 USS 的净数据。主站和从站交换的数据都包括在每条报文的净数据区域内。

净数据区由 PKW 区和 PZD 区组成：

PKW 区						PZD 区			
PKE	IND	PWE1	PWE2	…	PWEm	PZD1	PZD2	…	PZDn

以上每小格代表一个字（两个字节）。

PKW：此区域用于读写参数值、参数定义或参数描述文本，并可修改和报告参数的改变，其中：

PKE：参数 ID，包括代表主站指令和从站响应的信息，以及参数号等。

IND：参数索引，主要用于与 PKE 配合定位参数。

PWEm：参数值数据。

PZD：此区域用于在主站和从站之间传递控制和过程数据。控制参数按设定好的固定格式在主、从站之间对应往返，如：

PZD1：主站发给从站的控制字/从站返回主站的状态字。

PZD2：主站发给从站的给定/从站返回主站的实际反馈。

……

PZDn：主站发给从站的给定/从站返回主站的实际反馈（主站发给从站可以有多个参数值，依次送入即可）。

根据传输的数据类型和驱动装置的不同，PKW 和 PZD 区的数据长度都不是固定的，它们可以灵活改变以适应具体的需要。但是，在用于与控制器通信的自动控制任务时，网络上的所有节点都要按相同的设定工作，并且在整个工作过程中不能随意改变。

注意：

1）对于不同的驱动装置和工作模式，PKW 和 PZD 的长度可以按一定规律定义，一旦确定就不能在运行中随意改变。

2）PKW 可以访问所有对 USS 通信开放的参数；而 PZD 仅能访问特定的控制和过程数据。

3）PKW 在许多驱动装置中是作为后台任务处理，因此 PZD 的实时性要比 PKW 好。

以上仅是对 USS 协议的简单介绍，以帮助读者更好地理解控制任务和选择对策。如需要了解详细的信息，请参考相应驱动产品的手册。

五、USS 通信协议库相关指令

1. USS_INIT 指令

USS_INIT 指令被用于启用和初始化或禁止 MicroMaster 系列驱动器通信。在使用任何其他 USS 协议指令之前，必须先执行 USS_INIT 指令，且不能有错误。图 5-27 所示为 USS_INIT 指令的应用示例。

Mode：选择不同的通信协议，输入值为 1 时，指定 Port 0 为 USS 协议并使能该协议，输入值为 0 时，指定 Port 0 为 PPI，并且禁止 USS 协议。

Baud（波特率）：将波特率设为 1200bit/s、2400bit/s、4800bit/s、9600bit/s、

19200bit/s、38400bit/s、57600bit/s 或
115200bit/s。

Active(激活)：激活驱动器。图 5-28
所示为 Active 参数的格式。

Done(完成)：当 USS_INIT 指令完成
时，输出 1。

Error(错误)：输出字节中包含该指
令的执行结果。

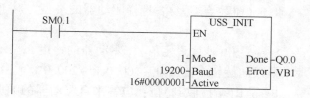

图 5-27　USS_INIT 指令的应用示例

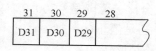 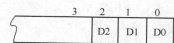

D0 表示驱动器 0 激活位，0：驱动器未激活，1：驱动器激活
D1 表示驱动器 1 激活位，0：驱动器未激活，1：驱动器激活

图 5-28　Active 参数的格式

2. USS_CTRL 指令

USS_CTRL 指令被用于控制 ACTIVE(激活)MicroMaster 系列驱动器。

USS_CTRL 指令将选择的命令放到通信缓冲区内。如果已经在 USS_INIT 指令的激活参
数中选择了驱动器，则此命令将被发送到该驱动器(驱动器参数)中。对于每一个驱动器只
能使用一个 USS_CTRL 指令。图 5-29 所示为 USS_CTRL 指令的应用示例。

EN 位：必须打开才能启用 USS_
CTRL 指令。该指令应当始终启用。

RUN(运行)：(RUN/STOP)表示驱动
器是否接通(1)或断开(0)。当 RUN 位接
通时，MicroMaster 系列驱动器接收命令，
以指定的速度和方向运行。为使驱动器运
行，必须满足以下条件：

1) DRIVE(驱动器)在 USS_INIT 中必
须被选为 ACTIVE(激活)。

2) OFF2 和 OFF3 必须被设为 0。

3) Fault(故障)和 Inhibit(禁止)必须
为 0。

F_ACK(故障应答)位：用于应答驱
动器的故障。当它从 0 变为 1 时，驱动器
清除该故障(Fault)。

DIR(方向)位：指示驱动器应向哪个
方向运动。

Drive(驱动器地址)：MicroMaster 驱
动器的地址。有效地址为 0～31。

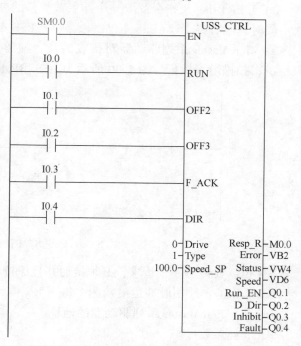

图 5-29　USS_CTRL 指令的应用示例

Type（驱动器类型）：选择驱动器的类型。对于 4 系列的 MicroMaster 系列驱动器，类型为 1。

Speed_SP（速度设定值）：驱动器的速度，显示的是相对于基准速度的百分比。负值使驱动器反向旋转。范围是 -200.0% ~ 200.0%。

Resp_R（响应收到）位：应答来自驱动器的响应，轮询所有激活的驱动器以获得最新的驱动器状态信息。

Error：错误字节，包含最近一次向驱动器发出的通信请求的执行结果。

Status：驱动器返回的状态字的原始值。

Speed：驱动器速度，是相对于基准速度的百分比，范围是 -200.0% ~ 200.0%。

Run_EN（RUN 使能）：指示驱动器是运行（1）还是停止（0）。

D_Dir：指示驱动器转动的方向，是正转（1）还是反转（0）。

Inhibit：指示驱动器上禁止位的状态（0：未禁止，1：禁止）。要清除禁止位，Fault（故障）位必须为零，而且 RUN、OFF2 和 OFF3 输入必须断开。

Fault：指示故障位的状态（0：无故障，1：有故障）。驱动器显示故障代码。要清除 Fault，必须排除故障并接通 F_ACK 位。

3. USS_RPM 读指令

用于 USS 协议的读指令有三个：

1）USS_RPM_W 指令读取一个无符号字类型的参数。

2）USS_RPM_D 指令读取一个无符号双字类型的参数。

3）USS_RPM_R 指令读取一个浮点数类型的参数。

同时只能有一个读（USS_RPM_x）或写（USS_WPM_x）指令激活。

当 MicroMaster 系列驱动器对接收的命令应答或有报错时，USS_RPM_x 指令的处理结束，逻辑扫描继续执行。图 5-30 所示为 USS_RPM 指令的应用示例。

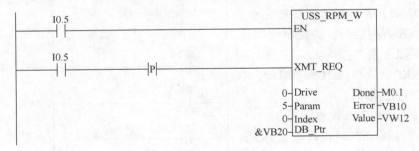

图 5-30 USS_RPM 指令的应用示例

EN 位：要传送一个请求，必须接通并且保持为 1 直至 Done 位置 1。

XMT_REQ：使用脉冲边沿检测，每当 EN 输入有一个正的改变时，只发送一个请求。

Drive：MicroMaster 系列驱动器的地址。

Param：参数号码。

Index：要读的参数的索引值。

Value：返回的参数数值。

DB_Ptr：一个 16 字节缓存区的地址，用于存储执行结果。

Done：当 USS_RPM_x 指令结束时，Done 输出接通。

Error：输出字节包含该指令的执行结果。

只有 Done 位输出接通时 Error 和 Value 输出才有效。

4. USS_WPM 指令

用于 USS 协议的写指令有三个：

1）USS_WPM_W 指令写一个无符号字类型的参数。

2）USS_WPM_D 指令写一个无符号双字类型的参数。

3）USS_WPM_R 指令写一个浮点数类型的参数。

图 5-31 所示为 USS_WPM 指令的应用示例。

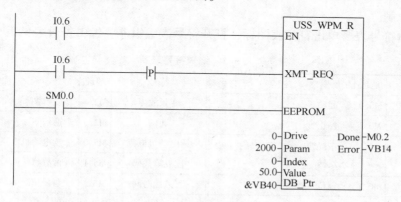

图 5-31 USS_WPM 指令的应用示例

Value：要写到驱动器上的 RAM 中的参数值。

EEPROM：输入接通时，指令对驱动器的 RAM 和 EEPROM 都进行写操行；输入断开时，指令只对驱动器的 RAM 进行写操作。

任务实施

一、工具、材料准备

控制柜一台、计算机一台、直线工作台一台和导线若干。

二、任务分析

根据任务要求，PLC 与变频器的联机控制系统框图如图 5-32 所示。

在 PLC 上连接开关（起动、停止、正反转、复位），强制写入相关控制参数值（设定频率、减速时间），通过 PLC 的 USS 协议及 RS-485 通信控制变频器的运行（正反转、复位及运行频率）；

图 5-32 PLC 与变频器的联机控制系统框图

同时，能够通过状态监控方式显示变频器的运行状态、电动机电流、实际频率、故障原因等。

三、操作方法

1. 通信连接

S7-200 的 Port 0 接带编程接口的网络终端，网络终端连接 MM440 变频器，编程接口连接计算机，接通终端和偏置电阻（开关位置=ON）。

注意：在 PLC 运行时，由于 Port 0 为自由口模式，计算机不能监控 PLC 程序。若需修改程序，应先停止 PLC，再下载。

2. PLC 编程

（1）创建 PLC 工程项目　双击 STEP 7-Micro/WIN 图标，创建一个新的工程项目并命名为 USS 协议控制。

（2）编辑符号表　单击符号表图标，打开符号表编辑器，编辑符号表见表 5-5。

表 5-5　编辑符号表

符号	地址	注释	符号	地址	注释
起动	M0.0	起动	变频故障	M2.4	变频故障：0 表示无，1 表示有
停止	M0.1	停止	通信	M2.5	通信
正反转	M0.2	正反转：0 表示正转，1 表示反转	读电动机电流	M5.0	读电动机电流（r0027）
复位	M0.4	复位	读故障代码	M5.1	读故障代码（r0947）
运行方向控制位	M1.2	运行方向控制：0 表示正转，1 表示反转	写减速时间	M5.2	写减速时间（F1121）
运行状态	M2.0	运行状态：0 表示停止，1 表示运行	读写	M11.0	读写
			电动机电流	VW20	电动机电流
变频状态	M2.1	变频状态：0 表示停止，1 表示运行	故障代码	VW30	故障代码
			减速时间	VW40	减速时间
			设定频率的实际值	VD500	设定频率（Hz）
运行方向输出指示	M2.2	运行方向：0 表示反转，1 表示正转	设定频率的百分比	VD510	设定频率（%）
			运行频率的实际值	VD600	运行频率（Hz）
			运行频率的百分比	VD610	运行频率（%）

（3）设计梯形图程序　按照控制要求及 PLC 软件所做的变量约定，PLC 程序设计应实现下列控制：

1）强制接通 M0.0 一个扫描周期，电动机运行；强制接通 M0.1 一个扫描周期，电动机停止。

2）电动机运行方向由"正反转"开关选择。

3）用 USS_CTRL 指令控制变频器的运行状态及频率，并显示相应运行状态及频率。

4）用 USS_RPM_x 指令读电动机电流及故障代码，用 USS_WPM_x 指令写减速时间。

5）用 SM0.7（指示 CPU 工作方式开关的位置，0 为 TERM 位置，1 为 RUN 位置）。当开关在 RUN 位置时，用该位可使自由端口通信方式有效；当切换至 TERM 位置时，同编程设备的正常通信有效。

图 5-33 所示为 S7-200 PLC 与 MM440 变频器实现 USS 协议控制梯形图程序。

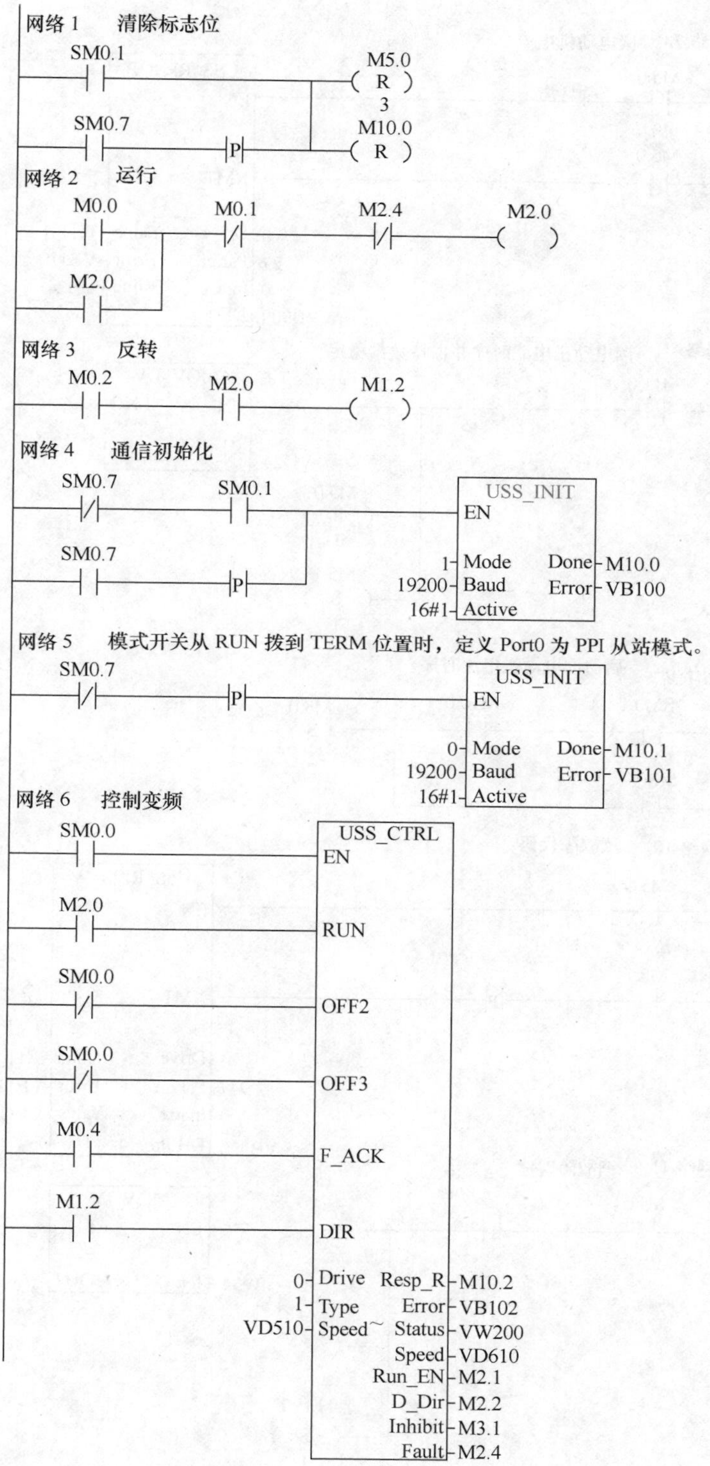

网络1　清除标志位

```
    SM0.1                                    M5.0
  ----| |-----------------------------+-----( R )
                                      |       3
    SM0.7                             |      M10.0
  ----| |----------------| P |--------+-----( R )
```

网络2　运行

```
    M0.0          M0.1        M2.4              M2.0
  ----| |----+----|/|---------|/|--------------( )
             |
    M2.0     |
  ----| |----+
```

网络3　反转

```
    M0.2          M2.0              M1.2
  ----| |---------| |--------------( )
```

网络4　通信初始化

```
    SM0.7        SM0.1                  +-------USS_INIT-------+
  ----|/|---------| |---------+---------|EN                   |
                              |         |                     |
    SM0.7                     |      1--|Mode        Done|-M10.0
  ----| |----------| P |------+   19200--|Baud       Error|-VB100
                                  16#1--|Active               |
                                        +---------------------+
```

网络5　模式开关从 RUN 拨到 TERM 位置时，定义 Port0 为 PPI 从站模式。

```
    SM0.7                              +-------USS_INIT-------+
  ----|/|-----------| P |--------------|EN                   |
                                       |                     |
                                    0--|Mode        Done|-M10.1
                                 19200--|Baud       Error|-VB101
                                   16#1--|Active               |
                                        +---------------------+
```

网络6　控制变频

```
    SM0.0                        +-------USS_CTRL-------+
  ----| |----------------------- |EN                   |
                                 |                     |
    M2.0                         |                     |
  ----| |----------------------- |RUN                  |
                                 |                     |
    SM0.0                        |                     |
  ----|/|----------------------- |OFF2                 |
                                 |                     |
    SM0.0                        |                     |
  ----|/|----------------------- |OFF3                 |
                                 |                     |
    M0.4                         |                     |
  ----| |----------------------- |F_ACK                |
                                 |                     |
    M1.2                         |                     |
  ----| |----------------------- |DIR                  |
                                 |                     |
                             0-- |Drive      Resp_R|-M10.2
                             1-- |Type        Error|-VB102
                          VD510--|Speed~     Status|-VW200
                                 |            Speed|-VD610
                                 |           Run_EN|-M2.1
                                 |            D_Dir|-M2.2
                                 |           Inhibit|-M3.1
                                 |            Fault|-M2.4
                                 +---------------------+
```

图 5-33　S7-200 PLC 与 MM440 变频器实现 USS 协议控制梯形图程序

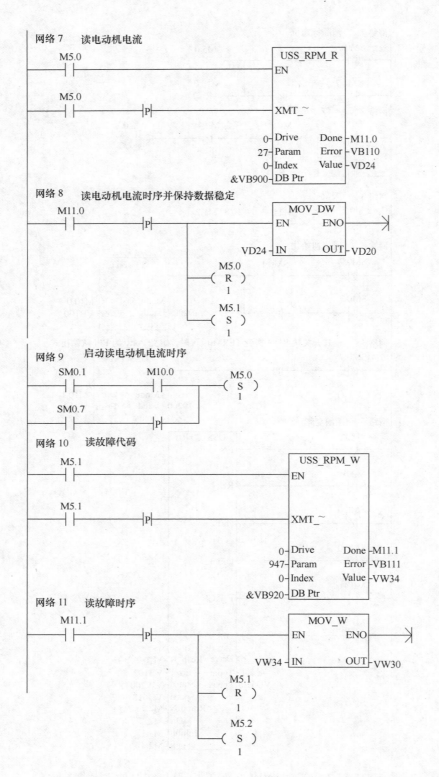

网络7 读电动机电流

网络8 读电动机电流时序并保持数据稳定

网络9 启动读电动机电流时序

网络10 读故障代码

网络11 读故障时序

图5-33 S7-200 PLC 与 MM440 变频器

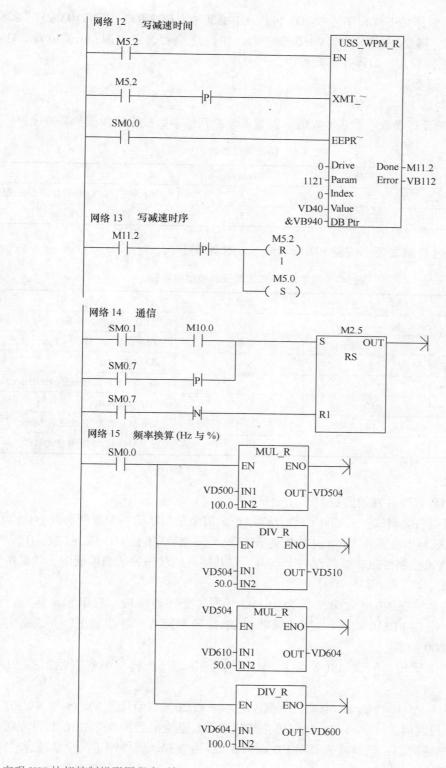

网络 12　写减速时间

网络 13　写减速时序

网络 14　通信

网络 15　频率换算 (Hz 与 %)

实现 USS 协议控制梯形图程序(续)

（4）录入、编译并下载程序　S7-200 的 Port 0 接型号为 6ES7972-0BB12-0XA0 的带编程接口的网络终端，网络终端连接 MM440 变频器，接通终端和偏置电阻（开关位置 = ON）。Port1 连接计算机，录入、编译并下载程序。

3. 设置变频器参数

1）恢复变频器工厂默认值。

2）设置快速调试参数。除表 5-6 所示设置以外，其他参数按快速调试参数表设置。

表 5-6　快速调试参数表

参数号	出厂值	设置值	说　明
P0700	2	5	命令源选择由 COM 链接的 USS 设置
P1000	2	5	频率设定选择 USS 设置

3）设置 USS 控制参数。按表 5-7 所示设置 USS 控制参数。

表 5-7　数字输入/输出端子、控制参数表

参数号	出厂值	设置值	说　　明
P0003	1	3	设用户访问级为专家级
P2009	0	0	USS 以 P2000 基准频率进行设置
P2000	50.00	50.00	基准频率（Hz）
P2010	6	7	RS-485 串口波特率为 19200bit/s
P2011	0	0	从站地址为 0
P1032	1	0	禁止反转的 MOP 设定值选择允许反向
P0971	0	1	从 RAM 向 EEPROM 传送数据

4. 程序调试

1）运行 PLC 程序并在线监控。

2）使用强制功能调试。S7-200 CPU 允许用指定值来强制赋给一个或所有的 I/O 点（I 和 Q 位），也可以强制改变最多 16 个内部存储器数据（V 或 M）或模拟 I/O 量（AI 或 AQ）。另外可以使用状态表来强制变量，要强制一个新值，将其输入到状态表的新值列中，然后按工具条上的强制按钮。

① 强制起动按钮 M0.0 先为 1 后为 0，M2.0 通，变频器按最小频率 5Hz 运行；强制 VD500 = 25.0，观察 VD510 = 50.0，则变频器按 25Hz 频率运行，电动机正转，观察实际频率 VD610、VD600 的值。

② 强制"正反转"开关 M0.2 为 1，M1.2 通，电动机反转，观察实际频率 VD610、VD600 的值。

③ 观察时序 M5.0 ~ M5.2、电动机电流 VD24 与 VD20、故障代码 VW34 与 VW30。

④ 强制减速时间 VD40 = 5.0，强制停止按钮 M0.1 先为 1 后为 0，M2.0 断，变频器停止运行，观察减速时间；强制减速时间 VD40 = 20.0，重新起动后再停止，观察减速时间。

5. 调试结束

调试结束后，关闭全部电源。

思考与练习

设计一套用 PLC 与变频器构成的恒压供水闭环控制系统。提供材料：PLC 采用 CPU 224XP；变频器采用 0.75kW 的 MM440；压力变送器的量程为 0 ~ 5kPa，输出信号为 DC 0 ~ 10V；高、低液位传感器（用作液位上、下限报警）采用光电式液位开关；水泵电动机功率为 0.37kW。

任务四 S7-200 自由口通信

知识点：
- 了解 S7-200 自由口通信的配置。
- 理解接收指令的启动和结束条件。
- 掌握发送和接收指令的使用。

技能点：
- 会使用接收和发送指令。
- 会简单使用自由口通信。

任务提出

自由口通信为计算机或其他具有串行通信端的设备与 S7-200 之间实现通信提供了一种廉价和灵活的方法。通过使用接收中断、发送中断、字符中断、发送指令（XMT）和接收指令（RCV），自由口通信可以控制 S7-200 PLC 的通信操作模式，即 PLC 的串行通信端口由用户程序控制。利用自由口模式，可以实现用户定义的通信协议，连接多种智能设备。

知识链接

自由口通信的核心指令是发送和接收指令。与网络通信指令类似，用户程序不能直接控制通信芯片而必须通过操作系统。用户程序使用通信数据缓冲区和特殊存储器与操作系统交换相关的信息。当 PLC 处于 STOP 模式时，停止自由口通信，通信端口强制转换成其他协议模式（如 PPI 协议），从而保证了编程软件对 PLC 的编程和控制功能。只有 PLC 处于 RUN 模式时，才能使用自由口模式。通过向控制字 SMB30（Port 0 口）或 SMB130（Port 1 口）的协议位置 1，可以将通信端口设置为自由口模式。

一、发送指令和接收指令

发送指令（XMT）用来激活发送数据缓冲区（TBL）中的数据，如图 5-34a 所示。数据缓冲区的第一个数据指明了要发送的字节数，最大数为 255 个。PORT 指定了用于发送的端口。如果有一个中断服务程序连接到发送结束事件上，在发送完缓冲区的最后一个字符时，则会产生一个中断（对端口 0 为中断事件 9，端口 1 为中断事件 26），通过监视 SM4.5 或 SM4.6 信号，也可以判断发送是否完成。当端口 0 或端口 1 发送空闲时，SM4.5 或 SM4.6 置 1。

接收指令（RCV）具有启动或结束接收信息的功能，如图5-34b所示。通过指定端口接收的信息存储于数据缓冲区（TBL）。缓冲区中第一个数据指明了接收的字节数，缓冲区最多可有255个字节。如果有一个中断服务程序连接到接收信息完成事件上，在接收完缓冲区中的最后一个字符时，S7-200会产生一个中断（对端口0为中断事件23，端口1为中断事件24）。也可以不使用中断，通过监视SMB86（端口0）或SMB186（端口1）来接收信息。当接收指令未被激活或者已经终止时，这一字节不为0；当接收正在进行时，这一字节为0。

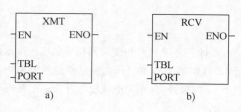

图5-34　发送和接收指令

二、接收指令的启动和结束

在采用自由口通信的过程中，当接收指令执行时，如果在接收口上有来自其他器件的信号，接收信息功能就有可能从一个字符的中间开始接收字符，从而导致校验错误和接收信息功能的中止。为避免出现此类问题，就需要在接收开始前，对信息的起始和结束条件进行定义或选择。特殊标志位SMB86～SMB94、SMB186～SMB194分别为端口0和端口1的接收信息状态字及控制字，其功能和意义见表5-8。

表5-8　接收缓冲区字节

端口0	端口1	描 述
SMB86	SMB186	MSB　　　　　　　　　　　　　　　LSB　接收信息状态字节 7　　　　　　　　　　　　　　　　0 n　r　e　0　0　t　c　p n：1=用户通过禁止命令结束接收信息 r：1=接收信息结束（输入参数错误或缺少起始和结束条件时） e：1=收到结束字符 t：1=接收信息结束（超时时） c：1=接收信息结束（超出最大字符数时） p：1=接收信息结束（奇偶校验错误时）
SMB87	SMB187	MSB　　　　　　　　　　　　　　LSB　接收信息控制字节 7　　　　　　　　　　　　　　　0 en　sc　ec　il　c/m　tmr　bk　0 en：0=禁止接收信息功能 　　　1=允许接收信息功能 　　　每次执行RCV指令时，检查允许/禁止接收信息位 sc：0=忽略SMB88或SMB188 　　　1=使用SMB88或SMB188的值检测起始信息 ec：0=忽略SMB89或SMB189 　　　1=使用SMB89或SMB189的值检测结束信息

（续）

端口 0	端口 1	描　　述
SMB87	SMB187	i1：0 = 忽略 SMB90 或 SMB190 　　　1 = 使用 SMB90 值检测空闲状态 c/m：0 = 定时器是内部字符定时器 　　　1 = 定时器是信息定时器 tmr：0 = 忽略 SMW92 或 SMW192 　　　1 = 当执行 SMW92 或 SMW192 时，终止接收 bk：0 = 忽略中断条件 　　　1 = 使用中断条件来检测起始信息
SMB88	SMB188	信息字符的开始
SMB89	SMB189	信息字符的结束
SMW90	SMW190	空闲线时间按毫秒设定
SMW92	SMW192	中间字符/信息定时器溢出值按毫秒设定
SMB94	SMB194	要接收的最大字符数(1 ~ 255 字节) 注意：这个范围必须设置到所希望的最大缓冲区大小，即使信息的字符数始终达不到

1. 接收指令的起始条件

通过指定包含一个停顿或一个空闲线检测的起始条件，在将字符放到信息缓冲区之前，用一个字符的起始来强制接收信息功能和信息的起始相同步，来避免出现接收错误的问题。

接收指令支持以下几种起始条件：

（1）空闲线检测　空闲线条件是指在传输线上一段安静或者空闲的时间，在 SMW90 或者 SMW190 中指定其毫秒数。当接收指令在程序中执行时，接收信息功能对空闲线条件进行检测。如果在空闲线时间到之前接收到任何字符，接收信息功能会忽略那些字符并且按照 SMW90 或 SMW190 中给定的时间值重新启动空闲线定时器。

在空闲线时间到达后，接收信息功能将所有接收到的字符存入信息缓冲区。空闲线时间应该总是大于在指定波特率下传输一个字符(包括起始位、数据位、校验位和停止位)的时间。空闲线时间的典型值为在指定波特率下传输三个字符的时间。对于二进制协议、没有特定起始字符的协议或者指定了信息之间最小时间间隔的协议，可以使用空闲线检测作为起始条件。

设置：t1 = 1，sc = 0，bk = 0，SMW90/SMW190 = 空闲线超时时间，单位为 ms。

（2）起始字符检测　起始字符可以是用于作为一条信息首字符的任意一个字符。当接收到 SMB88 或者 SMB188 中指定的起始字符后，一条信息开始。接收信息功能将起始字符作为信息的第一个字符存入接收缓冲区。接收信息功能忽略所有在起始字符之前接收到的字符。起始字符和起始字符之后接收到的所有字符一起存入信息缓冲区。通常对于所有信息都使用同一字符作为起始的 ASCII 码协议，可以使用起始字符检测。

设置：i1 = 0，sc = 1，bk = 0，SMW90/SMW190 被忽略，SMB88/SMB188 = 起始字符。

（3）空闲线和起始字符　接收指令可以用空闲线和起始字符的组合来启动一条消息。当接收指令执行时，接收信息功能检测空闲线条件，在空闲线条件满足后，接收信息功能搜寻指定的起始字符。如果接收到的字符不是起始字符，接收信息功能重新检测空闲线条件，所有在空闲线条件满足和接收到起始字符之前接收到的字符都将被忽略掉，起始字符与字符串一起存入信息缓冲区，空闲线时间应该总是大于在指定波特率下传输一个字符的时间。通常对于指定信息之间是最小时间间隔并且信息的首字符是特定设备的站号或其他信息的协议，可以使用这种类型的起始条件。这种方式尤其适用于在通信连接上有多个设备的情况，在这种情况下，只有当接收到的信息的起始字符为特定的站号或设备时，接收指令才会触发一个中断。

设置：i1 = 1，sc = 1，bk = 0，SMW90/SMW190 > 0，SMB88/SMB188 = 起始字符。

（4）断点检测　断点是指在大于一个完整字符传输时间的一段时间内，接收数据一直为0。一个完整字符的传输时间定义为传输起始位、数据位、校验位和停止位的时间总和。如果接收指令被配置为用接收一个断点作为信息的起始，则任何在断点之后接收到的字符都会存入信息缓冲区，任何在断点之前接收到的字符都会被忽略。通常只有当通信协议需要时，才使用断点检测作为起始条件。

设置：i1 = 0，sc = 0，bk = 1，SMW90/SMW190 被忽略，SMB88/SMB188 被忽略。

（5）断点和起始字符　接收指令可以被配置为接收到断点条件和一个指定的起始字符之后启动接收。在断点条件满足之后，接收信息功能寻找特定的起始字符。如果收到了除起始字符以外的任意字符，接收信息功能重新启动寻找新的断点。所有在断点条件满足和接收到起始字符之前接收到的字符都会被忽略，起始字符与字符串一起存入信息缓冲区。

设置：i1 = 0，sc = 1，bk = 1，SMW90/SMW190 被忽略，SMB88/SMB188 = 起始字符。

（6）任意字符　接收指令可以被配置为立即接收任意字符并把全部接收到的字符存入信息缓冲区，这是空闲线检测的一种特殊情况。在这种情况下，空闲线时间（SMW90 或 SMW190）被设置为0。这使得接收指令一经执行，就立即开始接收字符。

设置：i1 = 1，sc = 0，bk = 0，SMW90/SMW190 = 0，SMB88/SMB188 被忽略。

用任意字符开始一条信息允许使用信息定时器来监控信息接收是否超时，这对于自由口协议的主站是非常有用的，并且当在指定时间内没有来自从站的任何响应时，也需要采取超时处理。由于空闲线时间被设置为0，当接收指令执行时，信息定时器就会启动。如果没有其他中止条件满足，信息定时器超时会结束接收信息功能。

设置：i1 = 1，sc = 0，bk = 0，SMW90/SMW190 = 0，SMB88/SMB188 被忽略；c/m = 1，tmr = 1，SMW92/SMW192 = 信息超时时间，单位为 ms。

2. 接收指令的结束条件

接收指令支持几种结束信息的方式。结束信息的方式可以是以下一种或者几种的组合。

（1）结束字符检测　结束字符是用于表示信息结束的任意字符。在找到起始条件之后，接收指令检查每一个接收到的字符，并且判断它是否与结束字符匹配。如果接收到了结束字符，将其存入信息缓冲区，接收结束。

通常对于所有信息都使用同一字符作为结束的 ASCII 码协议，都可以使用结束字符检测或使用结束字符检测与字符间隔定时器、信息定时器或最大字符计数相结合来结束一条信息。

设置：ec = 1，SMB89/SMB189 = 结束字符。

（2）字符间隔定时器　字符间隔时间是指从一个字符的结尾（停止位）到下一个字符的结尾（停止位）之间的时间。如果两个字符之间的时间间隔（包括第二个字符）超过了 SMW92 或 SMW192 中指定的毫秒数，接收信息功能结束。接收到字符后，字符间隔定时器重新启动。

当协议没有特定的信息结束字符时，可以用字符间隔定时器来结束一条信息。由于定时器总是包含接收一个完整字符(包括起始位、数据位、校验位和停止位)的时间,因而该时间值应设置为大于在指定波特率下传输一个字符的时间。可以使用字符间隔定时器与结束字符检测或最大字符计数相结合来结束一条信息。

设置: $c/m = 0$, tmr = 1, SMW92/SMW192 = 信息超时时间,单位为 ms。

(3) 信息定时器 从信息的开始算起,在经过一段指定的时间之后,信息定时器结束一条信息。接收信息功能的启动条件一旦满足,信息定时器就启动。当经过的时间超出 SMW92 或 SMW192 中指定的毫秒数时,信息定时器时间到。

通常当通信设备不能保障字符中间没有时间间隔或者使用 Modem 通信时,可以使用信息定时器。对于 Modem 方式,可以用信息定时器指定一个从信息开始算起、接收信息允许的最大时间。信息定时器的典型值是在当前波特率下,接收到最长信息所需时间值的 1.5 倍左右。

可以使用信息定时器与结束字符检测或最大字符计数相结合来结束一条信息。

设置: $c/m = 1$, tmr = 1, SMW92/SMW192 = 信息超时时间,单位为 ms。

(4) 最大字符计数 必须指定接收指令接收字符的最大个数(SMB94 或 SMB194)。当达到或超出这个值时,接收信息功能结束。即使不会被用作结束条件,接收指令也要求用户指定一个最大字符个数。这是因为接收指令需要知道接收信息的最大长度,这样才能保证信息缓冲区之后的用户数据不会被覆盖。对于信息的长度已知并且恒定的协议,可以使用最大字符计数来结束信息。最大字符计数总是与结束字符检测、字符间隔定时器或信息定时器结合在一起使用。

(5) 校验错误 当接收字符的同时出现硬件信号校验错误时,接收指令会自动结束。只有在 SMB30 或 SMB130 中使能了校验位,才有可能出现校验错误。没有办法禁止此功能。

(6) 用户结束 用户可以通过程序来结束接收信息功能,先将 SMB87 或 SMB187 中的使能位置 0,再次执行接收指令即可,这样可以立即终止接收信息功能。

3. 自由口通信配置的一般过程

(1) 网络的连接 使用双绞线及网络连接器将网络内设备的 RS-485 接口连接起来,连接一般为总线方式。

(2) 站地址及存储区的安排 为网络内所有的通信设备指定唯一的站地址。和 PPI 通信方式不同,自由口通信中的站地址不能通过软件设定,而只能在通信协议中约定,约定后的地址在以后的通信过程中一般不再改变。发送信息是为了明确该信息是发给哪个站的,通常需要约定发送的地址格式。接收方收到信息后先判断信息是否是发给自己的,如果是,则继续接收,否则放弃。为了清晰地管理网络上传送的信息,网络中各站要安排好各类数据的收发存储单元。

(3) 约定通信的操作流程 约定通信的操作流程是通信协议的重要内容,一般包括通信地址的认定、握手信号的安排、握手过程的设计、信息的传送方式、信息的起始及终止判定、信息的出错校验等内容。可以先绘出流程图,以明确并完善操作流程。

(4) 通信程序的编制 通信程序一般总是先进行初始化。在初始化程序中设置通信模式及参数,并准备存储单元及初始数据。初始化以后的编程主要是通过程序实现通信流程图的过程。S7-200 系列 PLC 通信中断功能在通信程序的编制中很有用处,SMB2 及 SMB3 在单字节通信中也常使用。通信程序常采用结构化程序,这对于简化程序段功能、方便程序的分析是非常有利的。

任务实施

一、工具、材料准备

控制柜一台、计算机一台和导线若干。

二、任务分析

在此任务中，S7-200 PLC 通过自由口通信协议与计算机进行数据的接收与发送。计算机通过 COM 口发送指令到 PORT0（通过 SMB30 设置）或 PORT1（通过 SMB130 设置），PLC 通过 RCV 指令接收数据，然后对指令进行译码，译码后通过 XMT 发送指令，将接收到的数据回传给计算机。在硬件连接上，由于 S7-200 PLC 通信口是 RS-485 串行接口，而计算机是 RS-232 串行接口，所以计算机与 PLC 在通信时必须要进行 RS-485/232 转换，我们使用的 PC/PPI 下载电缆可以完成该转换。

1. 上位机编程

通常可以通过 VB、VC 等编程方法来实现 PC 与 PLC 之间的通信，在此我们使用串口调试助手来进行 PC 与 PLC 之间的通信。串口调试助手设置如图 5-35 所示。

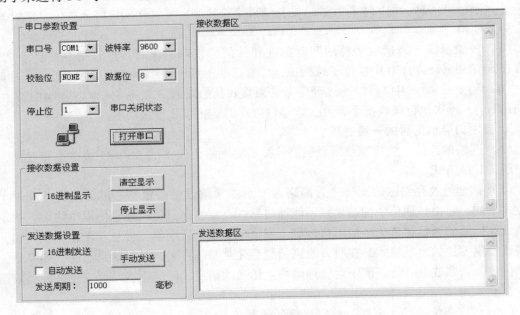

图 5-35　串口调试助手设置

2. PLC 编程

本例中，计算机通过串口调试助手向 PLC 发送一个字符串，直到有回车字符发送时，PLC 接收完成，当接收完成后，信息会发送回计算机。PLC 收/发数据都是从 PORT0 口进行的，编制收/发数据的通信协议是波特率为 9600bit/s、无奇偶校验、每字符 8 位。具体程序如图 5-36 所示。

三、操作方法

1）物理连接，将 S7-200 和计算机用 PC/PPI 电缆连接在一起。

2）编制 PLC 程序，并进行下载。

3）设置串口调试助手，调试检查是否实现了控制要求。

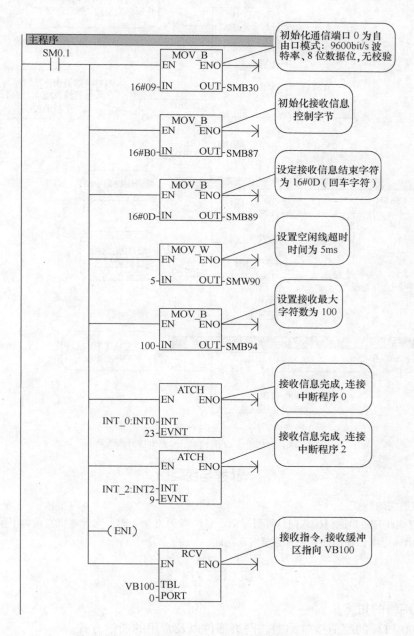

图 5-36　S7-200 自由口收/发数据程序

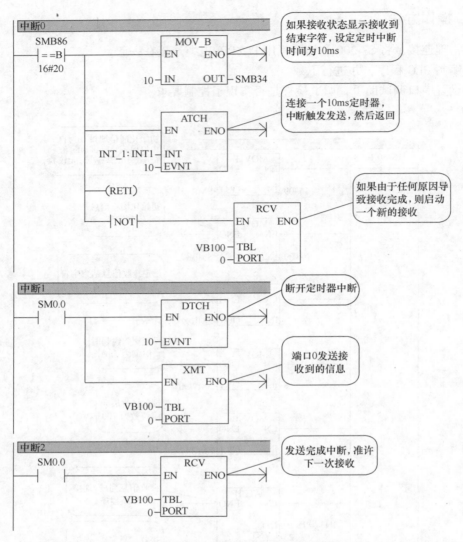

图 5-36 S7-200 自由口收/发数据程序(续)

思考与练习

1. 自由口通信的特点。

2. 利用 S7-200 自由口通信模式向计算机发送信息,当 I0.0 为 1 时,向计算机发送如下信息:SIMATIC S7-200。设计出梯形图,并调试程序,直至实现功能。

项 目 小 结

1. PLC 网络的拓扑。

2. S7-200 PLC 的通信接口类型、网络部件以及常用的通信方式。

3. S7-200 PLC通信指令的使用(NetR/NetW、XMT/RCV、USS_INIT/USS_CTRL/USS_RPM/USS_WPM)。

附　录

附录 A　常用电气图形符号表（GB/T 4728—2008～2018）

表 A-1　常用电气图形符号表

名　称	图 形 符 号	文字符号	名　称	图 形 符 号	文字符号
直流电	===		极性电容器		C
交流电	∼				
正、负极	+ −		电感器、线圈、绕组		L
三角形联结的三相绕组	△		带铁心的电感器		L
星形联结的三相绕组	Y		电抗器		L
导线			端子板	1 2 3 4 5 6 7 8	X
三根导线			可调压的单相自耦变压器		T
导线连接			有铁心的双绕组变压器		T
端子	○				
插座		X	三相自耦变压器星形联结		T
插头		X			
滑动(滚动)连接器		E	电流互感器		TA
电阻器一般符号		R			
可变(可调)电阻器		R	电动机扩大机		AR
滑动触点电位器		RP			
电容器一般符号		C			

（续）

名　称	图形符号	文字符号	名　称	图形符号	文字符号
串励直流电动机		M	按钮常闭触点		SB
并励直流电动机		M	行程开关常开触点		SQ
他励直流电动机		M	行程开关常闭触点		SQ
三相笼型异步电动机		M3～	接触器常开主触点		KM
三相绕线转子异步电动机		M3～	接触器常闭主触点		KM
永磁式直流测速发电机		G	接触器常开辅助触点		KM
接地		E	接触器常闭辅助触点		KM
普通刀开关		Q	继电器常开触点		KA
普通三相刀开关		Q	继电器常闭触点		KA
熔断器		FU	热继电器常开触点		FR
按钮常开触点		SB	热继电器常闭触点		FR
			延时闭合常开触点		KT
			延时断开常开触点		KT
			延时闭合常闭触点		KT
			延时断开常闭触点		KT

（续）

名　称	图 形 符 号	文字符号	名　称	图 形 符 号	文字符号
接近开关常开触点		SP	照明灯一般符号		EL
接近开关常闭触点		SP	指示灯、信号灯一般符号		HL
气压式液压继电器常开触点		SP	电铃		HA
气压式液压继电器常闭触点		SP	电喇叭		HA
速度继电器常开触点		KS	蜂鸣器		HA
速度继电器常闭触点		KS	电警笛、报警器		HA
接触器的线圈		KM	普通二极管		VD
缓慢释放继电器的线圈		KT	稳压二极管		VS
缓慢吸合继电器的线圈		KT	普通晶闸管		VF
热继电器的驱动元件		FR	NPN 型晶体管		VT
			PNP 型晶体管		VT
电磁离合器		YC	具有 N 型双基极的单结晶体管		V
电磁阀		YV	具有 P 型双基极的单结晶体管		V
电磁制动器		YB			
电磁铁		YA	运算放大器		N

附录 B　S7-200 PLC 快速参考信息

为帮助用户更容易地查找信息，此部分总结了下列信息：

1) 特殊存储器（SMB0、SMB1）说明。

2) 中断事件的说明。

表 B-1　特殊存储器（SMB0、SMB1）说明

特殊存储器（SMB0、SMB1）位			
SM0.0	始终接通	SM1.0	操作结果 = 0 时置位
SM0.1	首次扫描时为 1	SM1.1	溢出或非法数值时置位
SM0.2	保留性数据丢失时为 1	SM1.2	结果为负数时置位
SM0.3	开机进入 RUN 时为一个扫描周期	SM1.3	试图除以 0 时置位
SM0.4	30s 断开/30s 接通	SM1.4	表格满
SM0.5	0.5s 断开/0.5s 接通	SM1.5	表格空
SM0.6	断开一个扫描周期/接通一个扫描周期	SM1.6	BCD 码到二进制转换出错时置位
SM0.7	开关放置在"运行"位置时为 1	SM1.7	ASCII 码到十六进制转换出错时置位

表 B-2　以优先级排序的中断事件

事件编号	中断说明	优先级组	组中的优先级
8	端口 0：接收字符 0	通信（最高）	0
9	端口 0：传输完成 0		0
23	端口 0：接收信息完成		0
24	端口 1：接收信息完成		1
25	端口 1：接收字符		1
26	端口 1：传输完成		1
19	PTO 0 完成中断	离散（中）	0
20	PTO 1 完成中断		1
0	I0.0，上升边缘		2
2	I0.1，上升边缘		3
4	I0.2，上升边缘		4
6	I0.3，上升边缘		5
1	I0.0，下降边缘		6
3	I0.1，下降边缘		7
5	I0.2，下降边缘		8
7	I0.3，下降边缘		9
12	HSC0 CV = PV（当前值 = 预置值）		10
27	HSC0 方向改变		11
28	HSC0 外部重设		12
13	HSC1 CV = PV（当前值 = 预置值）		13
14	HSC1 方向输入改变		14

（续）

事件编号	中断说明	优先级组	组中的优先级
15	HSC1 外部重设		15
16	HSC2 CV = PV		16
17	HSC2 方向改变		17
18	HSC2 外部重设		18
32	HSC3 CV = PV（当前值 = 预置值）	离散（中）	19
29	HSC4 CV = PV（当前值 = 预置值）		20
30	HSC4 方向改变		21
31	HSC4 外部重设		22
33	HSC5 CV = PV（当前值 = 预置值）		23
10	定时中断 0		0
11	定时中断 1		1
21	计时器 T32 CT = PT 中断	定时（最低）	2
22	计时器 T96 CT = PT 中断		3

参 考 文 献

[1] 麦崇裔. 电气控制技术与技能训练[M]. 北京：电子工业出版社，2010.

[2] 张伟林，牛小方，刘慧. 电气控制与PLC综合应用技术[M]. 北京：人民邮电出版社，2009.

[3] 王少华. 电气控制与PLC应用[M]. 长沙：中南大学出版社，2008.

[4] 郁汉琪. 电气控制与可编程序控制器应用技术[M]. 2版. 南京：东南大学出版社，2009.

[5] 田淑珍. 可编程控制器原理及应用[M]. 2版. 北京：机械工业出版社，2014.

[6] 高南，周乐挺. PLC控制系统编程与实现任务解析[M]. 北京：北京邮电大学出版社，2008.

[7] 谢丽萍，王占富，岂兴明. 西门子S7-200系列PLC快速入门与实践[M]. 北京：人民邮电出版社，2010.

[8] 赵光，等. 西门子S7-200系列PLC应用实例详解[M]. 北京：化学工业出版社，2010.

[9] 刘洪涛，黄海. PLC应用开发从基础到实践[M]. 北京：电子工业出版社，2007.

[10] 徐铁. PLC应用技术[M]. 北京：中国劳动社会保障出版社，2007.

[11] 杨后川，张瑞，高建设，曾劲松. 西门子S7-200 PLC应用100例[M]. 北京：电子工业出版社，2009.

[12] 廖常初. S7-200 PLC基础教程[M]. 3版. 北京：机械工业出版社，2018.

[13] 赵景波，姜安宝，管殿柱. 实例讲解西门子S7-200 PLC从入门到精通[M]. 北京：电子工业出版社，2016.

[14] 陈忠平，侯玉宝，李燕. 西门子S7-200 PLC从入门到精通（双色版）[M]. 北京：中国电力出版社，2015.